城市废弃物资源化共生
网络形成机制研究

Research about the Formation Mechanism of Urban
Waste Recycling Symbiosis Network

鲁圣鹏　李雪芹　黄传胜　著

重庆大学出版社

内容提要

城市废弃物资源化共生网络，是实现"零废"城市的必由之路，是推动城市可持续发展的理念之一。本书系统地探讨了城市废弃物资源化共生网络形成机制，包括界定城市废弃物资源化共生网络的内涵、明晰企业实施共生行为的驱动因素、给出共生网络自组织形成应满足的条件、明确共生网络形成的序参量与动力、揭示共生网络结构的共性特征与形成规律、剖析内外部因素对网络结构形成的影响等，奠定了城市废弃物资源化共生网络形成的理论基础，并从政府职能与组织结构、社会组织与公众的作用、政策等方面提出了配套的建议，为推动和保障共生网络发展提供了思路与决策依据。

图书在版编目(CIP)数据

城市废弃物资源化共生网络形成机制研究 / 鲁圣鹏，李雪芹，黄传胜著. -- 重庆：重庆大学出版社，2024.
9. -- ISBN 978-7-5689-4823-4

Ⅰ. X705

中国国家版本馆 CIP 数据核字第 2024U2V630 号

城市废弃物资源化共生网络形成机制研究

CHENGSHI FEIQIWU ZIYUANHUA GONGSHENG WANGLUO XINGCHENG JIZHI YANJIU

鲁圣鹏　李雪芹　黄传胜　著

策划编辑：范春青

责任编辑：张红梅　　版式设计：范春青
责任校对：刘志刚　　责任印制：赵　晟

*

重庆大学出版社出版发行

出版人：陈晓阳

社址：重庆市沙坪坝区大学城西路 21 号

邮编：401331

电话：(023) 88617190　88617185（中小学）

传真：(023) 88617186　88617166

网址：http://www.cqup.com.cn

邮箱：fxk@ cqup. com. cn（营销中心）

全国新华书店经销

重庆升光电力印务有限公司印刷

*

开本：720mm×1020mm　1/16　印张：18.75　字数：268 千
2024 年 9 月第 1 版　　2024 年 9 月第 1 次印刷
ISBN 978-7-5689-4823-4　定价：78.00 元

前　言

　　城市是人类生产与生活的空间载体,自工业革命以来,人类以前所未有的速度从生态系统攫取自然资源,经生产、消费后,绝大部分自然资源以废弃物的形式被排放到城市及其周边区域,城市已成为生产、消费与废弃物排放高度集中的区域。能源如石油、天然气一旦被利用,就转变为能量,不能被回收再利用,而大量的资源与产品,在废弃后能够保持其物理和化学属性基本不变,在一定条件下可以回收再利用。废弃物是放错地方的资源,如果能得以充分利用,既可有效缓解资源短缺问题,同时又是治理环境污染最有效的途径。城市废弃物治理是生态文明建设的重要内容。党的二十大报告强调,要推动绿色发展,促进人与自然和谐共生;实施全面节约战略,推进各类资源节约集约利用,加快构建废弃物循环利用体系。2023 年,习近平总书记在全国生态环境保护大会上再次强调,要全面推进美丽中国建设,加快推进人与自然和谐共生的现代化;着力构建绿色低碳循环经济体系,有效降低发展的资源环境代价,持续增强发展的潜力和后劲。

　　城市废弃物管理水平已成为衡量城市文明程度与国际竞争力的重要标志。目前,不少国家和城市已提出"零废弃物"目标。例如,英国政府提出"零废弃物经济";日本东京、美国华盛顿和加利福尼亚、澳大利亚阿德莱德与维多利亚、瑞典斯德哥尔摩等地也都制定了"零废弃物"发展战略,致力于成为全球首个"零废城市"。2018 年,我国生态环境部牵头制定了《"无废城市"建设试点工作方案》,大力推动"零废城市"建设。虽然,目前城市废弃物管理系统在实现废弃物资源化方面发挥着重要作用,但大量废弃物依旧只能以填埋或焚烧的方式处置,环境与资源问题不仅未得到实质性解决,还易引发社会矛盾。产业共生网络是实现废弃物资源化最有效的途径,但其关注的主要是工业废弃物的协同利用问题,不能实现城市"零废弃物"目标。随着城市居民对环境质量需求的不断提升以及全球资源短缺形势的日益严峻,迫切需要建立更高效、更有序的城市废弃物管理系统。

城市废弃物资源化共生网络,是城市废弃物管理系统发展的高级阶段,是实现城市废弃物治理的创新途径。它将城市废弃物管理系统与工业共生网络有机融合起来,以城市为中心和载体,围绕城市废弃物,利用城市当地及其周边区域相关产业的技术与成本优势,使当地及其周边企业建立共生联系,从而降低废弃物资源化成本,扩大废物资源化范围,提高废弃物资源化效率与价值,节约自然资源,保护生态环境,最终实现城市"零废弃物"目标。

本书系统地研究了城市废弃物资源化共生网络的形成机制:从城市经济与社会需求的视角,分析共生网络形成的客观必然趋势;从行为产生的主体因素和外部环境因素角度,探讨共生行为产生的驱动因素,运用网络组织理论,阐释企业间建立共生网络组织的原因;基于耗散结构理论及 Brusselator 模型,研究城市废弃物管理系统向有序的共生网络进化的自组织机理;采用协同学理论,研究共生网络形成的动力学问题;分析共生网络形成的他组织机理。本书的研究思路是:利用复杂网络理论的静态结构指标,分析共生网络实例的结构形态;通过实例结构特征的对比,抽象出共生网络结构的共性特征,揭示共生网络的形成规律;依据所揭示的规律,研究识别共生网络核心节点的方法,探讨典型共生网络潜在的核心节点;基于复杂网络建模理论,构建共生网络结构模型,并运用平均场方法与 Matlab 数值实验对模型进行分析,解释并深入探讨上述结构特征与规律产生的原因及其普适性问题。本书的研究成果丰富和发展了循环经济学、可持续发展管理和管理科学等学科理论,为政府促进共生网络发展提供了思路与决策依据。本书研究的问题是政府实施大循环战略、构建循环型社会亟须解决的问题,也是进一步推动资源节约型、环境友好型的生态文明城市发展需要解决的问题。

本书成果的研究得到教育部人文社会科学研究青年基金项目"环鄱阳湖城

市群生活垃圾治理府际合作机制与实施路径研究"（19YJC630112）、江西省高校人文社会科学研究一般项目"社会嵌入对农村生活垃圾分类治理的作用机理与治理能力提升研究"（GL23113）、江西省教育厅科学技术研究项目"乡村振兴战略下农村生活垃圾治理责任界定与考核指标体系研究"（GJJ190420）、东华理工大学博士科研启动基金项目"'零废弃物'下的城市废弃物资源化共生网络形成机制研究"（DHBK2017118）等课题的资助，在此对相关机构表示感谢。本书也得到了同济大学经济与管理学院刘光富教授、同济大学循环经济研究所杜欢政教授的批阅与指导，在此对两位教授表示衷心感谢。同时还要感谢家人、同事在我编撰本书期间给予的理解和支持，是你们的默默奉献，促使我能潜心开展研究工作，并完成了本书的撰写工作。

著　者

2023 年 2 月

目　录

第1章　绪论 ……………………………………………………………… 1

1.1　研究背景与意义 ……………………………………………… 1

1.2　相关文献综述 ………………………………………………… 8

1.3　研究思路、技术路线与研究方法 ………………………… 24

1.4　各章内容安排 ………………………………………………… 27

1.5　研究创新与不足 ……………………………………………… 28

第2章　理论基础 ……………………………………………………… 31

2.1　环境治理理论 ………………………………………………… 31

2.2　循环经济理论 ………………………………………………… 37

2.3　零废弃物理论 ………………………………………………… 39

2.4　网络组织理论 ………………………………………………… 43

2.5　自组织理论 …………………………………………………… 46

2.6　复杂网络理论 ………………………………………………… 49

2.7　本章小结 ……………………………………………………… 56

第3章　城市废弃物资源化共生网络的内涵、特性与发展 ……… 57

3.1　城市废弃物资源化共生网络的内涵 ……………………… 57

3.2　城市废弃物资源化共生网络与工业共生网络辨析 ……… 69

3.3　共生网络的特性 ……………………………………………… 71

3.4　国内外共生网络的发展 ……………………………………… 75

3.5　本章小结 ……………………………………………………… 83

第4章 城市废弃物资源化共生网络形成机理研究 ······················ 84

4.1 共生网络形成的客观必然趋势 ·································· 84

4.2 共生行为产生的驱动因素 ······································ 95

4.3 共生网络自组织形成的条件机理 ······························ 110

4.4 共生网络形成的协同机理 ······································ 122

4.5 共生网络形成的他组织机理 ···································· 128

4.6 共生网络形成的驱动与障碍因素 ······························ 131

4.7 本章小结 ··· 146

第5章 城市废弃物资源化共生网络结构形态研究 ······················ 148

5.1 共生网络实例的结构形态分析 ·································· 148

5.2 共生网络结构的共性特征与形成规律分析 ······················ 169

5.3 共生网络结构的潜在核心节点识别分析 ······················· 177

5.4 本章小结 ··· 190

第6章 城市废弃物资源化共生网络结构建模研究 ······················ 191

6.1 共生网络节点间的生成规则 ···································· 191

6.2 基于资源匹配度的共生网络结构建模与分析 ···················· 195

6.3 基于边增减的共生网络结构建模与分析 ······················· 212

6.4 本章小结 ··· 223

第7章 城市废弃物资源化共生网络形成的保障体系研究 ················ 225

7.1 共生网络形成的保障体系的作用与构成 ······················· 225

7.2 共生网络形成的政府职能和组织结构分析与建议 ················ 230

7.3 共生网络形成的社会主体作用分析与建议 ······················ 239

7.4 共生网络形成的政策分析与建议 …………………………………… 243

7.5 共生网络形成的相关支撑平台建议 …………………………………… 261

7.6 本章小结 …………………………………………………………………… 266

第8章 结论与展望 ……………………………………………………………… 268

8.1 主要结论 …………………………………………………………………… 268

8.2 研究展望 …………………………………………………………………… 270

参考文献 ………………………………………………………………………… 272

第 1 章　绪　论

1.1　研究背景与意义

1.1.1　研究背景

城市是人类生产与生活的空间载体,是人口、工业、资本与技术等要素高度密集的区域。自工业革命以来,人类以前所未有的速度从生态系统攫取自然资源,经生产、消费后,绝大部分自然资源以废弃物的形式被排放到城市及其周边区域,城市已成为生产、消费与废弃物排放高度集中的区域。据联合国统计,城市对全球75%的能源消耗、78%的温室气体排放负有责任。目前,全球很多城市的生态系统已接近或超出区域的生态阈值。一方面,生产所需的自然资源日益紧缺;另一方面,堆积如山的废弃物持续膨胀。据测算,1900年全球2.2亿城市人口每天产生的废弃物不超过30万t,到2000年29亿城市人口每天产生超过300万t废弃物,预计2025年将超过600万t,2100年将达到1 100万t;在同等富裕的情况下,城市居民人均废弃物产生量至少为农村居民的2倍,如果考虑城乡贫富差距,这个数据可能是4倍。中国已成为全球废弃物年排放量较大的国家,"垃圾围城"形势严峻。《2024年全国大、中城市固体废物污染环境防治年报》显示,2022年196个大、中城市生活垃圾产生量为25 599万t。此外,中国每年产生的工业固体废弃物、建筑垃圾、废旧机电产品等大宗废弃物的数量超过 40 亿 t。2013—2022 年全国大、中城市生活垃圾产生量变化情况如图 1.1 所示。城市废弃物管理问题,已成为困扰政府的重要议题。

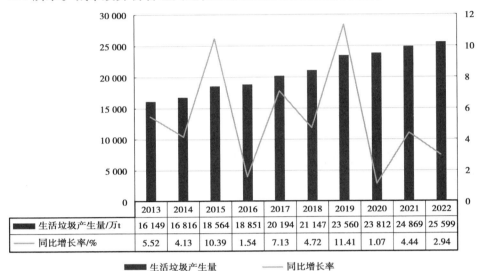

	2013	2014	2015	2016	2017	2018	2019	2020	2021	2022
生活垃圾产生量/万t	16 149	16 816	18 564	18 851	20 194	21 147	23 560	23 812	24 869	25 599
同比增长率/%	5.52	4.13	10.39	1.54	7.13	4.72	11.41	1.07	4.44	2.94

■ 生活垃圾产生量　——同比增长率

图 1.1　2013—2022 年全国大、中城市生活垃圾产生量变化情况

能源(如石油、天然气)一旦被利用,就转变为能量,不能被回收再利用,而大量的资源与产品,在废弃后能够保持其物理和化学属性基本不变,在一定条件下可以回收再利用。为解决经济发展所面临的资源与环境问题,人们将目光投向了废弃物。废弃物是放错地方的资源,如果能得以充分利用,即可有效缓解资源短缺问题,是治理环境污染最有效的途径。自 20 世纪 60 年代以来,人们开始关注废弃物循环利用问题。例如,1969 年,Odum 在《科学》上发表《发展生态系统战略》一文指出,人类应从经济系统和自然系统角度出发,研究物质利用的"闭环(closed loop)"和"循环(cyclic)"模式;1971 年,Commoner 在《闭合循环:自然、人类与技术》一书中指出,工业、农业和运输业需满足生态系统的要求,要对废弃物进行限制、治理与再利用;1978 年,Royston 在一次关于无废技术会议上提出,采用整合与系统方式综合考虑"原材料供应—生产—消费—处理与循环利用"整个过程,能实现无废弃物。废弃物资源化已成为全球资源管理

的趋势,美国政府在 2009 年将"固体废弃物管理办公室"更名为"资源保护与恢复办公室";德国的"废弃物管理系统"已发展为"资源管理系统"。据预测,未来 30 年内全球废弃物资源化提供的原料,将由目前的约 30% 提高到 80%。

目前,尽管工业共生网络、城市废弃物管理系统、再生资源产业等已在废弃物资源化方面发挥重要作用,但是依然存在诸多问题。在工业废弃物资源化方面,自 1989 年 Frosch 等在《制造业战略》一文中介绍工业生态系统理念和丹麦卡伦堡共生网络的经验后,工业共生网络引起了人们广泛的关注,其直接实践形式"生态工业园区"在全球范围内迅速展开。然而,大量生态工业园区的发展并未达到预期效果,很多项目以失败告终。例如,1995 年由美国政府推行的 15 个生态工业园区项目,目前基本处于停滞状态,以至于美国康奈尔大学的 Cohen-Rosenthal 教授指出:"迄今为止,美国任何一个区域尚无一个正在运行且功能正常的生态工业园区。"同时,对于来自消费领域的一般废弃物,综合回收利用率依旧较低,大量废弃物依旧只能以填埋或焚烧的方式处置,环境与资源问题未得到实质性解决。例如,目前中国 60% 以上的城市生活垃圾无法有效资源化,只能被堆放、填埋或焚烧。因此,迫切需要建立更高效、更有序的城市废弃物管理体系,使废弃物得以循环利用,进而实现城市经济与社会的可持续发展。

2013 年 7 月,习近平总书记在湖北考察时指出"把垃圾资源化,化腐朽为神奇,是一门艺术"。如何实现废弃物资源化,关键是为其找到恰当的位置。大禹治水的故事启示我们,面对城市废弃物管理问题,应主要采取疏导的处理方式,形成多渠道、多途径的废弃物资源化网络体系。工业共生网络,本质上是为工业废弃物寻找恰当的位置,是疏导与利用工业废弃物最有效的方式之一。然而,工业共生网络并未实现全社会物质的闭环流通(图 1.2),且其形成也不是通过设计几个循环生态工业链就可以实现的,它需要借助城市废弃物回收系统、再生资源产业、环保产业等的支撑才能有效运行。对于城市消费领域的废弃物,由于其类型的多样性、成分与性质的复杂性,废弃物资源化亟须借助多方面的知识、技术与众多类型的工业协同处理才能有效地获取蕴含在其中的价值。因此，要实现城市全社会物质的闭环流通，可借鉴工业共生网络的思路，发展城市废弃物资源化共生网络。

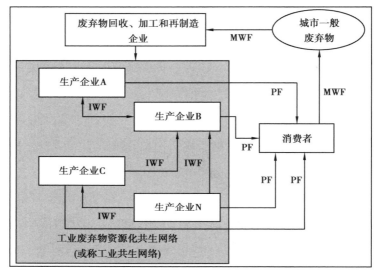

注：IWF——工业废弃物物质流，包括工业废弃物、副产品、能源、水；
　　MWF——城市一般废弃物物质流，如废旧机电产品、报废汽车、废旧塑料、
　　　　　废旧橡胶、废旧金属、废纸、生活垃圾和建筑垃圾等；
　　PF——产品流。

图1.2　城市废弃物资源化共生网络示意图

共生作为生命系统普遍存在的现象，是一种基本的机制或利益关系模式，是现代生态学最基本的范式之一，已成为现代进化理论的核心概念和基石，是城市等生命系统持续生存、繁荣与发展的根本依据和立足点。城市废弃物资源化共生网络，将城市废弃物管理系统与工业共生网络有机地融合起来，以城市为中心和载体，围绕城市废弃物，利用城市及其周边区域相关产业的技术与成本优势，使城市及其周边企业围绕废弃物建立共生联系，从而降低废弃物资源化成本，扩大废弃物资源化范围，提高废弃物资源化效率与价值，节约自然资源，保护生态环境，最终实现城市"零废弃物"目标。

目前,不少国家或城市已制定"零废弃物"目标,如英国政府提出"零废弃物经济"①;美国华盛顿和加利福尼亚、澳大利亚阿德莱德与维多利亚、瑞典斯德哥尔摩、加拿大新斯科舍等也都制定了"零废弃物"发展战略。城市废弃物资源化共生网络是实现城市"零废弃物"目标的最终途径与结构形态。日本川崎市通过实施生态城镇项目,将当地的钢铁厂、水泥厂、化学生产企业以及造纸企业等纳入共生网络,很好地实现了城市消费领域废弃物的资源化;英国的国家工业共生项目(NISP)、美国芝加哥与休斯敦等地的区域资源协同网络项目,也在实现城市废弃物资源化方面发挥着重要作用。

近年来,我国政府高度重视生态文明的建设与循环经济的发展,大力实施区域大循环战略,这将逐步推动我国城市(区域)废弃物资源化共生网络的发展。党的二十大报告提出,必须牢固树立和践行"绿水青山就是金山银山"的理念,站在人与自然和谐共生的高度谋划发展,实施全面节约战略,推进各类资源节约集约利用,加快构建废弃物循环利用体系,坚定不移走生产发展、生活富裕、生态良好的文明发展道路,实现中华民族永续发展。

2013 年 1 月 23 日,国务院印发了《循环经济发展战略及近期行动计划》,指出应遵循生态循环规律,实施大循环战略,推动产业之间、生产与生活系统之间、国内外之间的循环式布局、循环式组合、循环式流通,加快构建循环型社会;并计划在原有循环经济试点城市(省)的基础上,创建百个循环经济示范城市(县)。2014 年 5 月 6 日,国家发展和改革委员会等部门出台了《关于促进生产过程协同资源化处理城市及产业废弃物工作的意见》(发改环资〔2014〕884号),鼓励并扶持"利用企业生产过程协同资源化处理废弃物"。2015 年 5 月,《中共中央 国务院关于加快推进生态文明建设的意见》明确提出完善再生资源回收体系,实行垃圾分类回收,开发利用"城市矿产"。2018 年 5 月,习近平总

---

① 2011 年英国环境、食品和农村事务部出版了《英格兰 2011 年政府废弃物政策回顾》白皮书,陈述了"零废弃物经济"目标与行动战略规划。

书记在全国生态环境保护大会上强调,坚持人与自然和谐共生,加快形成节约资源和保护环境的空间格局、产业结构、生产方式、生活方式,给自然生态留下休养生息的时间和空间。2018 年 12 月,国务院办公厅印发《"无废城市"建设试点工作方案》,提出要推动"无废城市"建设,通过推动形成绿色发展方式和生活方式,持续推进固体废物源头减量和资源化利用,最大限度地减少填埋量,将固体废物环境影响降至最低。2021 年 2 月,《国务院关于加快建立健全绿色低碳循环发展经济体系的指导意见》(国发〔2021〕4 号)指出,建立健全绿色低碳循环发展的经济体系,推动我国绿色发展迈上新台阶,推进垃圾分类回收与再生资源回收"两网融合",加快构建废旧物资循环利用体系,提升资源产出率和回收利用率。2024 年 2 月,国务院办公厅《关于加快构建废弃物循环利用体系的意见》(国办发〔2024〕7 号)再次指出,要以废弃物精细管理、有效回收、高效利用为路径,覆盖生产生活各领域,发展资源循环利用产业,到 2030 年,建成覆盖全面、运转高效、规范有序的废弃物循环利用体系,废弃物循环利用水平总体居于世界前列。

理论方面,目前一些学者基于生态工业园区,以工业废弃物为主要对象,从不同视角对工业共生网络的形成问题展开了广泛研究。然而对于以城市为中心,以城市范围内所有废弃物为对象的城市废弃物资源化共生网络的形成问题,研究甚少。本书拟探讨城市废弃物资源化共生网络形成问题,研究结果将对推进区域废弃物的协同利用,实施区域大循环战略,实现城市"零废弃物"目标以及城市可持续发展有着重要意义。

1.1.2 研究意义

中华民族伟大复兴的中国梦,既是物质文明极其丰富的富强梦,也是生态文明繁荣发展的美丽梦,意味着我们不仅要建设经济强国,更要展现对全球环境治理的大国担当。近年来,党中央高度重视生态环境保护工作。2023 年,习近平总书记在全国生态环境保护大会上强调,要坚持把绿色低碳发展作为解决生态环境问题的治本之策,加快形成绿色生产方式和生活方式;要把建设美丽中国摆在强国建设、民族复兴的突出位置,以高品质生态环境支撑高质量发展,加快推进人与自然和谐共生的现代化。探讨城市废弃物资源化共生网络形成机制问题,对实现城市废弃物资源化、构建循环型社会、实现人与自然和谐共生,具有重要意义。

1)理论意义

从科学探索的角度来看,本书的研究丰富和发展了循环经济学、可持续发展管理和管理科学等学科理论。首先,在融合城市废弃物管理理论与工业共生网络理论的基础上,提出了城市废弃物资源化共生网络的概念①,指出城市废弃物资源化共生网络是城市废弃物管理系统发展的高级阶段,其本质是一种网络组织形式;其次,运用网络组织理论与自组织理论探讨了共生网络的形成机理,从理论上对企业间建立共生网络组织予以了解释,并明确了共生网络自组织形成的条件机理与协同机理,建立了共生网络形成的 Brusselator 模型,明确了支配共生网络演化的序参量和内在动力机制;重点在对共生网络实例结构分析的基础上,抽象出了共生网络结构的共性特征与形成规律,确立了识别共生网络潜在核心节点的方法与指标体系;最后,从动态演化的视角,明确了共生网络节点间的生成规则,通过综合考虑节点间连接的机会成本、节点适应度等因素,构建了共生网络结构模型,解释并深入探讨了共生网络的形成规律。本书的研究也拓展了复杂网络理论的研究领域,为"某些复杂网络为亚标度网络结构"提供了理论解释。

2)实践意义

首先,基于目前城市废弃物管理系统存在的问题,指出了城市废弃物资源化共生网络是实现城市"零废弃物"的最终途径,分析了城市废弃物资源化共生网络形成的客观必然性,并明确了共生网络形成的驱动因素、形成条件与协同

---

① 为叙述方便,笔者在书中很多地方将"城市废弃物资源化共生网络"简称为"共生网络"。

动力;其次,指出了核心节点是共生网络发展的动力源和关键所在,据此探讨了典型废弃物资源化共生网络形成的核心企业类型,为政府发展共生网络找到突破口;最后,为推动共生网络形成,分析了政府部门、社会组织和公众的职责,政府在政策制定方面的侧重点,以及政府亟须完善的支撑平台。总之,本书的研究为政府促进共生网络发展提供了思路与决策依据,书中研究的问题是政府实施大循环战略、构建循环型社会亟须解决的问题,也是进一步推动资源节约型、环境友好型的生态文明城市发展需要解决的问题。

1.2 相关文献综述

本书所提出的城市废弃物资源化共生网络,是在城市原有废弃物管理系统、工业系统的基础上,通过企业间自组织与他组织方式形成的有序、高效且相对稳定的城市废弃物资源化系统,其本质是一种更高级、更有序的城市废弃物管理系统。因此,本书从城市废弃物系统管理、城市废弃物资源化共生网络两个方面对相关学者的研究展开综述。

1.2.1 城市废弃物系统管理研究综述

人类对废弃物的认识经历了一个不断深入的过程,废弃物管理的方式也随之逐渐科学与有效。本节首先回顾城市废弃物管理发展历程,然后对城市废弃物两类系统管理理念的研究现状进行简单梳理。

1)城市废弃物管理发展历程

当城市人口稀少、可用于消化废弃物的生态容量很大时,废弃物不会成为社会的一个主要问题。然而,当城市到处堆积的都是废弃物,影响公共卫生时,人们被迫重新审视废弃物。受各种因素影响,城市废弃物管理经历了一个不断进化的过程,如图 1.3 所示。大致而言,城市废弃物管理发展历程可划分为如下 4 个阶段。

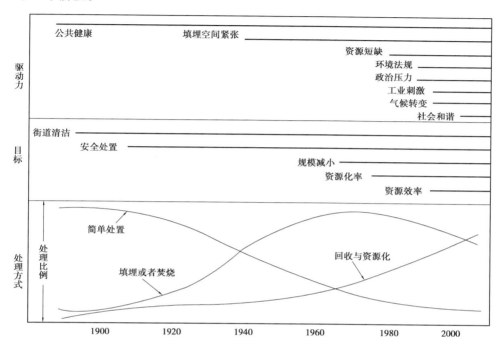

图 1.3 城市废弃物管理发展的驱动力、目标与处理方式演变

第一阶段(20 世纪之前):废弃物露天倾倒阶段。在此阶段,城市废弃物被倾倒进城市周边的农田和河里,由于废弃物的快速膨胀,随意倾倒的废弃物成为疾病传播的重要原因。公共健康成为废弃物管理最根本的驱动因素。Contreras 等人认为废弃物管理的最终目的是保障公众健康,发达国家正是由于在公共健康上已取得成功,所以才将重点转向废弃物减量化与资源化。Memon 认为废弃物管理最初的目的是降低公共卫生的风险,后来环境、资源的保护和恢复也成为废弃物管理关注的焦点。此阶段,反疾病传播理论或肮脏理论成为废弃物管理的主要理论依据,例如,为阻止疾病的传播,英国政府在 19 世纪就发起以净化城市环境为主题的卫生运动。

第二阶段(20 世纪初—20 世纪 60 年代):废弃物填埋与焚烧阶段。废弃物露天倾倒,不仅占用土地、污染农田与河流,还对人类的食物和饮用水造成严重威胁,引发了一系列的环境污染问题。为了保障公众健康和保护环境,政府对废弃物采用填埋和焚烧的处置方式,目前填埋处置方式仍作为成本低廉的废弃物处置方式被各国广泛采用。此阶段,微生物理论取代了肮脏理论,成为解释疾病传播的依据,废弃物管理责任也从卫生部门移交到环保部门。

第三阶段(20 世纪 70—80 年代):废弃物回收与资源化阶段。由于废弃物填埋与焚烧仍会对空气、土壤造成污染,且随着公众环保意识的增强,反对新建垃圾填埋场和焚烧设施的声音日益高昂,极易导致政治危机,政府被迫将废弃物管理转向废弃物减量化和资源化。Sakai 等人指出,城市居民通常把垃圾焚烧设施当作污染物产生源,反对在本区域建立焚烧厂,同时焚烧也阻碍了一些有价值的废弃物的资源化。此外,工业化导致的资源稀缺,促使人们逐渐认识到废弃物是放错地方的资源,其蕴含着潜在的价值。在美国,尽管 1898 年纽约市就建立了第一个废弃物资源化中心,然而直到 1976 年《资源保护和恢复法》实施,废弃物资源化才在美国引起广泛关注。根据美国国家环境保护局(USEPA)统计,2008 年美国总共产生了约 2.5 亿 t 废弃物,其中约 8 300 万 t 得到了资源化,资源化活动节约的能量相当于 102 亿加仑汽油。

第四阶段(20 世纪 90 年代之后):废弃物系统管理阶段。随着城市废弃物管理的发展,人们发现城市废弃物管理系统是一个复杂的适应系统,具有与生命系统相似的特征,系统具有开放性、复杂性、自组织性、动态性和非线性等性质;传统废弃物管理方式将废弃物产生、回收与处置系统单独考虑,实际上三者是紧密联系、彼此影响的,系统与环境也存在着相互作用的关系,因此应采用系统的方式管理城市废弃物。Seadon 指出,传统方式处理废弃物存在很多缺点:过多的干预而不是提供机制来对新出现的问题进行调整,措施基于短期的目标而不是长期可持续的思考,干预及影响时间严重滞后,忽略或低估了干预的副作用,过多地把注意力放在个别问题上而不是废弃物管理系统的有效性上;并认为城市废弃物系统管理可有效地解决上述问题。在此阶段,学者们提出"废弃物综合管理""零废弃物"等废弃物系统管理理念与方法。

2）废弃物管理理念

（1）废弃物综合管理理念

早在1991年，联合国欧洲经济委员会就起草了《废弃物综合管理区域战略》。1996年，联合国环境规划署（UNEP）对废弃物综合管理（IWM）给出了如下定义：一种参考框架，目的是设计与实施新的废弃物管理系统，以及分析与优化现有废弃物管理系统。Memon认为，废弃物综合管理是一个不断演化的概念，最初被提出是为了增加废弃物管理效益，后来演变成一个综合管理系统，以协调与管理区域内来自各种渠道、各种类型的废弃物（包括工业、居民、商业、医疗和建筑等废弃物）；并由此将其定义为运用减量化、再利用、资源化、焚烧等各种措施，以及制度、经济和信息等各种管理工具，通过利益相关者（政府、企业、中间机构和公众）之间的合作管理废弃物的系统性方式，同时Memon还提出了废弃物综合管理模型，如图1.4所示。

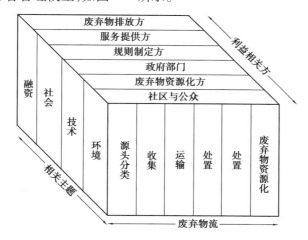

注：根据文献[15]整理。

图1.4 废弃物综合管理系统模型

此外，学者们还从不同的角度对废弃物综合管理理念展开了研究。McDougall等人认为，一个融入社会环境且长期可行的废弃物综合管理系统，要以市场为中心，且具有社会可接受的规模经济效益。Asase等人认为，伦敦发展废弃物综合管理系统采取了具有很强的政治与社会意愿的废弃物综合管理方式,建立了一种持续改进的战略框架,包括根据城市状况制定一份具有战略意义的、整合的废弃物管理规划,从国家与城市层面完善法规,评价废弃物综合管理系统实际影响,采取多元化废弃物处理措施,利用当地的基础条件处置城市的废弃物等。Papachristou 等人认为,城市废弃物综合管理系统的规划与发展必须与当地的社会、经济和气候条件相适应,需对不同类型的废弃物回收、处理方式进行分析、评价与试点。Seadon 研究了废弃物综合管理系统中各主体角色、系统实施工具以及整合要素,认为废弃物综合管理的成功开展需要各类主体广泛参与,需要社会制度的转变。Rigamonti 等人针对废弃物综合管理系统构建一个指标,以评价系统的环境和经济可持续性。Paul 等人考虑废弃物产生率、组分、转运模式、处置技术及收益等因素,针对废弃物综合管理系统建立数学优化模型。Yousefloo 等人运用多目标混合整数线性规划(MILP)模型,围绕总成本与风险优化目标,设计综合城市固体废弃物管理网络。Tsai 等人运用可持续的平衡计分方法,探讨废弃物综合管理系统的层次相互关系与绩效评价问题。

总体而言,废弃物综合管理是指以城市或其他区域为边界,采取系统与综合的方式来管理废弃物,涵盖了来自各个行业部门的废弃物和废弃物管理链的所有阶段,包括源头废弃物的分类、收集、运输、资源化以及最终处置;并运用了生命周期评价、生命周期思考等工具。因此,废弃物综合管理为城市废弃物资源化共生网络设计提供了管理城市废弃物的系统性思维,是建立共生网络的基础,两者存在紧密的联系。

(2)零废弃物/零排放理念

人类对待经济增长和环境问题的过程大致可分为 3 个阶段:第一阶段为以"先污染后治理"为主的末端治理模式;第二阶段为以降低污染治理成本,实现废弃物源头减量的循环经济模式;第三阶段是"零废弃物"模式。目前,发达国家如英国、日本等已进入第二阶段,中国处在第一阶段向第二阶段过渡的阶段,而第三阶段是人类追求的理想目标。零废弃物/零排放（zero waste /zero emissions），是研究经济发展与环境保护相融合的理论体系。20 世纪 80 年代，人们逐渐形成了"零缺陷"观念，认为质量或零缺陷是企业发展和利润增长的基本条件；后来人们开始关注"零库存"问题，通过采取"Just-in-time"的方式，减少企业高昂的存货成本。尽管缺陷产品和存货从来不会消除，但"零缺陷"与"零库存"理念已得到广泛的认同。20 世纪 90 年代中期，环境作为产业链中资源的来源，被认为有潜力减少企业成本和增加企业利润，零废弃物由此引起人们的关注。

零废弃物理论最早由联合国大学（UNU）的 Pauli 于 1994 年提出，并给出了定义：使一切物质得以运用，这样废弃物将不复存在。Kuehr 认为零废弃物主要包括两层含义：一是指一种系统管理观念，即使某个过程不可避免地排放废弃物，但在大范围下这种废弃物能被其他过程所利用，最终实现整个系统零排放；二是指一种管理标准，类似于零缺陷或零库存，代表朝着理想目标持续改进的过程。Curran 等人认为，零废弃物是一种从源头以及产业链各节点清除废弃物的指导性设计哲学理念和系统的方法，目的是"消除"而不是"管理"废弃物，避免废弃物被填埋和焚烧，它意味着所有的工业输入能转换为最终产品或其他过程的输入，因此，需要采用"网络"系统的方法，以实现"零废弃物"目标。

零废弃物理论描述了朝着最大限度利用物质和实现废弃物零排放持续改进的理念与愿景。Kuehr 认为实现宏观社会层面的零排放目标，应按照人为的方式模仿自然生态系统的共生关系，整合、优化和重组生产流程，并要求整个社会转变观念，使生产和消费活动紧密关联；它涉及更为宽泛的主体和活动，如产业规划、产业集聚、产品再制造与资源化以及这些活动与当地工业生产设施的相互作用。Baumgartner 等人指出，零排放技术与系统观念为实现社会可持续发展提供了可能，并认为组织文化对提升可持续理念、减少组织复杂度、增加接受度起重要作用。Snyman 等人以比勒陀利亚（Pretoria）为例，构建了比勒陀利亚的零废弃物模型。Cole 等人以英国查恩伍德（Charnwoord）为例，探讨了设计与执行零废弃物战略的相关步骤,认为应转变重点,增加公众教育与行为转变项目。Zaman 为测度零废弃物管理系统的绩效与进步程度,从 238 个指标中识别了 56 个作为评价零废弃物管理系统的关键指标。

总体来看,目前零废弃物更多的是一种理念,尚未形成完善的理论体系。本书研究的城市废弃物资源化共生网络理论,正是以实现城市零废弃物为最终目标,从宏观区域角度,以共生网络组织形态探讨城市零废弃物问题,是实现城市零废弃物的一种方法论。因此,零废弃物理念也为本书的研究提供了系统思维的方式与理论基础。

1.2.2　城市废弃物资源化共生网络研究综述

在本书中,城市废弃物是指城市范围内可用于资源化的所有废弃物,包括来自工业领域的工业废弃物和来自消费领域的一般废弃物①,因此,本书所研究的城市废弃物资源化共生网络包含工业废弃物资源化共生网络和城市一般废弃物资源化共生网络。工业废弃物资源化共生网络②[也被称为工业共生网络(industrial symbiosis network)]、工业废弃物循环利用网络(industrial wastel recycling network)、废弃物资源化网络(wastel recycling network)、工业生态系统(industrial ecosystem)、区域资源协同网络(regional resource coordination network)、副产品协同网络(by-product synergy network)等,近年来成为学者们研究的重点,其研究对象也被逐渐扩大到城市一般废弃物。对于城市一般废弃物资源化共生网络的研究,主要以日本学者 van Berkel 为代表,借鉴工业共生网络的概念,将其称为城市共生网络。由于工业废弃物与一般废弃物并没有严格的界限,按照城市废弃物系统管理理念,应将其视为整体进行研究,因此,在对共生网络相关文献进行梳理时,本书并未将两者区分开。下面从共生网络发展历

---

① 此种废弃物分类方式主要取自日本《废弃物处理法》中的分类方法,详见本书第 3.1.1 节的相关内容。

② 本书对"工业废弃物资源化共生网络",采用了目前学者运用相对普遍的"工业共生网络"称谓。

程、概念与效益、网络形成机理、网络结构与建模等方面展开综述。

1 ）共生网络的发展历程

早在 1947 年，"工业共生"一词就出现在 Rennerd 的《工业区位》一文中，用来描述不同工业间的"有机关系"，其中包含一个工业废弃的产品作为另一工业的输入。1969 年，鲍尔丁的"宇宙飞船经济理论"指出，地球应改变线性的经济增长方式，要从"消耗型"改为"生态型"，从"开环式"转为"闭环式"，其理论引起了人们对物质循环利用的广泛关注。1976 年，联合国欧洲经济委员会在报告《无废弃物的技术和生产》中的很多观点，与共生理念较为相似。1983 年，比利时政治研究与信息中心出版了《比利时生态系统：工业生态学研究》一书，指出工业社会是一个由生产、流通、消费以及原料、能源和废弃物构成的生态系统，可运用生态学理论与方法研究工业社会的运行机制。1989 年，Frosch 等人的《制造业战略》的发表，使产业界、环境科学和生态学界等学者纷纷介入工业生态系统理论与实践的探索。1993 年 *Journal of Cleaner Production* 和 1997 年 *Journal of Industrial Ecology* 两本期刊的出版，以及 2000 年工业生态学国际学会（The International Society for Industrial Ecology）的成立，对推动工业生态学发展有着重要意义。1993 年，美国成立了可持续发展总统委员会（PCSD），在全国范围内推动了 15 个生态工业园区项目建设。目前，欧盟有关工业间的共生政策已成为经济与环境政策的重要组成部分。例如，欧盟"引领资源效率倡议"将工业间共生作为获取资源效率的推荐性方法；"欧盟废弃物框架指令"将英国 NISP 作为经典案例介绍给其他成员国。美国在可持续发展工商理事会（BCSD）、国家环境保护局等网站跟踪和介绍国内外共生网络成功经验、全国实施情况以及相关政策等内容。

2009 年，van Berkel 等人根据日本生态城镇项目的发展经验，从废弃物资源化的视角提出发展城市一般废弃物资源共生网络，并提出了"城市共生网络"的概念，此后 Chen、Geng、Ohnishi 等人对其生态效益、影响因素展开了研究。

2）共生网络的相关概念及效益问题

城市废弃物资源化共生网络以"废弃物循环利用"为核心，通过企业间建立长期合作关系，实现废弃物资源化。学者对工业领域的"工业共生"或"工业共生网络"进行了定义。Frosch 等人最早将工业共生定义为一个过程的废弃物作为另一过程的原材料，以减少工业对环境的影响。Engberg 将工业共生定义为不同企业间的合作，通过这种合作提高企业的生存能力和获利能力，实现资源节约和环境保护。Chertow 将工业共生定义为通过原材料、能源、水及其他副产品的物质交换，使传统分离的企业或其他组织按照合作的方式运作，其目的是获取竞争优势，关键是合作和地理相邻性所带来的协同可能性，该定义被学者广泛引用。Mirata 等人对 Chertow 定义中的"交换"范围进行了拓展，将工业共生网络定义为建立在区域活动之间的一种长期的共生关系的网络形态，这些活动涉及物质、能源以及知识、人力、技术资源之间的交换，从而产生环境和竞争效益。2012 年，Lombardi 等人基于民族工业共生计划（英国）（NISP）发展经验，将工业共生网络定义如下：整合网络中多样化的组织以培育其生态创新和长期文化的转变，通过网络，创造和共享知识，以形成多赢的交易模式，实现资源投入的可替代性、非产品输出的增值性，同时改善组织的商业与技术流程。该定义将工业共生网络定位为提升组织的商业机会和生态创新的工具。

正如前文所述，工业共生网络并未完全实现全社会物质的闭环流通，工业共生网络关注的主要是工业废弃物的协同利用问题，而对于城市范围内一般废弃物，如废旧电器、废旧金属、废旧汽车、生活垃圾和建筑垃圾等很少关注。2009 年，van Berkel 等人提出运用城市范围内的城市一般废弃物作为生产企业运营所需的潜在原料或能源来源形成共生关系[①]。

长期以来，共生网络的效益问题是学者研究的重要内容之一。Jacobsen 以卡伦堡为例，定量化分析共生网络所产生的环境与经济效益，认为物质交换导

---

① van Berkel 借鉴工业共生的概念，将城市一般废弃物资源化共生称为"城市共生"。

致了上下游企业经济绩效的提升,是驱动共生网络建立的重要因素。Chertow 等人以瓦胡岛(Oahu)上的 11 个企业为例,研究发现共生网络最大的环境效益表现为减少废弃物填埋和节约原材料。Jung 等人对韩国生态示范园区的经济、环境和社会绩效进行综合分析,结果显示,初期投资大或有着高附加值产品的园区具有更好的经济绩效,园区中有着能量梯级利用网络的具有更好的环境效益。van Berkel 等人以日本 26 个生态城镇项目为例,认为共生网络主要存在 4 个方面利益:生态效益,即产生了更少的废弃物和使用了更少的原生资源;企业承担社会责任,提升员工、家庭和社区的幸福感;环境复原,减少生产活动对环境的伤害;环境创新,运用环境问题作为发展新技术、新产品和服务的驱动力。Geng 等人认为,将城市固体废弃物与本地工业连接起来,可创造更多的协同机会,改善整个城市的生态效益,并运用情景模型对川崎生态效益进行评价。Lu 等人基于资源依赖型城市,运用物质流分析与能值分析,揭示整合产业共生与城市共生的经济、环境与社会利益。Fan 等人运用拓展的夹点分析方法,将工业源与城市源整合,探讨城市与产业共生对循环经济的经济、环境效益问题。

3）关于共生网络形成机理方面的研究

自 1997 年 Schwartz 等人首次探讨共生网络形成机理后,它就成为学者争论的重要话题。人们对其认识经历了一个变化的过程,初期认为共生网络可通过规划来实现,后来实践证明自发的共生网络可能更为有效[①],但也存在不足,于是有学者提出了第三种形成方式,即促进模式。

在规划方式研究方面,Chertow 研究了在共生网络形成过程中被证明适用的工具,如产业详细目录、输入/输出匹配、利益相关者流程分析和物质预算工具等,并指出早在 1998 年 USEPA 就先后开发了一系列的匹配规划软件,如 FaST、DIET 和 REaLiTy。Grant 将共生网络形成分为机会识别、机会评价、障碍

---

① 这个转变可通过 Chertow 等人的相关文章得以反映。在早期的文献[14]中,作者认为通过"规划"可推进共生网络的发展,然而近年来作者则成为自组织模式的主要倡导者,如文献[54]研究了自组织模式下共生网络的形成问题。

清除、实施与协调管理、总结与反馈 5 个阶段。Behera 等人指出,将传统工业中心改造成生态产业园区(EIP)需要系统规划,以韩国蔚山为例,认为蔚山 EIP 设计中心已建立探索新的网络、可行性研究和商业化三阶段发展模式。

在自组织方式研究方面,Chertow 等人指出共生网络的形成是企业自组织的行为,其原因是由市场机制产生的具有经济优势的协同关系,相比政府规划的更符合企业利益;同时,认为共生关系在全球范围非常普遍,只是没有被"揭示",且大多数并不是出于环境方面的考虑,也不是由政府规划,而是商业机会下的自组织行为。Albino 等人也认为企业参与共生网络形成主要是受自身利益的推动,很少有成员受生态影响的促使,并基于 Agent 仿真模型,探讨契约对产业共生网络自组织形成的促进作用,指出契约机制是共生关系建立的推动者,尤其在环境不确定性与混乱程度较高的情形下。Gibbs 等人在对欧美等国家发起的 63 个生态工业园区(其中美国 30 个,欧洲 33 个)调查分析后发现,政府规划项目失败的原因是发起者对企业的协同动机和利益考虑不足,使得企业缺乏参与的积极性。Lehtoranta 等人认为共生网络倾向于通过经济主体自发形成,以获取经济利益,但也能被设计或借助政策工具推动。也有学者指出,共生网络形成虽然是企业自组织的一种商业战略,但这种策略的选择主要源于日益增加的废弃物管理成本的影响。

近年来,越来越多的学者认为,要加快推进共生网络的形成与发展,需要发挥促进者的作用。Heeres 等人认为荷兰 3 个生态产业园区项目虽然有政府规划方案,但大多数的共生关系由企业发起,当地政府给予资金和顾问支持。Costa 等人在 2010 年明确提出 Middle-out 方法,认为共生网络的形成过程是政府指导和企业自组织的交互式过程。Jensen 等人认为按照自愿参与的原则,英国政府已成功促进 NISP 的实施,不像那些从零开始试图规划和建设的生态工业园区项目,NISP 成功的关键是项目参与成员主要为发展较为成熟、稳定,运营较为成功的当地企业,这些企业更善于识别潜在的协同机会。Park 等人分析产业共生"促进"的本质,探讨其活动如何影响产业共生形成因素,包括技术、经济、组织、社会和制度因素,以增强工业园区废弃物的交换。Siskos 等人建议采用协同管理服务公司,作为第三方和协同联系人,将共生项目的金融风险从合作的企业转移到协同管理服务公司,从而创新产业园商业运作模式。

在共生网络形成的驱动因素方面,学者们从经济、环境、政策、技术和社会等方面展开了研究。Golev 等人认为工业共生网络的形成受诸多非技术因素的阻碍,包括环境规则、合作缺失、经济障碍、信息共享缺乏等;并提出了产业共生成熟度网格工具,以追溯这些因素对网络形成的影响。王兆华从成本推动、效益拉动和环境取向 3 个方面探讨了网络形成的驱动因素,并运用交易费用理论,分析了企业间建立共生网络组织的原因。Park 等人分析了韩国国家生态产业园近十年的演化历程,发现共生项目第二阶段增长较快,产业共生项目的平均距离也从 40 km 增长至 48 km;并分析了区域 EIP 中心作为促进者,如何影响产业共生的发展。Ji 等人探讨了企业参与产业共生的促进与障碍因素,认为环境法规的要求是首要的驱动力,废弃物和副产品的不确定性是企业关注的重点等,潜在企业产业共生意识的欠缺、政府支持的缺乏等因素,阻碍了产业共生的开展。Jensen 等人以英国 NISP 为例,探讨了特定区域内产业多样性对共生网络形成的影响,结果显示,产业多样性是共生网络形成重要的驱动力,被促进的76% 的协同关系处于高度邻近的多样性区域,有着高的“物种”丰富度,可提供更大程度的产业共生机会,地理相邻性被认为是废弃物资源化实践过程中的关键因素。Doménech 等人讨论了欧洲产业共生发展面临的关键障碍因素:低收益产业共生项目经济扶持薄弱、现有政策与推动机制地域上的差异、废弃物跨区域运输法律上的障碍等;探讨了共生网络中隐藏在物质交换背后的社会因素,从信任、信息共享、共同解决问题 3 个方面分析建立嵌入性的主要机制,识别了不同阶段嵌入性的作用,认为嵌入性网络相比市场更具有弹性和适应性。Boons 等人探讨了产业共生概念的演化、驱动力的分类以及未来的发展关键,研究了三维制度能力(人际关系、知识和调动性)与协同机会识别的相关性,结果显示,调动企业的能力与协同机会有着很强的关联性。Lehtoranta 等人研究了欧盟政策工具,包括政府绿色采购制度、环境许可制度和废弃物法令等对企业间潜在关联的影响。Prosman 等人认为,废弃物作为原料,相比原生材料,常常具有低的品质,会导致一些产品问题,为此,探讨了如何通过供应商整合解决产生共生过程中废弃物品质问题。Mortensen 等人探讨了影响产业共生形成过程的关键因素,识别了 3 个关键环节,包括产业共生的意识与利益、联系的达成与踏勘、组织,并进一步识别了关键因素(外部环境、参与者、参与者角色、参与者特征以及参与者行动)在不同情形下对共生网络形成的影响。Fraccascia 等人识别了产业共生 4 类商业模式,基于政府参与特征进一步划分为两类:协调需求和集中控制,并分析了每种模式的特征和对企业价值创造与价值获取的影响。Grant 等人认为信息交流技术对共生网络的形成具有重要作用。Bass 将嵌入性引入共生领域,分析了嵌入性的结构、文化、时空维度对共生网络形成的影响。Patala 等人认为,促进产业共生的调节维度有助于巩固与拓展共生网络,基于芬兰国家产业共生系统,探讨了共生网络组织面临的困境。Ali 等人通过价值增值设计,探讨了促进产业共生形成,以获取循环经济的发展。Ashton 研究了网络中供应链式的正式关系和人际互动的非正式关系,认为管理层信任和社会资本对共生网络发展影响较大;此外,还分析了社会嵌入性及社会资本与共生关系之间的关联性问题。

4)关于共生网络结构形态方面的研究

目前,关于共生网络结构研究主要集中在工业共生网络方面。王志宏等人结合生物共生的相关理论,从企业利益关系的角度,将共生结构关系分为专性互利共生模式、兼性互利共生模式和附生模式。王兆华等人将工业共生网络形态分为依托型、平等型及嵌入型 3 种类型,其中,依托型主要依托核心企业寄生,形成单核心或多核心的纵向网络形态;平等型为企业间主体平等、自主连接、自我调节型网络形态;嵌入型则强调虚拟企业间的联盟形式。刁晓纯等人将生态产业园区内的企业参与共生网络模式分为自主型、互动型、整合型和松散型 4 种类型。Ashton 认为,企业间的共生关系,相比于别的商业关系,是稀疏的,缺乏集聚性,不同的共生活动表现出不同的网络形态,副产品交换活动表现为一些非连通的二元体,溶剂的回收表现为星形结构,设施共享完全连通网络。Domenecha 等人以卡伦堡为例,分析了工业共生网络的结构特征和主体间相互作用的类型,研究表明,网络具有明显的核心—边缘结构。宋雨萌等人以丹麦卡伦堡和河南省巩义市为案例,分析了区域共生网络的复杂性特征,结果表明,卡伦堡的共生网络不体现复杂性,而巩义市的则体现出小世界性和无标度性。李春发等人以鲁北生态工业园区为例,测度了共生网络的复杂性。Wright 等人借鉴生态学中系统连接性和多样性概念,研究了共生网络连接性和多样性的计算方法,以评价系统的可持续性与稳定性。Jensen 等人借鉴了保护生物学中栖息地适宜度指数(HSI)概念,通过建立 HSI 基准,判断区域工业生态发展水平,识别潜在的发展重点。此外,Graedel 等人以特定网络实例为对象,运用丰富度、关联度、资源化率等指标对共生网络结构进行了研究。King 等人调查了澳大利亚产业共生网络案例以及组织之间联系的社会关系、网络的结构特征,结果显示,共生网络特征尚未引起关注,废弃物回收利用企业在网络中往往起到沟通"桥梁"作用,有助于促进共生网络的发展;地理邻近性并未被发现对网络中企业联系起到显著的促进作用,而网络"促进者(Facilitator)"对网络的形成起着关键作用。

5)关于共生网络形成过程及其结构建模方面的研究

目前,学者从共生网络形成模式或系统等角度研究共生网络形成过程。Chertow 等人提出了自组织模式下共生网络演化的三阶段模型:萌芽—揭示—嵌入与制度化,指出在萌芽阶段,系统相对混乱,共生关系不被人关注,一般有着一个或几个核心企业;在揭示阶段,合作性文化、制度化结构与规范开始发展与形成,企业价值观开始扩展,如开始关注环境效益;在嵌入与制度化阶段,形成较为一致的规范与文化,协同范围进一步扩大,社会资本在网络中作用明显等。Paquin 等人通过分析英国 NISP 的发展历程,认为 NISP 网络发展前期主要是洽谈活动,该阶段是企业自组织的行为过程,通过交流发现区域潜在协同机会;网络发展早期主要为链接活动,该阶段主要采用自组织和目标导向的交互方式,信任关系形成;网络发展后期主要为共同创造活动,该阶段主要采用目标导向的方式发展,网络趋向成熟与制度化。Behera 等人以韩国蔚山生态产业园区为例,研究了规划模式下共生网络的演化过程,包括试点研究阶段、制度化阶段和总结与完善阶段。Doménech 等人将共生网络的演化分为形成期、试行期、发展和扩展期,认为早期的交换行为可能通过自组织或协调方式进行,后期企业对共生网络有了更多的认识和专门知识,有利于通过规划拓展已有的共生网络。Yap 等人基于多层次分析框架,解释产业共生的形成、发展与中断问题。

在工业生态系统建模方面,Dijkema 等人研究了工业生态系统中的复杂性,指出 Agent 建模方法是沟通复杂科学与工业生态学的重要工具。从复杂适应系统的角度,运用 Agent 建模方法,Chandra-Putra 等人研究了工业城市的生态演化路径,Ghali 等人针对生态工业园区,建立了相应的仿真模型。

此外,也有学者对共生网络运行情况进行了评价与优化方面的研究。Ohnishi 等人将物质流分析、碳足迹和能值分析融合,构建了评价产业/城市共生的综合性评价框架。Lütje 等人建立了标准的产业共生绩效评价指标系统,以衡量产业园区的可持续目标,监控产业共生系统的发展与进步。

1.2.3　文献评述

以上研究成果,为本书的研究奠定了良好的理论基础,但由于研究视角、对象、范围与方法的差异,很多方面尚待进一步研究。

1）城市废弃物系统管理研究方面

人们已认识到城市废弃物管理系统是一个涵盖了城市范围内所有类型废弃物的复杂适应系统,具有与生命系统相似的特征,应采用系统管理的方式,建立城市废弃物综合管理系统,实现城市"零废弃物"目标。对于如何形成这样的城市废弃物综合管理系统,目前的文献主要从规划、制度完善等方面展开研究。

然而,有序、高效的城市废弃物管理系统离不开城市及其周边区域工业设施的支持,最终形成的也必然是一个整合的废弃物资源化网络,表现为城市废弃物资源化共生网络形态。目前,在全球范围内,废弃物资源化共生关系已普遍存在于城市废弃物管理系统中,只是没有被人们揭示或引起人们的关注。因此,探讨城市废弃物资源化共生网络的形成机制,是发展城市废弃物综合管理系统与实现城市零废弃物的重要议题,具有现实意义。

2)城市废弃物资源化共生网络研究方面

目前,文献对工业领域的工业废弃物以生态工业园区为载体,建立了工业生态学理论,从工业共生网络的内涵、形成机理、网络结构与建模等方面展开相应的研究。然而,从生态工业园区发展的实践来看,工业共生网络并没有朝着规划的方向发展,很多共生网络发展缓慢、停滞不前或以失败告终。对于失败的原因,学者们往往归结为政府对企业利益考虑不足,导致企业缺乏积极性。然而他们却忽视了如下重要原因:工业共生网络并不是独立的系统,它是城市废弃物管理系统的一个组成部分,失去了城市废弃物管理系统中其他子系统如城市废弃物回收系统、环保产业系统等的支撑,很难成功运行。同时,工业共生网络也不是靠设计几个循环生态工业链,就可从零起步,一蹴而就的,只有当基础设施、社会制度等条件达到一定的水平,城市废弃物管理系统达到一定高度时,才可能实现。因此,我们不能局限于研究工业共生网络的形成问题,而应该从更大的区域范围如城市及其周边区域,考虑工业废弃物的循环利用问题。

3)共生网络形成机理研究方面

目前,文献主要以共生网络发展经验为依据,比较了共生网络的 3 种形成模式即规划方式、自组织方式和促进方式的优劣势,然而学者们很少把共生网络视为一个复杂的适应系统,运用系统科学理论对共生网络的形成条件、形成动力问题展开研究。同时,对于共生网络的 3 种形成模式,很多文献将其视为对立的方式,忽略了其是可以相互补充、相互转化的。此外,对于共生网络形成的驱动因素,目前的文献主要探讨了各种因素对网络形成的影响,而对于企业间为什么需要建立共生关系,很少系统地进行理论分析。

4)共生网络结构形态研究方面

目前,文献针对特定的共生网络实例,运用相关指标对共生网络的某些特征进行了定量研究,或者采用定性的方式将共生网络结构分为若干类型。尽管对探讨共生网络结构有一定的作用,然而已有研究主要探讨的是单个共生网络或者某个方面的网络特征,很少系统地研究共生网络结构的共性特征与形成规律。在网络结构建模研究方面,学者们运用 Agent 建模方法建立了相应的模型,描述了系统的局部、微观行为,但缺乏对系统整体宏观行为和内在规律的研究,不能很好地描述共生网络复杂的动态本质。

综上所述,高效、有序的城市废弃物管理系统,必然表现为城市废弃物资源化共生网络形态;而工业共生网络要成功运行,也需从城市或更大区域考虑废弃物的协同利用问题。因此,城市废弃物资源化共生网络是共生网络发展的方向,是城市废弃物管理发展的高级阶段。网络组织的形成机制是网络组织理论研究的首要问题,目前城市废弃物资源化共生网络尽管在英国、日本和美国等国家都有实践,然而其形成机制尚缺少对应的理论研究。因此,迫切需要探讨城市废弃物资源化共生网络的形成机制,这对实现城市"零废弃物"目标、构建生态文明城市具有重要意义。

1.3　研究思路、技术路线与研究方法

1.3.1　研究思路与技术路线

根据研究背景与相关文献的分析,本书确立了探讨城市废弃物资源化共生网络形成机制的研究主题。本书首先介绍研究的理论基础;接着界定城市废弃

物资源化共生网络的内涵,分析共生网络的系统特性,介绍共生网络在一些国家的发展状况;运用网络组织理论、自组织理论,研究城市废弃物资源化共生网络的形成机制,包括共生网络形成的客观必然趋势、共生行为产生的驱动因素以及共生网络形成的自组织条件机理、协同机理与他组织机理。然后,重点探讨共生网络的结构形态,通过多个共生网络实例的结构分析,提炼出共生网络共性结构特征与形成规律,依据所揭示的规律,研究识别共生网络核心节点的方法,探讨典型共生网络潜在的核心节点;对于共生网络结构特征与形成规律的产生原因与普适性问题,本书采用复杂网络结构建模方法,建立共生网络结构模型,通过对模型的理论解析和 Matlab 数值分析予以解释,并进一步分析有关因素对网络结构形成的影响。最后,本书根据上述研究结果,结合发达国家的相关发展经验,从政府职能与组织结构、社会组织与公众作用、政策重点等方面提出配套的建议。

本书的研究技术路线如图 1.5 所示。

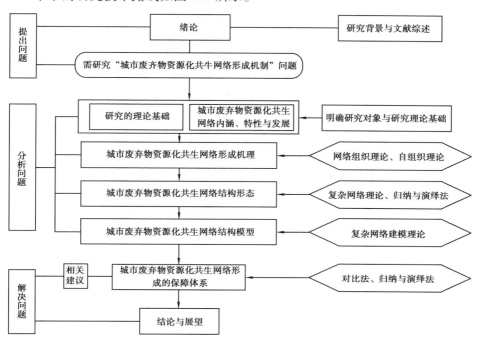

图 1.5 本书的研究技术路线

1.3.2　研究方法

为了研究城市废弃物资源化共生网络的形成机制,本书采用的研究方法主要有如下几类。

1)理论研究与实证研究相结合的方法

本书所探讨的城市废弃物资源化共生网络问题,属循环经济学科理论的范畴,因此以循环经济理论作为理论基础。本书主要运用网络组织理论(第 4 章),探讨了共生网络的动力因素问题;运用自组织理论中耗散结构理论与协同学理论,分析了共生网络自组织形成的条件机理与协同机理(第 4 章),探讨了共生网络的动力因素问题;基于复杂网络理论,探讨了共生网络的结构形态,并研究了共生网络结构建模问题(第 5 章、第 6 章)。同时,本书也注重实证研究,在第 3 章,介绍了一些国家共生网络发展状况;在第 4 章,以中国为背景,主要介绍了共生网络形成的客观必然趋势;在第 5 章,通过典型实例分析,提炼了共生网络的共性特征与形成规律;在第 7 章,以中国推进共生网络发展为背景,从政府职能与组织结构、政策重点与支撑平台等方面提供了相关建议。

2)静态分析与动态分析相结合的方法

静态分析是动态分析的基础,为研究共生网络结构特征,本书第 5 章采用复杂网络理论中网络结构分析指标,研究共生网络典型实例的某一时点的静态网络结构特征。基于所揭示的共生网络结构共性特征与形成规律,第 6 章运用复杂网络建模理论,分析共生网络结构动态演化过程,进一步揭示共生网络结构的形成规律与本质。

3)定性研究与定量分析相结合的方法

本书在研究过程中力求将定量分析与定性研究相结合。为避免在共生网络研究中偏重定性研究而缺乏定量分析的现象,本书第 4 章运用耗散结构模型,研究城市废弃物管理系统向高效、有序的共生网络转变的失稳条件与机制;

运用序参量演化方程,揭示序参量如何支配共生网络演化的方向。第 5 章运用复杂网络理论的相关分析指标,采用 Ucinet、SPSS 等工具,定量分析共生网络的结构特征。第 6 章运用 BA 修正模型,构建共生网络结构模型,运用平均场方法推导共生网络的度分布及幂指数;运用 Matlab 实验工具对模型进行数值分析。

4）归纳与演绎相结合的方法

归纳与演绎相结合的方法是一种常用的辩证逻辑方法。在本书中,归纳与演绎相结合的方法在很多地方得以应用,例如,在第 5 章,通过各种共生网络实例分析,归纳出共生网络结构的共性特征与形成规律,然后采用演绎方法,将理论运用于研究典型共生网络结构的核心节点识别问题;在第 7 章,将前几章研究的结论,结合发达国家的经验,归纳与演绎出中国推进共生网络发展的政策、管理体制等方面转变的重点。

5）比较研究的方法

比较研究的方法是一种确定事物之间共同点和差异点的逻辑方法。在现实中,比较研究的方法几乎成为认识事物最常用的一种方法。本书大量采用比较研究的方法,例如,在第 3 章,比较城市废弃物资源化共生网络与工业共生网络的异同,找出二者的联系;在第 7 章,通过国内外政策对比,提出推进共生网络形成的政策重点。

1.4 各章内容安排

第 1 章,绪论:论述本书的研究背景与研究意义;从城市废弃物系统管理与废弃物资源化共生网络两个视角展开文献综述与评述;阐述研究路线与研究方法;最后提出研究的创新与不足。

第 2 章,理论基础:介绍本书的理论基础,即环境治理理论、循环经济理论、网络组织理论、自组织理论和复杂网络理论等。

第 3 章,城市废弃物资源化共生网络的内涵、特性与发展:介绍城市废弃物、城市废弃物资源化、共生、城市废弃物资源化共生网络等概念,重点探讨城市废弃物资源化共生网络的内涵,并对其与工业共生网络的关系进行辨析;分析共生网络的系统特性;介绍国内外共生网络的发展状况。

第 4 章,城市废弃物资源化共生网络形成机理研究:分析共生网络形成的客观必然趋势;系统研究企业共生行为产生的驱动因素;重点研究共生网络自组织形成的条件机理和协同机理;探讨共生网络形成的他组织机理;分析共生网络形成的驱动与障碍因素。

第 5 章,城市废弃物资源化共生网络结构形态研究:分析多个共生网络实例结构特征;通过对比,提炼出共生网络结构特征与形成规律;根据共生网络形成规律,研究识别共生网络核心节点的方法,并对典型的共生网络的潜在核心节点进行识别。

第 6 章,城市废弃物资源化共生网络结构模型研究:分析共生网络节点间的生成规则;基于 BA 修正模型,从节点间资源匹配度和网络原有节点考虑增减两个视角,构建共生网络结构模型,分析相关因素对网络结构的影响。

第 7 章,城市废弃物资源化共生网络形成的保障体系研究:分析共生网络保障体系的作用与构成;探讨推进共生网络形成的政府职能与组织结构、社会主体作用,并提出相关建议;重点研究推进共生网络形成的政策重点;最后对共生网络支撑平台提出相关建议。

第 8 章,结论与展望。

1.5　研究创新与不足

1）研究创新

本书的创新主要体现在以下几个方面:

①界定了城市废弃物资源化共生网络的内涵。工业共生网络以实现工业园区的工业废弃物"零排放"为目标,然而不能实现城市范围内所有废弃物的"零排放"目标;工业共生网络不是设计几个循环生态工业链就可实现,其成功运行需要城市废弃物管理系统的支撑,而要实现城市一般废弃物的资源化,同样离不开相关工业设施的协同作用,两者应融为一体。基于此观念,本书将共生网络从生态工业园区拓展到城市范围,提出了城市废弃物资源化共生网络概念,认为城市废弃物资源化共生网络是城市废弃物管理系统的高级阶段,是实现城市"零废弃物"的最终途径与形态。

②明确了外界的负熵输入超过阈值时以自组织为主导的方式形成共生网络。基于耗散结构理论与转义的 Brusselator 模型,指出城市废弃物管理系统向具有耗散结构特征的共生网络进化,需要原有系统远离平衡态,需要外界环境向系统提供足够大的负熵,只有当负熵的输入超过一定阈值时,原有系统才会失稳,并通过自催化反应与非线性作用,以自组织为主导方式向共生网络进化。

③指明了城市废弃物资源化共生网络发展的动力源和关键是识别网络的核心节点。多个共生网络实例结构分析显示,共生网络绝大多数节点只与网络中的一个或很少几个企业连接,网络为稀疏性网络,网络节点连接遵循择优连接规则,存在一定数量的核心节点,这些节点在网络局部处于中心地位,是网络局部的资源调配中心或废弃物资源化中心,是创造共生价值的主要源泉,能带动其他企业加入。由此认为,核心节点是共生网络发展的动力源和关键所在,识别出网络的核心节点,使其在共生网络中发挥先导、示范与组织作用,将有助于促进共生网络的形成。

④建立了城市废弃物资源化共生网络结构模型。基于共生网络结构特征,明确了共生网络节点间的生成规则,认为节点间的连接除遵循"马太效应"的择优连接规则外,节点连接较高的机会成本也是影响择优连接的重要因素,据此建立了共生网络结构模型。研究表明,节点连接较高的机会成本是导致共生网络为亚标度网络的重要原因,通过调节网络的外部参量可以影响共生网络形成

的结构形态。

2）研究不足

尽管本书从理论与实践的视角系统地研究了城市废弃物资源化共生网络的形成机制问题，但是研究中仍存在一些不足之处。例如，本书在分析共生网络结构形态时，受共生网络关系数据获取难度大的影响，所分析的共生网络实例偏少，进而在一定程度上影响了共生网络共性特征与形成规律的获取；本书在共生网络结构建模过程中，对相关参量如节点适应度、资源匹配度等服从分布的确定较为主观，是否存在更符合共生网络特征的分布函数，尚需进一步研究。此外，由于共生网络的形成是一个复杂而艰巨的任务，涉及面非常广，所以本书并未针对某个具体城市展开实证研究，相关研究结论的科学性与有效性还需进一步验证。

第 2 章　理论基础

本书的理论基础主要有环境治理理论、循环经济理论、零废弃物理论、网络组织理论、自组织理论和复杂网络理论，下面对这些理论作简要的介绍。

2.1　环境治理理论

自 20 世纪 50 年代以来，环境治理问题日益受到重视，环境治理已成为当代环境与资源经济学、生态经济学、政治生态学、环境政策和可持续性科学等诸多交叉研究科学的一个核心概念，有关环境治理的研究不断发展和革新，已成为当前全球共同关注的议题。大致而言，环境管理经历了从政府管理、参与式管理到多元协同治理的变迁过程，这也可以被看作生态经济学、环境政策、政治生态学等领域的一次重要的变革，这种变迁过程始终伴随着环境管理中社会主体的关注度和参与度的不断提高。

1）以政府为中心的环境管理模式（约 20 世纪 50—80 年代）

"政府中心主义"是国家治理理论早期的主要形态，在环境治理过程中，主要强调政府部门的中心地位与主导性作用，这是该阶段环境保护运动兴起的突出特征。1962 年，美国学者卡逊的《寂静的春天》，为人们关注环境问题拉响了警钟，该书指出，生态环境恶化如不能及时遏制，人类将生活在幸福的坟墓里，被誉为开启人类环保事业的"警世之作"，标志着人类对生态环境问题的关注正式开始。此后,《人口爆炸》《增长的极限》《小即是美》等著作相继问世。随着环境管理这类具有公益性的问题凸显,政府主导模式应运而生,学者们从公地悲剧、公共物品、囚徒困境、外部性、搭便车、集体行动以及生态环境等问题出发,探讨环境管理的相关理论与方法,如承载量的衡量、环境质量评价、环境风险分析、环境影响评价等,关注政府行为、经济手段对人类活动环境影响的作用。

"政府中心"的环境管理模式,主要涉及政府和污染企业两个对立的部门,强调应用政府控制、强制力量,解决环境管理过程中公地悲剧、外部性和公共物品供应短缺等问题,被 20 世纪六七十年代的发达国家广泛运用,具体包括直接管制、补贴、庇古税以及交易许可等手段。例如,对排污企业现状污染物排放标准与规模,采用直接管制的举措;对负外部性活动征收等于边际外部成本的庇古税,对正外部性的企业给予相应的补助、减税、免税等激励措施;政府把公有资源的产权分割、私有化,解决环境领域诸多集体、社会管理的困境;交易许可主张确定配额,规定允许污染物或自然枯竭的最大量。

以政府为中心的环境管理模式,主张政府通过制定法规、政策与标准,要求企业减少污染物排放、开展环境治理。在此模式中,政府处于主导地位,负责监督、收集污染物信息、发布污染减量指令,并对违规者予以处罚;排污企业处于被动位置,在政府的管制下被动地开展污染削减与治理活动。该模式存在诸多缺点,例如,政府需付出高昂的监督与执法成本,且无法克服政府失灵问题;政府监管能力不足;政府惩罚力度不足,难以起到减排与治理作用;政府环保信息不完全或不准确;容易导致政府腐败;排污管理产权很难明晰、公平界定,或界定不经济,导致交易成本高、公共利益与私人利益冲突、短期利益与长期利益矛盾等问题。

2)参与式环境管理模式(20 世纪 80—90 年代)

由于政府主导的环境管理模式很难有效地解决环境污染问题,20 世纪 80年代,学者们的研究重点逐渐转向参与式环境管理。参与式环境管理模式,通常认为是政府管理模式向环境治理模式转变的过渡模式。彼得斯认为,"要使政府的职能更好地发挥,需要促进那些被排除在决策范围外的其他成员参与进来,使其发挥一定的作用"。1970 年,美国的环保游行运动被视为现代环境参与式管理的开端。随后,欧洲、美国在环境立法中,逐步体现出公众参与的原则。政府环境管理体现公众参与的重要性,使得从 20 世纪 80 年代以后,涌现出大量有关环境公众参与的研究。20 世纪 90 年代以后,环境公众参与在我国环境立法、政策中也逐渐得到重视,公众参与意识不断增强。

参与式环境管理模式,强调环境管理过程中社会公众的主体作用,该模式对解决环境污染问题起到了重要的推动作用。然而,这种模式也存在一些局限,例如,在环境管理过程中,社会参与作用不应取代政府、市场的作用,夸大或缩小社会公众的作用都不利于环境管理的实施;如果社会作用干扰到政府环境监管、行政执法,就很难构建完善的环境保护监督与治理制度、生态系统保护修复以及污染防治区域联动机制等,也不利于环保市场的建立与完善。

3)环境治理模式(20 世纪 90 年代至今)

公共治理理论的兴起源于在公共管理领域政府、市场的局限性以及"失灵"问题。20 世纪 90 年代,西方政治经济学的代表人物罗茨赋予"治理(governance)"新的含义。1995 年,全球治理委员会发布的《我们的全球合作伙伴》报告中,对"治理"作出了被广泛认可的定义:各种公共的或私人的个人、机构,管理其共同事务的诸多方式的总和,它使相互冲突或不同利益得以调和,且采取联合行动的持续的过程,它包括有权迫使人们服从的正式制度安排,也包括各种人们同意或以为符合其利益的非正式的制度安排。

治理理论自提出以来,迅速在环境保护领域得到应用与发展。环境治理,强调政府、市场与社会等多元主体的共同管理,共同发挥作用;强调除发挥政府和市场作用外,还应促使社区、家庭、专家学者、非政府组织、新闻媒体、公众等众多主体在环境管理不同层面发挥作用,对整个生态环境系统进行协同管理。目前,基于不同的社会主体,形成了自治模式、学者参与型模式、其他各种专门化治理模式以及多元协作治理模式等。

①自治模式。由埃莉诺·奥斯特罗姆教授建立的自治模型,主张在一定条件下,参与成员主要通过自治方式,实现对公共事务问题的自主治理。基于对相关国家案例的比较与分析,埃莉诺·奥斯特罗姆归纳出自主治理模式设计的8项制度原则,包括清晰界定边界、占用与供应规则与当地保持一致、集体选择的安排、监督、冲突解决机制、分级制裁、对组织权的最低限度的认可、分权制企业等。但在此模式下,可能遭遇自治者能力不足、内部环境不稳定、自身脆弱、外部干扰、需要依赖道德与伦理宗教力量等问题。

②专家学者参与型治理模式。该模式强调发挥专家学者、科研机构等在专业知识、信息等方面具有的比较优势与积极作用。研究表明,在环境治理过程中,专家学者的参与有助于帮助其他行动者破解集体行动困境,其作用主要体现在4个方面:政府的代理人、信息提供者、公众的领导者与组织者、直接博弈者。一般认为,有效的专家学者参与治理,可遵循如下制度设计原则:广泛、稳定与有效的学者参与,联盟式的组织结构安排,科学的目标分层体系,民主化、协作性管理方式,健全的奖励与惩罚机制,稳定的学者性领导精神,试点、推广模式,有效的外部支持,期望利益的实现等。

③其他专门化的治理模式。该模式包括个体参与治理模式、公众或组织参与治理模式、企业治理模式、家庭治理模式、非政府组织(NGOs)治理模式、新闻媒体参与模式、宗教组织治理模式等。非政府组织治理模式、宗教组织治理模式,也是解决环境治理集体行动的方式;新闻媒体参与模式认为,现代信息技术为公众提供更多环境参与机会和渠道,并影响着政府决策。然而,相比于政府主导模式、自治模式和专家学者参与型治理模式,该模式尚缺乏应有的理论支撑,除公众参与、非政府组织参与治理学者关注较多外,对其他组织或个体参与治理的研究较少。

④多元协作、协同或合作治理模式。这些模式强调政府、企业、专家学者、非政府组织、宗教组织、新闻媒体、社区、家庭、居民等不同环境治理行动者之间

的横向、纵向、跨层级协作,不同治理模式间的协作,以及生态环境、经济、政治、社会和文化各系统之间的整体性协作。目前,国内外有关协作性或协同治理的研究尚处于初级阶段,有关协作或协同环境治理的诸多问题尚待解决。

此外,在治理理论框架下,还涌现出了许多相关或相似的学术理论和观点,如协作治理、多中心治理、整体性治理、跨界治理、网络治理等,但其基本理念与目的相似,只是在侧重点上呈现出多样化。例如,协作治理强调政府与其他主体共同作用,包括政府与非政府组织、非营利组织、第三部门、中间组织等主体的合作。奥斯特罗姆提出的多中心治理理论,主张在一个管理系统中,可以存在多个相互独立的决策中心,强调多部门、多层次、多类型的互动决策。协作治理认为,在公共事务治理过程中,政府、企业、非政府组织、公众等各子系统应利用系统中各要素、子系统之间的非线性作用,实现公共事务的共同治理,达到最优化地维护与增进公共利益的目的。整体性治理,注重政府部门之间的整体性运作,强调管理应从分散、破碎走向整体与集中。跨界治理主要强调跨区域多元互动、纵横交错、网络运行的合作治理理念。网络治理,从治理结构的视角强调治理主体之间建立起网络化的关系结构,包括自上而下的纵向权力层级结构、平等主体间横向的合作结构。

在环境治理模式下,政府仍需承担环境管理的责任,推动政府部门、市场、社会组织、公众等行为主体间形成一种合作关系网络,让更多的利益相关主体,以行动者或管理者的角色出现,直接参与环境管理,关心环保公共利益,承担社会责任。从主体方面来看,相比传统的环境管理模式,环境治理模式除发挥政府职能外,还主张发挥社会力量的作用,如鼓励科研院所、社会组织、社区和公民积极参与;从方向方面来看,传统的环境管理模式是一种自上而下的单向管理模式,而环境治理模式是一种上下联系、横向互动的网络模式,注重灵活、协调与沟通;从方式方面来看,除传统的行政管理外,环境治理模式还主张法规、制度、道德、社区等治理,倡导政府、市场与社会共同参与环境治理事务。

4）3 种模式关系及其比较

环境治理模式的差异反映了环境治理理念、方法的日趋进步与科学,体现了研究范围、深度的不断扩大,但是这 3 个模式并不是后者完全替代前者的关系,也不存在产生一个新模式就完全舍弃旧模式的情况。在大多数情形下,新旧模式的融合,可以共同形成分析环境治理问题的理论框架与基础。因此,参与式管理模式阶段是管理和参与式管理两种模式的并存阶段;治理模式阶段则是管理、参与式管理和治理 3 种模式的共存阶段。环境治理模式的变迁也体现了环境治理从政府命令、控制型,向主体之间合作、协商型的转变,在此演化过程中,参与主体不断增多,从最开始的环境管理模式的政府、企业,到参与式环境管理模式中公众、专家的介入,再到治理模式的非政府组织、专家学者、宗教、新闻媒体、其他组织等多元主体共同治理的局面。现代社会的高度融合也带动了环境治理领域中主体之间的协同或协作。归纳起来,3 种模式的主要区别如表 2.1 所示。

表 2.1 环境管理模式、参与式管理模式、环境治理模式的比较

模式	环境管理模式	参与式管理模式	环境治理模式
行为主体	政府、市场	政府、市场、公众等	政府、市场、NGOs、专家学者、社会公众等
管理模式	命令—控制型	公众参与	协同合作
互动模式	自上而下	自下而上	网络化、平行横向
互动程度	弱	中	强
参与机制	被动接受	积极回应	主动参与

5）中国环境治理模式的发展状况

近年来,中国政府、社会对治理的认识与应用,从陌生到应用越来越广泛与深入。2009 年中欧环境治理项目实施时,治理尚是一个具有前瞻性的管理理念,如今推动国家治理体系现代化、提高国家治理能力,已成为国家、社会管理

的战略目标。党的二十大报告再次强调,到2035,基本实现国家治理体系和治理能力现代化,全过程人民民主制度更加健全,基本建成法治国家、法治政府、法治社会。

　　过去,我国主要依靠政府并按照"谁污染、谁治理"的原则开展环境污染治理,虽然取得了一定的成效,但在实践中存在诸多制约和不足,效果有限。环境治理问题不仅仅是经济、生态问题,在一定程度上也是社会文明、政治文明问题。解决环境污染问题,首先应建立环境治理体系结构,推进环境治理现代化,不应"头疼医头、脚疼医脚",单纯依靠减排不能解决根本性问题。推动"多元共治",是环境治理的必由之路。2014 年修订《中华人民共和国环境保护法》时,多元共治已成为其重要的思想与原则,环境公共参与、信息公开以及公益诉讼等成为新修订法的重要亮点。环境"多元共治"的理念与模式,逐渐成为我国各级政府环境立法、政策制定、治理实践的重要指导思想。

　　本书所研究的城市废弃物资源化共生网络,本质上属于针对城市废弃物治理,由政府、企业、科研院所、社会组织等多元主体构成的资源化协同网络体系。因此,城市废弃物资源化共生网络属于环境多元治理范畴,其研究展开也应以环境治理理论与方法为指导依据。

2.2　循环经济理论

　　循环经济理论起源于人们对环境问题的关注以及"宇宙飞船经济"等理论。1966 年,美国经济学家鲍尔丁的"宇宙飞船经济"理论形成了循环经济理论的基础,认为地球就像一艘在太空中飞行的宇宙飞船,要靠不断消耗和再生自身有限的资源而生存,如果资源开发不合理,肆意破坏环境,就会走向毁灭,由此提出了循环经济模式,以代替过去的线性经济模式。1990 年,英国环境经济学家大卫·皮尔斯和图奈在其著作《自然资源和环境经济学》中首次使用了"循环经济(circular economy)"一词,并从资源管理的角度讨论了物质循环问题。20

世纪 90 年代,这一理念被引入中国,迅速引起人们的高度关注,循环经济理论与实践也得到了迅速发展。目前,关于循环经济定义存在多种的表述,下面列举几种有代表性定义。

诸大建将循环经济定义为:针对工业化运行以来高消耗、高排放的线性经济而言的,它要求把经济活动组织成"自然资源—产品和用品—再生资源"的闭环式流程,所有的原料和能源都能在这个不断进行的经济循环中得到合理的利用,从而把经济活动对自然环境影响控制在尽可能小的程度。

冯之浚等人从系统科学的角度将循环经济定义为:在人、自然资源和科学技术的大系统内,在资源投入、企业生产、产品消费及其废弃的全过程中,不断提高资源利用效率,把传统的依赖资源消耗的线性增长的经济,转变为依靠生态型资源循环发展的经济。

循环经济是对传统线性经济的革命,是一种新的经济发展范式。循环经济,实质上要求人类经济与社会系统的运行遵循自然生态系统的生态学规律,实现经济系统中的物质、能量、信息在时间、空间、数量上的最佳运用。循环经济也要求从国家经济发展战略、社会运行机制到全社会各类主体的思想意识、行为方式等方面全方位地向可持续发展轨道转变,达到高效利用资源、减少生态环境破坏、实现经济与社会的可持续发展的目的。循环经济的发展体现在 3 个层面:企业微观层面,主要侧重于企业内部的清洁生产;园区中观层面,主要体现为园区内企业间工业废弃物、能源和中间产品的关联;国家宏观层面,表现为区域或跨区域间的物质循环利用方面。循环经济的研究方法较多,如物质流分析(MFA)、生态足迹(EF)和生态效率(EE)等。

本书所研究的城市废弃物资源化共生网络,是以城市为载体,在城市及其周边区域所形成的废弃物协同利用网络,是从组织与管理的视角探讨废弃物资源化的协同利用问题,是促进区域循环经济发展的方法论。因此,城市废弃物资源化共生网络属于区域循环经济的范畴,其研究展开应以循环经济理论与方法为指导依据。

2.3 零废弃物理论

零废弃物描绘了人类实现废弃物零排放持续改进的宏伟愿景,是推动城市可持续发展最具远见的理念之一。"零废弃物"概念最早由 Paul Palmer 博士于 1973 年提出,用以从化工行业回收、利用物质。20 世纪 90 年代后期,该概念引起广泛的关注,被认为是 21 世纪实现真正意义上可持续废弃物管理系统最具整合性的创新理念,其实践在全球广泛开展,关于零废弃物发展关键的里程碑事件如表 2.2 所示。零废弃物理念起源于汽车工业中精益运动的思想。20 世纪 90 年代中期,环境作为产业链中资源的来源,被认为有潜力减少企业成本和增加企业利润,零废弃物由此引起人们的关注。目前一些学者或组织从不同视角对"零废弃物"进行了定义,如表 2.3 所示。

表 2.2 关于零废弃物发展关键的里程碑事件

时间	国家	里程碑事件
1973 年	美国	Paul Palmer 提出"零废弃物"概念
1986 年	美国	美国国家反垃圾焚烧联合会成立
1988 年	美国	西雅图引入"垃圾按量收费(Pay-As-You-Throw)"体系
1989 年	美国	加利福尼亚通过"综合废弃物管理法案",提出到 2020 年废弃物分流率达到 50% 目标
1990 年	瑞典	Thomas Lindhqvist 介绍了"生产者责任延伸"制度
1995 年	澳大利亚	堪培拉通过《无废弃物 2010 年》议案
1997 年	新西兰 美国	新西兰零废弃物信托基金成立 加州资源恢复联合会(CRRA)组织召开了关于零废弃物的国际会议
1998 年	美国	北卡罗来纳州、华盛顿、西雅图等区域将零废弃物作为当地废弃物管理的指导性原则
1999 年	美国	CRRA 在旧金山再次召开了关于零废弃物的国际会议

续表

时间	国家	里程碑事件
2000 年	美国	全球焚化炉替代品联盟被建立
2001 年	美国	草根废弃物资源化网络机构出版了《公民的零废弃物议程》
2002 年	新西兰 美国	书籍 *Cradle-to-Cradle* 出版;第一届零废弃物峰会在新西兰举办 零废弃物国际联盟(ZWIA)建立
2004 年	澳大利亚 美国	通过了"南澳大利亚州(SA)零废弃物法令",提出"南澳大利亚州零废弃物"发展战略 ZWIA 对零废弃物给出了一个正式的定义;CRRA 采纳了 ZW 商业原则
2008 年	美国	塞拉(Sierra)俱乐部采取了零废弃物生产者责任政策
2012 年	美国	美国零废弃物商务委员会被建立

注:来源于文献[100]。

表 2.3 "零废弃物"含义的代表性表述

定义来源	含义具体描述
Pauli(1994)	使一切物质得以利用,这样废弃物将不复存在
新西兰零废弃物信托基金(2002)	一种通过社会采取"整体系统"的方法,寻求重新设计资源与物质流运作方式的新目标,它不仅包括"末端"努力实现废弃物资源化与减量化的方法,而且还包含产品能被再利用、修补或回收重返自然或市场的设计原则;零废弃物需要对工业系统进行再设计,使人类不再无休止地向自然攫取资源
Kuehr(2007)	包括两层含义:一是指一种系统观念,即使一个过程不可避免要排放废弃物,但在大范围下这种废弃物能被其他过程所利用,最终实现系统零排放;二是指一种管理标准,类似于零缺陷和零库存,代表朝着理想目标持续改进的过程

续表

定义来源	含义具体描述
国际零废弃物联盟（ZWIA，2009）	一种符合道德的、经济的、有效的和富有远见的目标,以指导人们改变生活方式和实践,努力实现可持续的自然循环,包括通过设计使废弃的物质成为其他过程可再利用的资源;零废弃物下产品与过程需要系统的设计与管理,避免和消除大量的、有毒的废弃物,从废弃物中回收所有的资源,避免其被填埋或焚烧
《苏格兰零废弃物规划》（2009）	一种方法,包括消除不必要的原材料使用,可持续设计,资源效率和预防废弃物产生,尽可能实现产品再利用,以及按照废弃物管理层次,通过资源化、堆肥或焚烧获取报废产品中的再利用价值
联合国欧洲经济委员会（UNECE，2011）	零废弃物范围涵盖了可持续废弃物管理系统一些相关的概念,包括废弃物阻止、减量、再利用、再设计、资源化、修补、再销售和再分配等措施,它不仅鼓励废弃物资源化,而且推动重构产品设计、制造与分配,从源头阻止废弃物产生
《英国废弃物管理规划》（Defra，2013）	一种尽可能减少废弃物对环境影响的方式,其愿景目标是寻求阻止废弃物产生、节约资源和获取物质所有再利用价值

　　目前,零废弃物实践在英国、美国、澳大利亚、中国、新西兰、日本、加拿大、瑞典等众多国家开展。英国政府提出"零废弃物经济"国家战略;日本东京、美国华盛顿和加州、澳大利亚阿德莱德与维多利亚、瑞典斯德哥尔摩等地也都制定了"零废弃物"发展战略,致力于成为"零废城市"。2018 年,中国国务院办公厅印发《"无废城市"建设试点工作方案》,正式提出加快建设"无废城市",并提出在厦门、温州、雄安新区、西咸新区开展"零废弃物"试点。

　　英国是一个举国推进"零废弃物"的国家。早在 1990 年,政府发布的《共同的遗产》就提出了"绿色政府"行动;1995 年的《废弃物重新利用》要求各地区制定废弃物国家发展战略;2005 年,英国国家工业共生项目全面实施,以推动废弃物协同利用,提高资源利用效率。良好的废弃物管理基础,促使政府于 2007 年发布了《英国废弃物战略 2007》,提出"零废弃物经济"国家战略。为促进社会行为的转变,政府发起了零废弃物场所(ZWP)倡议,并于 2008 年选取了 6 个区域推行 ZWP 项目。2009 年,英国环境、食品和农村事务部再次强调,要使英国成为一个"零废弃物"国家,提出到 2019 年生活垃圾资源化目标要达到 75%,并建立了一个新的 ZWP 标准。此外,英国威尔士、苏格兰和北爱尔兰,也制定了更为雄心勃勃的"零废弃物"发展规划。

美国是最早关注"零废弃物"的国家之一。1997 年,加州资源回收联合会(CRRA)组织召开了关于零废弃物的研讨会;1998 年,北卡罗来纳州、华盛顿、西雅图等区域将"零废弃物"作为当地废弃物管理的指导性原则;2000 年,加州德尔诺特县制定了美国第一份综合性的"零废弃物"计划;2001 年,加州废弃物综合管理委员会将"零废弃物"作为废弃物管理战略规划目标。2012 年,美国成立了零废弃物商务委员会,积极推进"零废弃物"行动,旧金山、洛杉矶等众多城市积极推进"零废弃物"项目。例如,2002 年,旧金山政府提出了"零废弃物"管理宣言,开展了"旧金山零废弃物项目",通过实施强制性废弃物减量法规、与废弃物管理企业合作开展创新型项目,以及通过激励与拓展创造废弃物资源化文化等措施,致力于成为全球废弃物管理的领导者,2014 年废弃物分流率达到80%,处于美国最高水平。

澳大利亚是推进"零废弃物"全球领导型国家之一。早在 1995 年,堪培拉就通过了"无废弃物 2010 年"议案,成为全球首个将"零废弃物"作为官方目标的城市。2004 年,澳大利亚南部一些州通过了"南澳大利亚州(SA)零废弃物法令",提出"南澳大利亚州零废弃物(Zero Waste SA)"发展战略,以提升废弃物管理系统,实现南澳大利亚州的"零废弃物"目标。2005 年,维多利亚通过了"零废弃物"发展战略,提出到 2010 年回收的废弃物 75% 能被资源化的目标。

2018 年 12 月,中国国务院办公厅印发《"无废城市"建设试点工作方案》,推动"零废城市"建设。2019 年 4 月,中国生态环境部公布了 11 个"无废城市"建设试点。11 个试点城市为:内蒙古自治区包头市、广东省深圳市、山东省威海市、安徽省铜陵市、浙江省绍兴市、重庆市（主城区）、河南省许昌市、海南省三亚市、江苏省徐州市、青海省西宁市、辽宁省盘锦市。2022 年 4 月 24 日，中国生态环境部公布"十四五"时期"无废城市"建设名单，稳步推进"无废城市"建设。

　　总体来看，"零废弃物"既是一种理念、目标和管理标准，也是一种废弃物管理方式与方法，需要社会转变观念，采取系统的思维方式，重新规划与设计工业生产系统，改变居民的消费与生活方式，综合管理废弃物，实现整个社会物质的循环流通。城市废弃物资源化共生网络是实现"零废弃物"目标的重要工具与表现形式，零废弃物标准、实现路径与方法以及相关政策环境，同样有助于城市废弃物资源化共生网络的形成与发展。

2.4　网络组织理论

　　在制度经济学中，网络组织已逐渐被认为是与市场、层级（企业）并列的资源配置方式。市场和企业被看作组织经济活动的两种主要制度形式，市场是由价格机制指导资源配置的自动协调方式，而企业是直接的等级性配置手段。随着经济全球化和信息技术的发展，传统组织形式已不能适应外部环境与市场竞争的需要，网络组织作为一种新型的组织形式应运而生。正如德鲁克在《未来的组织》一书中提到，由于技术的进步和人员的专业化与知识化，新型企业组织以计算机网络为基础，将对现有组织结构进行根本变革，企业组织网络化已成为一种必然趋势。Richardson 指出，市场自动协调与企业直接协调的两种分法，容易使人误解为性质截然不同的协调方法，它忽视了企业间合作的事实；由于企业不可能拥有所需要的全部能力，其结果必然需要企业间各种各样的组织安排。Larsson 在调查了组织间关系理论之后，建议用市场、组织间协调和科层组织的三级制度替代传统的市场与科层两级制度框架，他形象地把组织间协调比作是"握手"。

　　对于网络组织，学者们从不同的研究视角给出了不同的定义。Achrol 认为,网络组织与仅由交易关系构成的简单网络是不同的,网络组织中成员之间的关系更加密切、复杂,而且是互惠的,是一个阐释组织成员角色和责任的共同的价值系统。Miels 等人将网络组织定义为通过市场机制而不是命令链协调的企业或专业单位的簇群。Larsson 认为网络组织是两个或以上的组织建立的长期关系。李维安将网络组织定义为由活性结点的网络联结构成的有机的组织系统,信息流驱动网络组织运作,网络组织协议保证网络组织正常运转,网络组织通过重组来适应外部环境,通过网络组织成员合作创新实现网络组织目标。Powell 在其《既非层级也非市场》中,对市场、企业和网络 3 种治理机制进行了比较(表 2.4),Powell 认为网络结构的主要治理机制就是信任关系与协商,是以信任关系为核心的一种治理机制。总体来看,网络组织是具有市场和企业双重性质的一种资源配置制度安排。

表 2.4 市场、企业、网络 3 种治理形式的区别

特点	企业	市场	网络
规范基础	雇佣关系	契约财产权	互补关系
沟通手段	工作流程	价格	关系
冲突解决	行政命令,权威	讨价还价	互惠规范,名声关注
调节力量来源	计划	供求	谈判
弹性程度	低	高	中
承诺的给予	中到高	低	中到高
氛围	正式,官僚	明确和猜忌	开放,信任,合作
行动者优先权	依赖	独立	相互依赖

网络组织理论是一个尚处于不断发展的理论,从早期研究网络组织的形成与动因问题,逐渐向网络组织的运行机制、治理机制方面转变,如研究网络组织的信任、协调、激励、学习、文化等。本书探讨的是共生网络组织的形成机制,涉及网络组织形成的理论基础,主要有如下几种理论。

1）交易费用理论

交易费用的概念最早由科斯提出,用以解释企业的性质,包括寻找市场交易的成本、谈判成本、拟订合同和监督合同执行的成本等。威廉姆森将交易费用概括为经济系统运转所要付出的代价或费用,形象地比喻为"物理学中的摩擦力在经济学中的等价物"。威廉姆森认为,企业选择不同的制度安排,目的是使生产成本和交易成本最小化,由于契约人存在有限理性与机会主义行为倾向,以及受到资产专用性、交易的不确定性、交易频率的影响,导致交易活动的不确定性和复杂性,使交易费用增加,这样使某种制度安排和交易方式的选择成为必要,网络组织应运而生,企业间通过网络组织建立较为稳固的合作伙伴关系以稳定双方交易,减少签约费用并降低履约风险。此外,Larsson 把威廉姆森影响规制结构的 3 要素与资源依赖的观点结合起来,并用特定资源依赖替代资产专用性。

2）嵌入性理论

嵌入性(embeddedness)理论由格拉诺维特(Granovetter)在美籍匈牙利学者波兰尼提出的嵌入性理论的基础上发展而来,嵌入性是新经济社会学理论体系的核心概念,格拉诺维特在《经济行动与社会结构:嵌入性问题》中指出,经济关系背后隐藏着社会关系,一切经济行为是嵌入社会关系、社会结构中的,嵌入的网络机制是信任。信任使得成员间的关系更为紧密,有利于信息、知识的共享,能降低交易环境的复杂性和不确定性,降低短期行为发生的可能性,提高合作效率,从而大大降低交易和监督成本,改变对治理机制的选择。格拉诺维特将嵌入分为关系性嵌入和结构性嵌入。关系性嵌入通常是成员间的关系较紧密,这种关系有助于企业间信息、知识的共享以及联合解决面临的问题;结构性嵌入则是成员间的关系较稀疏,网络成员在网络中占据的结构性位置可以带来更多有价值的信息、知识。

3）分工与专业化理论

亚当·斯密将分工分为 3 种:企业内分工、企业间分工与产业分工或社会分工。企业间分工即企业间劳动和生产的专业化,实质上就是企业网络组织的理论依据,分工使得网络组织具有无论是单个企业还是整个市场都无法具备的效率优势,网络组织保证了分工与专业化的效率机制。

4)企业能力理论

企业能力理论包括企业资源依赖论、企业核心能力论等,该理论更加强调企业内部条件对企业竞争优势的决定性作用,企业内部资源、能力和知识的积累是企业获得超额利润和保持竞争优势的关键。该理论认为,企业在性质上并不是相同的,而是异质的,在企业异质性的条件下,任何一个企业都不具有实现整个价值链中每一项活动所需要的全部能力,都具有不同的比较优势,这也就决定了企业必须与外部企业建立经济联系,以便完成整个价值增值活动。企业能力理论为网络组织作出了最新的解释,网络组织使企业资源运筹的范围从企业内部扩展到外部,在更大范围内促进资源的合理配置,从而带来资源的节约并提高其使用效率。

总体来看,上述理论基础从不同角度阐明了网络组织形成的原因。在本书中,企业在参与或实施废弃物资源化活动过程中,是否会建立长期依存的合作关系,形成相对稳定的网络组织形态,同样可运用上述理论予以解释,这一点将在4.2.1小节和4.2.3小节进行详细分析。

2.5 自组织理论

自组织是系统科学的一个重要概念,它是复杂系统演化时的特定现象。协同学创始人哈肯对自组织给出如下定义:如果一个体系在获得空间的、时间的或功能的结构过程中,没有外界的特定干涉,我们便说该体系是自组织的。这里的"特定"一词是指,这种结构或功能并非外界强加给体系的,而且外界是以非特定的方式作用于体系的。自组织包含3类过程,即由非组织向组织的演化过程、由组织程度低向组织程度较高的演化过程,以及相同组织层次上由简单到复杂的演化过程。自组织理论是研究自然与社会的自组织现象、规律的学说,它是一个理论群,包括耗散结构理论、协同学理论、超循环理论、突变理论、分形理论和混沌理论等,这些理论尽管研究内容不同,但是都具有共同特征,都是研究非线性复杂系统的自组织形成过程。其中,耗散结构理论揭示自组织现象形成的环境与产生条件,协同学理论则较多地涉及自组织形成的内在机制。

2.5.1　耗散结构理论

耗散结构理论由普利高津于 1969 年通过报告《耗散结构与生命》提出,是自组织理论中自组织条件方法论。它主要研究系统如何开放、开放的尺度、如何创造条件走向自组织等方面的问题,是对系统自组织产生的条件、环境等给出科学判断的理论,是自组织条件方法论。

耗散结构理论认为:一个开放的系统,当到达远离平衡态的非线性区时,一旦系统的某个参量变化到一定的阈值,系统可能从稳定进入不稳定,通过涨落发生突变,即非平衡相变,于是系统由原来无序的混乱状态转变到一种新的有序状态,这种在远离平衡的非线性区形成的新的有序结构,并以能量的耗散来维持自身的稳定性,普利高津称之为耗散结构(dissipative structure)。这种系统能够在一定外界条件下,通过内部相互作用,自行产生组织性和相干性,称为自组织现象,因此,该理论也被称为非平衡系统的自组织理论。

普利高津指出,非平衡是有序之源,平衡态是无序的,耗散结构的形成和维持需要满足以下 4 个条件:

①开放性,即系统能够不断地与外界进行物质、能量、信息的交换。

②远离平衡态,即系统想要向有序化发展,必须处于可能发生突变的远离平衡态的状态,平衡态是一种混乱无序的状态,远离平衡态具体表现为系统内部的各子系统存在较大的差异。

③非线性,即系统从无序向有序发展,必须通过组织内部要素的非线性相

互作用来完成。

④涨落现象,即系统总是不断地受到来自系统内部和外部环境的扰动,使得系统在某个时刻、某个局部的范围内产生对宏观状态的微小偏离。

为科学、客观地度量耗散结构,普利高津选取物理热力学中熵(entropy)的概念,它对复杂系统的研究至关重要。按照德国物理学家克劳修斯的提法,熵用来度量能量从高级形式向低级形式转化的程度,是指不能再被转化做功的能量总和的测定单位,是度量系统混乱程度的物理量。通常,探讨熵的绝对量是没有什么意义的,一般用熵的变化来衡量系统的有序度。热力学第二定律指出,系统的熵的增加,意味着系统无序和混乱程度增大。耗散结构理论指出,耗散结构只有在非平衡条件下通过和外界环境不断交换物质和能量才能维持,对于这一类开放系统,耗散结构理论给出了熵变化公式,为

$$dS = d_eS + d_iS \qquad (2.1)$$

其中:S 表示系统的熵;dS 表示系统的熵的变化;d_eS 被称为熵流,是系统与外界环境进行物质、能量与信息交换所引起的,其符号可正可负;d_iS 被称为熵产生或熵源,是系统内部的不可逆过程引起系统内部熵增加或熵产生,d_iS 是正的,或是在没有不可逆过程时为零。当系统的熵流 $d_eS<0$,且这个负熵流足够强,满足 $|d_eS|>d_iS$ 时,系统的总熵将减少,从而使系统向有序状态发展。

2.5.2　协同学理论

协同学理论解释了系统自组织走向有序结构的内在动力机制,即子系统通过怎样的合作,在宏观尺度上形成空间、时间或功能上的有序结构。哈肯发现,不论是平衡相变或者非平衡相变,系统在相变前之所以处于无序均匀态,是由于组成系统的大量子系统没有形成协作关系,各行其是,杂乱无章;而一旦系统演变到相变点附近,这些子系统仿佛得到某种"精灵"的指导,会建立起协作关系,以很有组织性的方式协同行动,从而导致系统宏观性质的突变。协同学理论由三大基本原理构成:不稳定原理、支配原理和序参量原理。哈肯认为系统

自组织取决于少数序参量,涨落在系统结构演化中发挥着必不可少的关键作用。

①不稳定原理。不稳定原理指出,当系统控制参数达到临界值时,系统旧的状态会失去稳定性,预示着新状态的出现。

②支配原理。支配原理又称伺服原理或役使原理。该原理指出,有序结构是由少数几个缓慢增加的模或变量决定的,所有子系统都受这少数几个集体变量的支配。在系统相变过程中,慢变量主宰着系统演化方向,支配着快变量的行为。当系统走向有序,到达临界点或临界点附近时,将出现少数慢变量支配多数快变量的情形。

③序参量原理。序参量是描述系统宏观有序度的状态参量,在整个系统演化过程中起决定性作用。当众多子系统处于无序的旧结构状态时,各子系统各自运动,不存在合作关系,无法形成序参量;当系统趋近临界点时,子系统发生关联形成合作关系,协同行动,导致序参量的出现,序参量一旦形成就会成为主宰系统演化的力量。

本书所探讨的城市废弃物资源化共生网络,是城市废弃物管理系统发展的高级阶段,是一种更高效、更有序的废弃物管理系统。原有的城市废弃物管理系统在什么条件下才能向更为有序的共生网络进化,以及依据怎的动力机制才能形成,可基于耗散结构理论和协同学理论给出科学的解释,将在本书 4.3 节和 4.4 节予以具体研究。

2.6　复杂网络理论

复杂网络理论是探索与揭示复杂系统规律的重要理论。关于网络的研究最早可追溯至 1736 年瑞士数学家 Eüler 的哥尼斯堡七桥问题。之后的两百多年里,学者们从不同领域对各种类型的网络展开了广泛研究。近年来,随着计算机技术的发展,人们发现真实网络既不是规则的,也不是随机的,而是具有一定规律的复杂网络。自 1998 年 Watts 等在《自然》上发表《"小世界"网络的群体动力行为》和 1999 年 Barabási 等在《科学》上发表《随机网络中标度的涌现》，有关复杂网络理论与应用的研究热潮被掀起来了。

　　复杂网络理论的研究对象来自不同学科领域的网络，包括社会网络、生物网络、技术网络、信息网络等。网络按照是否考虑节点间的作用方向，分为无向网络和有向网络。按照是否考虑节点间的作用强度，分为无权网络和加权网络。按照拓扑结构，分为规则网络、随机网络、小世界网络和无标度网络。规则网络是指具有规则性拓扑结构的复杂网络，如环状网络、全连通网络；随机网络是指节点采取随机连线的方式得到的网络；小世界网络和无标度网络是介于两者之间的网络。

　　目前，复杂网络理论的研究主要集中在以下 3 个方面：一是各类实际网络拓扑结构的实证研究，即研究网络静态结构的特征与规律；二是网络生成机制及演化模型的研究，即通过研究网络的生成规则，建立网络演化模型，模拟网络行为；三是复杂网络上的动力学行为研究，即研究建立在网络上的系统工作方式和原理，从而对现实网络进行有效的控制，如复杂网络上的传播、同步、博弈等。本书运用复杂网络理论分析共生网络结构特征与规律，并通过建模模拟共生网络的形成过程，涉及网络结构分析指标与复杂网络建模理论，下面对其作简要介绍。

2.6.1　复杂网络结构分析指标

　　网络是一种描述自然和工程的系统模型，是相互关联、相互影响并具有一定特征和功能的基本个体的集合，包括行为主体、关系、资源 3 个基本要素。通常网络采用图论理论表述，网络 G 由节点和边所构成，记为 $G=(V,E)$，其中 V 为节点集，E 为边集，V 中元素称为节点（node）或顶点（vertex），E 中元素称为边、联系或连接。给定一个包含 N 个节点的无权网络，它可以唯一表示为一个邻接矩阵 A：

$$A = (a_{ij})_{N \times N}, \text{其中 } a_{ij} = \begin{cases} 1 & \text{若节点 } i \text{ 和 } j \text{ 间存在边} \\ 0 & \text{若节点 } i \text{ 和 } j \text{ 间不存在边} \end{cases} \tag{2.2}$$

通常,复杂网络结构可运用基本特征指标、静态结构特征指标和动力学特征指标刻画网络的特征与性质。基本特征主要由度和度分布、平均路径长度、集聚系数等指标描述;静态结构特征主要由中心性、介数、核数、核心-边缘结构、层级结构、社团结构度相关性等指标刻画;复杂网络的动力学特征刻画的是网络的可靠性、鲁棒性、传播性和同步性等属性。本书研究共生网络的静态结构,拟选取如下指标展开分析,以刻画共生网络的拓扑结构特征。

1)基本特征指标

①整体密度(density)。整体密度是指在整个网络中各个节点之间联系的紧密程度,反映了网络的整体聚集水平。对有向网络,其计算式为 Den $= E/[N(N-1)]$;对无向网络,其计算式为 Den $= 2E/[N(N-1)]$,其中 N 为网络的规模,E 为网络实际的联系数。

②度(degree)与平均度(average degree)。度是网络的重要属性,表示个体的影响力和重要程度,一般而言,度越大的节点,其影响力越大,在整个组织中的作用也越大;度定义为节点的连边数,节点 i 的度记为 $k_i = \sum_j a_{ij}$;在有向网络中,度有入度和出度之分。网络的平均度定义为:

$$< k > = \frac{1}{N} \sum_i k_i$$

③度分布(degree distribution)。度分布表示一个随机选定节点的度恰好是某个特定值的概率,其分布函数用 $P(k)$ 描述。在目前的网络研究中,3 种度分布较为常见:泊松度分布,如随机网络的度分布;指数分布,即 $P(k)$ 随着 k 的增大以指数形式衰减,$P(k) \propto e^{-k/\lambda}$;幂律分布,即 $P(k) \propto k^{-r}$,其中 r 称为度分布指数。

④平均路径长度(average path length)。平均路径长度是指网络中所有节点之间的平均最短距离,这里节点间的距离指的是从一个节点到另一个节点所

要经历的边的最小数目。平均路径长度衡量的是网络的传输性能与效率,其计算公式为:

$$L = \frac{1}{N(N-1)} \sum_{i \neq j \in V} d_{ij}$$ (2.3)

其中,L 表示平均路径长度,d_{ij} 为节点 i 和 j 之间的最短距离。

⑤集聚系数(clustering coefficient)。集聚系数是用来描述一个图中的顶点之间聚集成团的程度的系数。具体来说,是一个点的邻接点之间相互连接的程度。节点 i 的集聚系数 C_i 描述的是网络中与该节点直接相连的节点间的连接关系,即与该节点直接相邻的节点间实际存在的边数占最大可能存在的边数的比例,其计算式为 $C_i = 2E_i / [k_i(k_i-1)]$,其中 E_i 表示节点 i 的邻接点之间实际存在的边数。网络的集聚系数 C,为所有节点集聚系数的算术平均值。网络的集聚系数 C 越大,表明整个网络中各节点之间形成短距离沟通的程度越大,网络中资源沟通越快捷,网络呈现明显的集团化趋势。

2)中心性特征指标

中心性(centrality)是衡量节点权力的尺度,测量网络节点的重要性或节点居于怎样的中心地位。中心性可分为度数中心性(degree centrality)、中间中心性(between centrality)、接近中心性(closeness centrality)和特征向量中心性(eigenvector centrality)。中心性又分中心度和中心势,中心度是对个体节点权力的量化分析,分为绝对中心度和相对中心度;中心势是对群体权力的量化分析。由于可通过软件 Ucinet 直接计算出结果,这里不给出这些指标的计算公式。

①度数中心性。度数中心性是指运用与个体直接关联的节点的数量衡量个体权力的指标,一般用 Freeman 算法计算。

②中间中心性。中间中心性测度的是节点对资源的控制程度,如果一个节点处于许多其他节点的最短路径上,就称该节点具有较高的中间中心度,它起着沟通其他节点的桥梁作用,可以通过控制或者扭曲信息的传递影响整个网络群体。

③接近中心性。接近中心性测度的是某节点是否容易受到其他节点的控制,如果一个节点与网络中所有其他节点的距离都很短,则称该节点具有较高的接近中心性。当研究对象不需要对直接关系进行考察时,接近中心性是一个有用的指标,但该指标不大适合较大的复杂网络,因此本书未应用其分析共生网络结构。

④特征向量中心性。特征向量中心性分析的目的是依据网络的总体结构,找出最居于核心的节点,它并不关注比较局部的模式与结构。

此外,还可运用凝聚子群分析网络是否具有核心结构。凝聚子群是指具有紧密、直接关系的一群行动者的子集合,把行动者划分到各个凝聚子群,是网络分析的重要内容。目前关于凝聚子群分析的方法较多,如核心-边缘(core-periphery)、派系(cliques)、n-派系等。本书主要采用核心-边缘分析方法,目的是判别网络是否具有核心-边缘结构,分析原理采用的是 Borgatti 等人在文献中提出的相关模型。在对网络开展核心-边缘结构分析时,应对数据有大体的了解,初步判断网络是否具有核心-边缘结构。利用核心-边缘结构分析一般适用于分析只有一个核心的网络,对于有较多核心的网络,该方法一般找不出这些核心。

3)复杂性特征分析

复杂网络研究者在大量网络现象的基础上,抽象出两类复杂网络:无标度网络和小世界网络,为此形成了网络的无标度和小世界两个基本属性。

①无标度属性(scale-free character)。根据 Barabási 等人对万维网数据的统计分析发现,万维网的度分布服从幂律分布,在双对数坐标系中是一条下降的直线,由于幂律分布具有标度不变性,缺乏一个特征度值,因此,称度分布服从幂律分布的网络为无标度网络。判断一个分布是否为幂律分布,大多是观察双对数坐标下的分布图是否成一条直线。大量实证测量结果显示:无标度网络节点度的幂律分布系数 r 一般为 $1 \sim 4$,不同 r 的网络,其动力学性质不同。

②小世界属性(small world character)。小世界概念来源于真实网络,很多网络虽然规模很大但节点之间的拓扑距离却往往很短,即具有小世界属性,如

万维网、食物链网等。关于小世界现象最著名的实验是社会学家 Milgram 在 1967 年发现的"六度分离"现象,该实验表明,在美国每个人平均可通过 6 个认识的人找到任何一个想找的人。小世界网络是指与相同规模的随机网络相比,该网络具有较小的平均路径长度和较大的集聚系数。Sporns 运用小世界系数 $e_{sw} = (C/C_{ran}) \div (L/L_{ran})$ 转换后的不等式证明,即当网络满足 $C/C_{ran} > L/L_{ran}$ 时,则判断网络具有小世界特征。

2.6.2 复杂网络建模理论及 BA 模型介绍

复杂网络建模是复杂网络研究的重要内容之一,是对现实复杂网络本质特征抽象的过程,它是指用形式化的语言描述网络中主体之间的关系与演化过程,以更好地把握现实系统本质。长期以来,人们期望构造出能够反映真实网络的拓扑结构,从而运用网络模型理解现实世界中的复杂网络,然而很难找到一个恰当的模型,使其具有复杂网络的所有特征。

ER 随机图和 WS 小世界模型网络的度分布可近似用泊松分布(poisson distribution)表示,该分布在平均度 $<k>$ 处具有峰值,然后呈指数快速衰减,当 k 远大于 $<k>$ 时,这样的节点几乎不存在。然而,Albert 等人在对互联网研究时发现,互联网中 80% 以上页面的连接数不到 4 个,而占节点总数不到万分之一的极少数节点,却有 1 000 个以上的连接,网页的度分布服从幂律分布,于是提出了无标度网络模型,也被称为 BA 模型,利用该模型得到的复杂网络节点度分布没有明显的特征长度,故称为无标度网络。无标度网络开辟了复杂网络研究的新途径,奠定了复杂网络演化模型的基础,使人们认识到各种复杂系统的网络结构都遵循某些基本规则,从而为研究复杂网络结构寻找到普适性规律。为解释幂率分布的产生机理,Albert 等人指出无标度网络的两个生成规则:增长规则,即网络的规模是不断扩大的;择优连接规则,即新节点更倾向于与网络中具有较高连接度的"大"节点相连。按照这两个关键生成规则建立的模型算法如下。

①增长(growth):网络初始状态具有较小数目 m_0 个节点,在每一个时间步内,一个新的节点被引入网络,同时这个新节点与网络中 $m(m<m_0)$ 个老节点进行连接。

②择优连接(preferential attachment):新节点在选择节点连接时,有一定偏好,也就是说它选择某个节点 i 的概率 $\prod_i$ 正比于这个节点的度,即:

$$\prod_i = k_i / \sum_j k_j$$

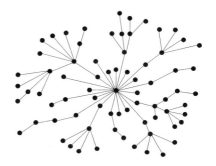

在经过 t 个时间步后,网络节点数为 $N=m_0+t$ 个,边为 mt 条,BA 无标度网络拓扑结构示意图及度分布如图 2.1 和图 2.2

图 2.1　无标度网络的拓扑结构示意图

注:来源于文献[119,122]

所示。通过平均场理论可以证明,BA 无标度网络的度分布服从幂律分布 $P(k)=2m^2k^{-3}$。

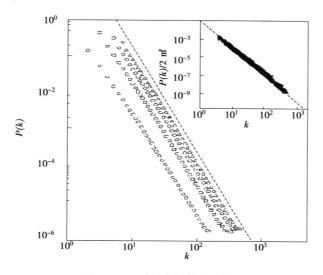

图 2.2　BA 无标度网络的度分布

注:来源于文献[119,122]

BA 模型首次从演化的角度研究复杂网络宏观性质的起源,指出真实网络的宏观性质是由微观规则所导致的结果,由此引发人们对真实网络中各种宏观性质的微观生成规则、网络演化规律等问题的研究。十多年来,无标度网络研究无论是在实证方面,还是在理论分析与建模方面,都取得了丰硕的成果。然而,BA 模型和真实网络相比存在明显的局限,例如,BA 模型只能生成度分布指数为 3 的无标度网络,而各种实际复杂网络的度分布指数不甚相同,大都在 1 ~ 4 的范围内,且往往带有一些非幂律性;网络演化过程中只有节点的加入,却没有考虑原有网络的增边与删边情形;未考虑局域特性对网络演化结果的影响等。因此,在网络建模过程中,为了更好地刻画真实网络的性质,需要结合现实网络的微观规则或者局部性质进行修正后建模,常见的修正模型如局域世界演化网络模型、DMS(考虑吸引引子)模型、组合演化模型、适应度模型等。目前,基于无标度网络理论的建模方法已被应用到经济与管理领域,如王娜针对产业复杂网络、张纪会等针对供应链网络,运用修正的 BA 模型对所研究的对象展开建模与分析。

复杂网络理论是本书研究城市废弃物资源化共生网络的核心理论基础,本书基于复杂网络结构分析指标探讨了共生网络的结构特征与形成规律,基于复杂网络建模理论对共生网络展开了结构建模研究。

2.7　本章小结

研究城市废弃物资源化共生网络形成机制,需要采用多学科综合途径,涉及系统科学、管理科学、经济学和社会学等多学科的理论知识。本章对本书研究的主要理论基础,包括循环经济理论、零废弃物理论、复杂网络理论、网络组织理论和自组织理论进行了简要介绍,为后面各章节的研究奠定了理论基础。

第3章 城市废弃物资源化共生
网络的内涵、特性与发展

本章阐述城市废弃物资源化共生网络的内涵,分析城市废弃物资源化共生网络与工业共生网络的关系,探讨城市废弃物资源化共生网络的系统特性,最后介绍日本、英国、美国等国家共生网络的发展状况。

3.1 城市废弃物资源化共生网络的内涵

本节首先对城市废弃物、废弃物资源化和共生的概念进行了界定,从概念、主体与关系、功能、分类等方面重点探讨城市废弃物资源化共生网络的内涵。

3.1.1 相关概念的界定

1)城市废弃物的概念

目前,关于城市废弃物并没有正式的概念,对于废弃物的定义与分类也存在多种表述。

日本的《废弃物处理法》将废弃物定义为:固体或液体形状的垃圾、粗大垃圾、燃烧残渣、污泥、废碱、废油、动物尸体及其他的污物或丢弃物(放射性物质和受其污染的物质除外)。按照处置责任人的不同,日本将废弃物分为工业废弃物、特殊管理工业废弃物、一般废弃物和特殊管理一般废弃物,通常简单地划分为工业废弃物和一般废弃物两大类。工业废弃物是指工业企业产生或需要按照工业处理方法处理的废弃物,包括污泥、废油、废酸、废碱和废塑料等 19 类。除工业废弃物以外的废弃物,都被称为一般废弃物。

《巴塞尔公约》将废弃物定义为:处置或计划予以处置或按照国家法律规定必须加以处置的物质或物品,并将废弃物分为可循环利用和不可循环利用两类。

欧盟《废弃物框架指令》(2008/98/EC)将废弃物定义为:被拥有者抛弃或打算抛弃或需要报废的物品,并在附件中列举了 16 类被认为是废弃物的物质。

《中华人民共和国固体废物污染环境防治法(修订草案)》(征求意见稿)将固体废物定义为:在生产、生活和其他活动中所产生的丧失了原有利用价值或者虽未丧失利用价值但被抛弃或者放弃的固态、半固态和置于容器中的气态的物品、物质以及法律、行政法规规定的纳入固体废物管理的物品、物质。

本书所研究的城市废弃物,是指城市范围内所有的废弃物,包括来自工业系统的工业废弃物,以及来自消费环节、服务环节和流通环节的一般废弃物。由于城市范围内无论是工业废弃物还是一般废弃物,都需要城市政府进行管理,工业废弃物如果处置不当,同样会进入城市废弃物的范畴,污染城市环境,因此,应将两者融为一体,系统考虑。通常,城市废弃物具有如下属性:

①城市废弃物是存在潜在负外部性的特殊资源。一方面,废弃物随意排放不仅占用土地,而且会通过水、空气和土壤等介质,对生态环境造成破坏,危害人类健康,具有明显的负外部性;另一方面,废弃物也是放错地方的资源,如果能为其寻找到恰当的位置,城市废弃物将变为蕴含丰富资源的"城市矿产"。

②城市废弃物是种类特别繁多的资源。城市废弃物来源于城市各类工业生产领域和生活消费领域,种类繁多,物理形态、化学性质千差万别,基本上包括了所有物质类型。

③城市废弃物在一定条件下具有使用价值。城市废弃物的使用价值是由其自然本性决定的,这是废弃物能够再利用的重要原因。原生资源中蕴含着多

种效用,这些效用在初次使用时并没有被全部用尽,或者这些效用在某一技术水平下不能被开发利用,但随着科学技术的发展,这些废弃物被重新赋予了使用价值。

2）废弃物资源化的概念

废弃物资源化是以废弃物为对象,通过现代技术与工艺加工,最大限度地开发利用其中蕴含的材料、能源及经济附加值等,使其成为有较高品位可以使用的资源,达到节能、节材、保护环境等目的。废弃物资源化的基本途径包括再利用、再制造和再循环。再利用主要是指对经检测合格的废弃物的直接利用;再制造是指以先进技术和产业化为手段,用以修复、改造废旧产品的一系列技术措施或工程活动的总称;再循环是指通过回炉冶炼或粉碎、萃取等手段回收废旧产品所蕴含的原材料或能源。在本书中,废弃物资源化除上述 3 种途径外,还包含对危险废弃物的安全处置,因此是一个更为综合的概念。

3）共生的概念

共生是生态学中重要的概念,最早由德国真菌学家 Debary 于 1879 年提出,是指不同种属生物密切生活在一起。Ahmadjian 将共生定义为不同物种通过某种物质共同联系在一起,形成相互依存、协同进化或相互抑制的关系。共生通常用共生关系来描述,反映两个物种的互惠关系。共生是一种普遍存在的生物现象,也是一种普遍的社会规律。自 20 世纪 50 年代后,共生理念逐渐应用到社会科学领域,是指在一定的环境下,共生单元按某种共生模式所结成的一个相互作用的关系或系统,它由共生单元、共生环境、共生模式 3 部分构成。共生单元,是指构成共生体或共生关系的基本能量生产和交换单位。共生环境,是指除共生单元以外的一切影响因素的总和。共生模式,是指共生单元之间相互作用的方式或相互结合的形式;按反映利益分配关系划分,共生模式可分为寄生关系、偏利共生关系、对称互惠共生关系和非对称互惠共生关系 4 种模式;按组织模式划分,可分为点共生、间歇共生、连续共生和一体化共生 4 种模式。通

常,共生具有以下几个方面的本质内涵:

①共生的本质特征是合作,但并不排除竞争。共生强调共生单元间的相互吸引、合作、补充与促进,强调从竞争中产生新的、创造性的合作关系,合作和竞争并存更有利于提高竞争效率。

②获取共生能量(共生价值)是共生的主要目的。在共生网络中,共生单元间通过"紧密工作",能使至少一个共生单元从中获益,产生"共生能量"。

③共生关系反映共生单元之间的物质、信息和能量关系。共生关系的发展,实质是共生体物质、信息和能量的有效产生、交换和配置。

总的来说,在社会科学领域,共生本质上是一种长期的、紧密的、稳定的协同合作关系,通过这种合作关系获取共生价值,产生"1+1>2"的经济与社会效益。

4)产业共生的概念

产业共生的出现源于产业生态学(industrial ecology),通过废弃物与副产品的高效利用,减少对生态环境中原生资源的使用,保护自然环境。早在1989年,Frosch 和 Gallopoulos 首次引入产业生态系统的概念,作为一种重要的举措,实现废弃物与副产品的高效运用,减少环境恶化。而后,Chertow、Paquin 等学者对产业共生的概念进行了界定。随着理论研究与实践的深入,产业共生内涵逐渐得到丰富与完善。

产业共生也叫区域资源协同、副产品协同、工业废弃物资源化网络。最早对产业共生定义的是 Frosch 等人,指出一个过程的废弃物能作为另一过程的原材料,从而减少产业对环境的影响。Chertow 将产业共生定义为通过原材料、能源、水及其他副产品的物质交换,使传统分离的企业或其他组织按照合作的方式运作,以获取竞争优势,其关键是合作和地理相邻性所带来的协同可能性,物质交换包括废弃物(副产品等)交换、基础设施共享和共同提供某些服务3方面内容。该定义参照生物学中共生的含义,被学者广泛引用。Mirata 等人对 Chertow 的定义中的"交换"范围进行了拓展,将产业共生定义为建立在区域活动之间的一种长期的共生关系,这些活动涉及物质、能源以及知识、人力或技术资源之间的交换,从而产生环境和竞争效益。2012 年,Lombardi 等人基于英国 NISP 发展经验,认为 Chertow 的定义随着实践的发展,已存在一定的缺陷,如产业共生的边界已不再要求符合地理相邻性原则,共生网络中成员的合作和其他合作组织一样,都是受自身利益的驱动。尽管生态效率是合作后的产物,但很少有成员直接受生态影响的驱动,为此将产业共生定义如下:整合网络中多样化的组织,以培育其生态创新和长期文化的转变,通过网络,创造和共享知识,以形成多赢的交易模式,实现资源投入的可替代性、非产品输出的增值性,同时改善组织的商业与技术流程。该定义将产业共生定位于提升组织的商业机会和生态创新的工具。从系统科学的角度,将产业共生定义为一个产业的运行依赖于其他产业运行所废弃的副产品的存储、回收和再利用,是系统内部以及各子系统之间的相互适应、相互协作、相互促进、耦合而成的同步、协作和和谐发展的良性循环过程。大致而言,产业共生概念的演化如图 3.1 所示。

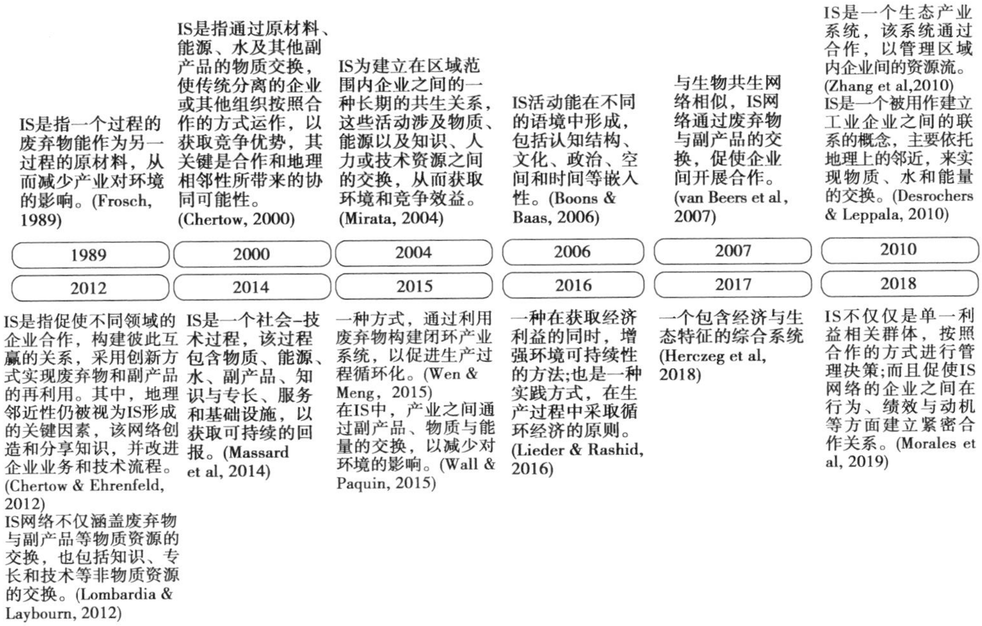

图 3.1　产业共生概念的演化

完善的产业共生分类体系有助于理解产业共生的形成与演化,分析共生系统的成熟度与可持续性,指明产业共生发展的路径,为产业共生发展提供可持续战略与政策。产业共生的内涵如图 3.2 所示。较早对产业共生分类的学者是 Chertow[①],他认为即使产业共生一般以生态产业园区为中心,也会扩展到周边区域,为此按照物质交换的范围与内容将其分为 5 类:废弃物交易(发生在产品报废阶段),设施、企业或其他组织内物质交换,基于生态产业园区物质交换,区域内企业间物质交换和跨区域企业间的物质交换。Bossilkov 等人按照企业参与的程度,将产业共生分为资源交换型、生产活动卷入型和协同型 3 类。

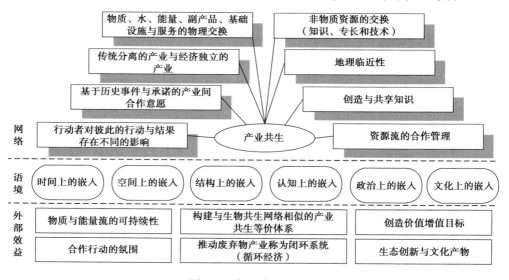

图 3.2　产业共生的内涵

3.1.2　共生网络涉及的主体和关系

城市废弃物来源于城市中的居民、企业与事业单位等诸多主体,发展共生网络,需要集合城市及其周边城市众多主体的力量,需要政府、企业、社会组织

---

① Chertow 指出产业共生物质交换活动不一定要在"园区"界限内发生,按照其对产业共生的定义,产业共生的范围主要是后三种类型,但实际研究具体项目时第二类也往往一并被讨论。本文作者认为产品报废后的废弃物也将逐渐被纳入产业共生范围,即属后面要讨论的城市共生的范畴。

以及公众共同作用,才能有效地促使共生网络形成,如图 3.3 所示。

1）企业

企业是共生网络的直接参与主体,在共生网络中处于核心地位,是共生网络的节点[①]。促进共生网络形成需要企业的积极参与,一方面,企业是废弃物的主要排放者;另一方面,企业又是

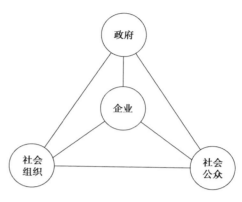

图 3.3　共生网络涉及的主体

城市废弃物回收与资源化主体,在实现自身经济利益的同时,承担着废弃物回收与资源化任务。

2）政府

政府作为城市公共利益的代言人、环境产权的所有者和政策的制定者,提供满足居民需要的环境公共产品是其基本职能之一。为此,政府应通过立法规制、行政管理、政策导向、直接参与或委托相关组织参与、宣传与引导等多种途径,引导、规范和推动共生网络形成。

3）社会组织

社会组织是介于政府与企业之间的协会、非营利组织、非政府组织、社会团体等中间机构;是企业、政府与公众之间沟通的桥梁;是对政府管理的有效补充;是共生网络的促进者、监督者与宣传者。

4）社会公众

尽管社会公众不直接构成共生网络的节点,但社会公众是城市一般废弃物的生产者,也是废弃物资源化活动环境效益的受益者。如果公众能自觉地对产生的废弃物进行分类、交与正规组织进行回收,将有助于提高废弃物的资源化

---

① 需指出的是,并不是城市内所有的企业都需要参与共生网络。

的效率与价值；能对企业废弃物随意排放行为进行监督、对绿色产品优先购买等行为，也有助于共生网络的发展。

共生网络的节点是指在城市及其周边区域，围绕废弃物资源化活动所涉及的企业和相关设施（如废弃物焚烧设施）。节点企业包括废弃物排放（产生）企业、废弃物回收企业、废弃物资源化企业以及围绕废弃物资源化再利用所涉及的其他活动主体。共生网络节点间的关系是废弃物交换（交易）关系、能源梯级利用关系以及围绕废弃物循环利用所涉及的初级产品交易关系。

政府部门、社会组织和社会公众，尽管这些主体对整个网络起着全局性管理或服务作用，但与其他节点企业不存在网络节点间的关系，因此，在网络分析时不考虑将这3类主体视为网络节点。

3.1.3　城市废弃物资源化共生网络的概念

所谓城市废弃物资源化共生网络（urban waste recycling symbiosis network），是指以实现城市"零废弃物"为目标，以城市范围内废弃物为主要对象，通过关联企业的协作以实现废弃物的资源化，从而形成的一种长期、相对稳定的合作性网络组织，它能使废弃物与本地及其周边区域的工业联系起来，创造更多的协同机会，为潜在生产企业提供资源或能源，从而提高废弃物资源化效率与价值，实现相关主体的经济和环境效益，最终改善整个城市的生态效益。该定义包括如下几层含义：

①城市废弃物资源化共生网络本质上是围绕废弃物资源化活动形成的一种企业间长期合作、相互依存的网络组织结构。按照网络组织理论，共生网络实际上是一种与企业和市场并列的网络组织形式，是相关企业间为了达成某种经常性的交易，实现交易费用最小化目的，所形成的一种契约关系或治理结构，它能降低市场失灵所导致的不确定性，也能减少建立科层组织的成本。

②城市废弃物资源化共生网络以实现城市"零废弃物"为最终目标，它强调微观主体利益与区域整体利益的统一，是区域循环经济的"结构"形态。共生网

络是以城市为主要载体,以废弃物资源化为活动内容,通过企业间的协作,获取废弃物中蕴含的价值,实现相关主体的经济与环境效益。它是传统的线性经济向资源高效利用的循环经济转变的"结构"形态,如图 3.4 所示,它贯彻了生态文明的理念,遵循自然规律,让废弃物以资源的形式重新进入生产领域,为人类循环利用,从而实现资源节约与环境保护、人与自然的和谐共处。

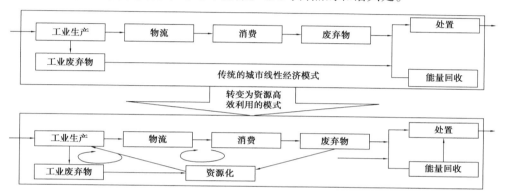

图 3.4　传统的城市经济活动向资源高效利用的共生网络转变

　　③城市废弃物资源化共生网络是一种更高效、更有序的城市废弃物管理系统[①],它是静脉产业与动脉产业有机融合的结果。Golev 等人从经济与环境复原的角度,将废弃物管理系统分为 9 类形态(图 3.5),并认为丹麦的卡伦堡主要处于共生协同类,英国的福斯河以废弃物资源化类占主导,澳大利亚的格莱斯顿以废弃物处置为主,该分类指明了废弃物管理系统从低层次向高层次发展的过程。废弃物处理(waste disposal)是指将危险废物置于相对隔绝的场所避免其中的有害物质危害人体健康和污染环境的过程,如废弃物的填埋和焚烧,获取最低层次的经济与环境效益;废弃物开采(waste mining)是指从已存在的废弃物处理区域尽可能地回收蕴含在废弃物中有价值的物质,相比于其他协同类型,废

---

① 　按照网络动态演进的状态理论,本书将城市废弃物资源化共生网络视为城市废弃物管理系统的高级阶段。但从阶段理论来看,也可将城市废弃物管理系统中蕴含着的不断发展的废弃物资源化共生关系视为城市废弃物资源化共生网络发展的萌芽与成长阶段,因为共生网络的形成过程也是一个不断发展的过程。

弃物开采最大的不同是废弃物在资源化前储存了相当一段时间,长期的废弃物储存意味着额外的成本与环境负效应;废弃物中立处理(waste neutralisation)是介于废弃物处理与废弃物开采的中间处理状态,对于废弃物中易于回收且具有较高回收价值的部分如废金属、废纸等进行回收资源化,而对其他部分则填埋或焚烧。共生协同具有最高的经济与环境复原性,能实现经济与环境的和谐发展,是最为理想的人类生产和生活方式。因此,共生网络是一种高效、有序、相对稳定的废弃物管理系统。

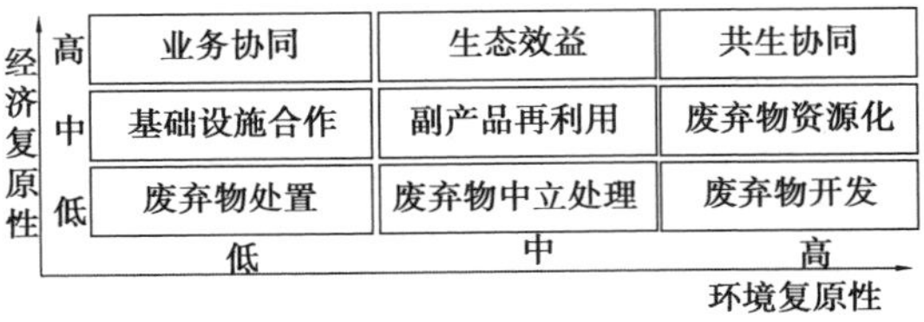

图 3.5　城市废弃物管理系统的不同形态

④城市废弃物资源化共生网络涵盖了城市范围内工业共生网络活动以及城市与周边城市间的废弃物交换(交易)活动。共生网络以城市范围内所有可用于资源化的废弃物为对象,城市范围内的工业共生网络活动也应包含在城市废弃物资源化共生网络范围内;此外,共生网络还包括城市与周边城市间的废弃物交换(交易)活动。

⑤与传统的供应链相比,城市废弃物资源化共生网络更强调从系统的层面实现废弃物的资源化,侧重活动所带来生态效益和区域的可持续发展,更加注重企业间的信赖、合作与协调。

3.1.4　共生网络的功能

共生网络的功能是指共生网络所表现出来的能力、作用。共生网络具有多种功能,是一个复合的功能系统,能带来良好的经济、环境和社会效益,是推动可持续发展和构建循环型社会的重要途径,是实现经济绿色增长最终和最重要的系统创新工具,如图 3.6 所示。归纳起来,共生网络的功能主要体现在以下 4

个方面：

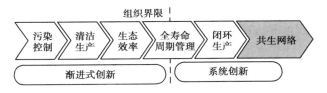

图 3.6　城市废弃物资源化共生网络是一种系统创新型工具

①生态功能。通过提高资源的综合利用效率,减少不可再生资源的使用和污染物的排放,从而保护生态环境,实现城市"零废弃物"目标。

②经济功能。通过将废弃物转化为可利用的资源,降低生产活动中原生资源的投入规模,减少污染治理、废弃物管理成本;通过挖掘废弃物价值,为企业带来额外收益;通过紧密合作,保障废弃物供给与处置安全,有利于企业科学安排生产,从而降低废弃物交易风险与交易成本。

③商业功能。源于企业同其他参与方关系的改善,以及具有绿色形象的新产品、新市场开发所带来的商业机会。

④社会功能。通过减少废弃物填埋与焚烧,缓解社会矛盾;提供新的就业机会;创造清洁、安全、自然的工作环境与城市环境。

3.1.5　共生网络的分类

按照城市废弃物分类,共生网络可分为工业废弃物资源化共生网络和一般废弃物资源化共生网络。工业废弃物资源化共生网络,也被称为工业共生网络或副产品协同网络,是围绕工业废弃物资源化所形成的共生网络;一般废弃物资源化共生网络,是围绕城市一般废弃物资源化所形成的共生网络,也有学者称其为城市共生网络。

按照废弃物具体类型,共生网络可分为废旧机电产品资源化共生网络、报废汽车资源化共生网络、城市生活垃圾资源化共生网络、工业共生网络等多种类型。有学者对具体某类废弃物的资源化产业链展开了相关研究,如果落实到具体的企业,就形成相应废弃物资源化共生网络结构,两者没有本质差别。

3.1.6 共生网络形成的原则

在共生网络形成过程中,主要遵循如下原则:

①3R 原则。3R 原则即减量化(reduce)、再利用(reuse)和资源化(recycle)的简称,是发展循环经济的基本原则,也是推进共生网络形成的基本原则。减量化要求企业尽量节约原料和能源的投入,尽量不使用对环境危害的资源;再利用是指通过生态设计、修复与再制造等手段尽量延长产品的使用期;资源化是指通过加工处理,使废弃物变为再生资源,重新进入生产领域[1]。

②系统性原则。共生网络是一个复杂的适应系统,具有与生命系统相似的特征。发展共生网络,应采取系统思维与措施,以系统整体目标优化为标准,协调各子系统的相互关系,使系统实现帕累托优化。

③全寿命周期思考(LCT)原则。废弃物资源化问题不能仅在产品报废阶段考虑,应延伸到产品设计、生产整个过程。在前期就考虑产品报废、回收问题,将有助于废旧产品资源化,提高产品报废后的回收价值,从而避免解决一个环境问题产生另一个问题。

④合作自愿原则。企业参与共生网络的目的除获取环境效益、承担社会责任外,最终目的是获得额外的经济效益。因此,推动共生网络形成,应遵循自愿合作原则,促进企业自愿参与共生网络。

⑤地理邻近性原则。开展废弃物资源化活动,尽量利用当地设施实现废弃物资源化,避免长距离运输产生额外的运输成本及对环境生产其他影响。据统计,日本在过去 20 多年里,地理邻近性原则已成为实施废弃物资源化项目的重要原则,各种废弃物如废油、废纸等的平均回收距离介于 15 ~ 80 km。

---

① 本书中废弃物资源化是一个综合概念,包含再利用、再制造与资源化和废弃物安全处置几层含义。

3.1.7　共生网络形成的逻辑过程

城市废弃物资源化共生网络的形成过程是相关主体活动不断生态化、产业化和市场化的过程，在逻辑上可以解释为行为、结构和制度的三维变化。

①共生网络的形成过程是企业行为和工业特征不断生态化的过程。生态需求与环境压力形成的政府治理责任、公众舆论氛围，从利益诱引、生存压迫和生态约束 3 个方面促使企业在战略目标、经营管理和技术革新方面做出回应，在战略上表现为竞争力定位的生态化，经营管理与技术方面偏向于资源节约和环境友好型行为。微观主体行为的生态化倾向，加快废弃物交换、回收与资源化活动的分工细化，分工细化和市场规模的扩大相互促进，共同推动废弃物资源化产业链的形成；产业链的交叉、耦合形成复杂的废弃物资源化共生网络。

②共生网络的形成过程是网络结构不断变化的过程。原生资源相对价格的上升以及废弃物资源化成本的降低，使废弃物的再生利用成为可能，废弃物的回收与资源化能产生利润空间，从而使资源再生活动日益增加，不断有不同类型的企业进入网络，推动废弃物资源化活动的专业化、产业化，逐渐形成层次分明的废弃物资源化共生网络结构。

③共生网络的形成过程也是一个制度变迁的过程，即环境产权不断明晰、资源和环境的外部性内部化的过程。资源与环境的使用价格上升，使产权界定的制度需求增加；通过明晰资源与环境产权，让市场上资源价格反映其价值和稀缺性，导致废弃物循环利用机会增加，进而推动共生网络的形成。

3.2　城市废弃物资源化共生网络与工业共生网络辨析

按照 Chertow 的定义，工业共生网络是指通过原材料、能源、水及其他副产品的物质交换,使传统分离的企业或其他组织按照合作的方式运作,从而在企业间形成的一种长期合作的网络形态。工业共生网络一般以生态工业园区为载体,关注的主要是工业废弃物的交换利用问题,正如图 1.2 所示,工业共生网络并未完全实现全社会物质的闭环流通,对于城市一般废弃物较少关注。2009年,van Berkel 等人根据日本生态城镇项目的发展经验,提出了城市一般废弃物资源化共生网络的概念,专指运用城市范围的一般废弃物作为潜在生产企业运营所需的原料或能源来源所形成的共生网络。本书综合两个方面的含义,提出了城市废弃物资源化共生网络的概念。

城市废弃物资源化共生网络与工业共生网络,实质上都是围绕废弃物资源化活动所形成的一种企业间的合作性网络组织结构形态。工业共生网络是城市废弃物资源化共生网络的一个子系统,两者在形成原理、方式和结构等方面存在相通之处,但存在一定的差异,具体如表 3.1 所示。

表 3.1　城市废弃物资源化共生网络与工业共生网络的区别

项目	城市废弃物资源化共生网络	工业共生网络
目标	城市废弃物"零排放"	工业废弃物"零排放"
对象	城市范围内一般废弃物与工业废弃物	主要为工业废弃物
载体	以城市为载体,并包含城市与周边区域的废弃物资源化共生活动	主要以工业园区为载体,尽管目前无论是理论还是实践都已脱离园区界限
业务活动	城市废弃物回收企业、工业废弃物排放企业、废弃物利用企业、再生资源初加工与深加工企业等主体的合作行为	主要为废弃物排放企业与废弃物利用企业的合作行为
网络复杂性	很高	低或适中
网络效果	"物种多样性"可增加系统稳定性与可靠性,提高网络功能与实现的可能性	网络"物种多样性"相对较低,影响了网络的形成、功能与稳定性
形成方式	自组织主导,局部适当的他组织	自组织或他组织

本书所研究的城市废弃物资源化共生网络包含了城市范围内的工业共生网络,为此,在后面章节研究中,本书将工业共生网络直接纳入城市废弃物资源化共生网络的研究范畴,即工业共生网络的理论、方法和实例也视为城市废弃物资源化共生网络的理论、方法和实例。

3.3　共生网络的特性

城市废弃物资源化共生网络是一种复杂适应系统,共生网络不仅具有系统基本的构成要素,还具有一定的层次结构和整体功能,网络各组分围绕废弃物及其资源化产品,通过物流、信息流、资金流,在时间、空间上紧密联系在一起,网络的性质不但与组成它的元素或组分有关,更与它们之间的联系方式密切相关。与一般系统的特征相似,共生网络具有开放性、整体性、层次性、动态性、复杂性、自组织和涌现性等特性,下面就其一些重要特征展开分析。

3.3.1　动态性

动态性表明网络随时间的变化而变化,是一个动态演化过程。目前,研究网络动态演进主要有 3 种方式:阶段划分方式,即将网络演化划分为若干阶段,如探索阶段、发展阶段、稳定阶段、终止或持续改进阶段等;状态演变方式,认为网络演化没有清晰的边界,网络演化存在突变,从一个状态到另一个状态的发展过程;连接演化方式,认为在互动交往过程中,成员企业不断地进行调节、定位、再定位甚至退出网络的过程①。共生网络是城市废弃物管理系统发展的高级阶段,其形成也不是一蹴而就的,而是动态演化的过程,如 Chertow 等人将共

---

① 对于网络动态演化的 3 种划分方式,本书在研究共生网络形成过程中都有体现,例如,在运用自组织理论研究共生网络自组织形成条件与协同机理时,采用的是状态演变方式;分析共生网络结构形态与结构建模时,运用的是连接演化方式。3 种方式并不矛盾,都体现出网络是一个不断发展的过程。

生网络演化划分为萌芽、揭示、嵌入与制度化 3 个阶段。

具体到网络结构和状态上，共生网络的动态性表现为网络结构和状态不断变化。受行为主体之间以及行为主体与环境之间相互作用的影响，共生网络不断有新企业进入，原有网络中成员间会不断产生新的共生关系和已有联系消失，以及有企业退出网络，从而使得网络结构处于动态变化之中。状态的动态变化表明网络是一个从低级到高级、有序的过程，即网络的有序度是动态变化的。

具体到网络共生要素上，共生网络的动态性主要体现在共生模式、共生界面和共生环境的变化。随着共生环境的完善与网络自身的发展，共生组织模式会逐渐从点共生、间歇共生向连续性共生转变；共生行为模式会逐渐从非对称性互惠共生向对称性互惠共生转变；共生界面由外生界面主导向内生界面主导发展，即外界推动向自发的方式转变。

因此，共生网络是一个动态系统，是一个从无序向有序、从低级到高级不断演化的系统。

3.3.2　复杂性

共生网络的复杂性是客观存在的，主要表现为网络参与主体的复杂性、网络关系与结构的复杂性、外部环境的复杂性和演化发展的复杂性。

1）网络参与主体的复杂性

废弃物不仅产生源非常复杂，而且类型、成分等属性也非常复杂，从而使得共生网络参与主体的构成非常复杂，且潜在参与主体具有不确定性。此外，各参与主体在网络中处于不同的地位，承担不同的功能，表现出层次性与秩序性，并按照一定的关系形成了一个相互影响的网络结构，通过层次性关联和结构性协调，使各主体之间的作用不是按线性规律变化，而是按非线性规律变化。

2）网络关系与结构的复杂性

共生网络中共生单元间的关联关系呈现多样性，包括物质流、信息流、资金流与能量流关系,网络内还嵌入了特定的社会关系网络,且社会关系对网络的结构有着较大的影响。共生网络参与主体的复杂性与连接关系的复杂性,使网络共生、网络结构也具有复杂性,表现出层次性、动态性和非稳定性。

3)外部环境的复杂性

共生网络是一个开放的系统,网络面临复杂的外部环境,包括政治环境、经济环境、社会环境、技术环境和基础设施环境等。共生网络形成既受环境的影响和作用,又反过来影响环境,并在环境中实现自己的功能和价值,外部环境的复杂性加剧了网络的复杂性。

4)演化发展的复杂性

废弃物自身的复杂性、参与主体的复杂性以及外部环境的复杂性,决定了共生网络的形成不会一帆风顺,而是一个漫长的、不断演化的螺旋上升的过程。

共生网络的复杂性决定了共生网络不可能完全采用规划方式来实现,而应主要依靠企业自组织方式,通过不断发展、演化而形成。

3.3.3　生物链特性

在自然生态系统中,各种生物通过一系列吃与被吃的关系,紧密地联系在一起,形成了以食物营养关系彼此联系起来的序列,在生态学上被称为生物链或食物链。共生网络,实质上是借鉴自然生态系统的共生原理,使一个过程的废弃物能被其他过程所使用,从而实现废弃物资源化。从宏观整体来看,共生网络表现为网状结构,如果将其按照物质流还原后,体现的是众多条生态产业链,这个过程与自然生态系统的依存关系相似,因此共生网络具有生物链特性。

在自然生态系统中,生物链中的各种生物体承担着不同的角色与作用,完整的生物链应包括生产者、消费者和分解者 3 类主体。其中,分解者的作用是把动植物残体内固定的复杂有机物分解为生产者能重新利用的简单化合物,并释放出能量,缺少了分解者,生态系统将遭到破坏直到毁灭。同理,在人类物质循环利用系统中,除生产者、消费者外,要形成有效的共生网络,也需充分发挥"分解者"的作用,这样才能实现区域物质的循环流通。

3.3.4 主体的适应性

主体的适应性是指主体能够根据环境变化以及其他主体的行为,自主地改变与调整自身的行为方式、状态,以适应环境,或与其他个体进行合作或竞争,争取最大的生存机会或利益,即主体具有学习能力。共生网络参与主体一般为独立的企业,也具有很强的主动性、目的性。受区域资源与环境约束、国家相关政策以及其他主体等因素影响,相关主体能够根据周围环境变化,主动进行变革,以适应环境变化,维持自身的生存与发展;相关主体也能根据外部环境与自身条件,决定是否参与共生网络,是否需要与其他主体建立更多的联系或减少与其他主体的联系,甚至退出网络。

3.3.5 自组织特性

共生网络的形成主要是企业自组织的行为。目前,在城市废弃物管理系统中,企业通过自组织的形式,已经形成了大量的废弃物资源化共生关系,只是未被人们揭示或引起人们的重视。例如,在中国,城市中大量的餐饮机构、食堂,与周边的养殖企业自发形成共生关系,将剩余物作为企业的饲料;许多工业企业的煤渣、矿渣等废弃物,被附近的建材企业再生利用,并建立起稳定的合作关系。随着城市废弃物管理设施的完善、国家政策制度的健全,以及企业之间联系的紧密,必将吸引或迫使更多的企业自发地参与到共生网络中。在实践中,大量"被设计"共生项目失败案例,导致很多学者认为自组织方式是共生形成的有效方式。作为营利性的组织,为了获取现实或潜在的经济收益,或降低交易风险,往往会自发地与其他企业建立共生关系。因此,共生网络的形成具有明显的自组织特征。

总之,共生网络的动态性、复杂性、主体适应性和自组织性,决定了共生网络是一个复杂的适应系统,其形成主要是企业自组织的行为。

3.4　国内外共生网络的发展

自 20 世纪 90 年代以来,在卡伦堡共生网络的示范作用下,生态工业园区在全球范围内蓬勃发展。然而,人们很快发现,大量生态工业园区中规划的共生项目发展缓慢、停滞不前或以失败告终,这些现象引起了政府、学者对共生网络的重新思考。为此,很多国家如日本、英国、美国、中国、加拿大等,尝试从城市或更大的区域发展共生项目,使得共生网络逐渐从工业园区层面,朝着基于城市或更大区域的废弃物资源化共生网络方向发展。日本生态城镇项目、英国国家工业共生项目、美国芝加哥废弃物到利润(WtP)项目,都可认为是开展城市(区域)废弃物资源化共生网络的先锋。近年来,中国政府大力发展资源循环利用产业。2024 年,中共中央、国务院印发的《关于加快经济社会发展全面绿色转型的意见》指出,要推广资源循环型生产模式,健全废弃物循环利用体系,提升再生利用规模化、规范化、精细化水平。目前,中国政府计划在"十四五"期间大力建设"无废城市",推动区域大循环战略,这也必将推动中国城市废弃物资源化共生网络的发展。

3.4.1　日本共生网络的发展

面对严重的环境污染、经济衰退等问题,20 世纪 90 年代初,日本政府制定了《21 世纪战略:日本可持续型社会战略》,而致力于使日本成为全球环境领导型国家。资料显示,在 1997 年,如果没有采取有效措施,日本当时的废弃物填埋场预计只能维持 3.1 年,东京则仅能维持 0.7 年;同时,在经历 1991 年泡沫经济后,国家工业经济长期停滞不前。对此,1997 年由环境省和经济产业省在全国范围内发起实施生态城镇项目,通过在城市废弃物与资源化产业间建立协同关系,达到管理日益增长的废弃物、应对填埋空间紧缺、发展再生资源产业、重振本地产业以及修复当地生态环境等目的。1997—2006 年,日本在全国先后实施了 26 个生态城镇项目,取得了良好的经济与环境效益。生态城镇项目主要基于城市"零废弃物"理念,通过区域废弃物资源化项目,减少废弃物的最终排放。废弃物资源化行动也不再仅局限于对废弃物的简单处置,而是与当地的制造业紧密联系,通过当地工业企业如钢铁、水泥等企业,将废弃物转化为工业原料。目前,生态城镇项目在构建循环型社会中起着关键作用,涵盖了复杂的应用领域,如有机废弃物、PET 瓶、家用电器、纸/包装物/容器、塑料、木屑、轮胎和橡胶、金属、泡沫聚苯乙烯、纺织品、办公自动化设备、灯管、玻璃瓶等各类废弃物的资源化与再制造项目。

日本生态城镇项目运作框架如图 3.7 所示。首先,由地方政府根据当地现状制定生态城镇规划;然后,环境省和经济产业省对方案与具体项目进行评价,判断项目是否有潜力作为其他地方的示范项目,两个部门对可行的方案给予财政支持;最后,方案经中央政府审批后,由地方政府和当地企业、科研机构、公众共同实施。生态城镇规划方案的主要内容如下:制定"零废弃物"规划,即制定关于废弃物与资源方面的生态城镇发展规划;设置战略目标,包括废弃物管理的近、远期目标以及废弃物减量化、再利用与资源化的目标;协调废弃物管理,要求充分利用已存在的机会,对废弃物进行协同管理;建设高质量的废弃物资源化设施;鼓励当地居民和企业进行文化的转变,如将废弃物分类理念嵌入到生活和工作的各个方面。

生态城镇项目主要是一个被规划与设计的区域项目。生态城镇项目使资源输入、废弃物管理、环境保护、产业与经济发展等方面尽可能按照优化的方式协同运作,使工业、商业、社区和居民按照优化的方式使用资源;按照公私合作的方式,使废弃物在生产中实现资源化;将所有部门和各类产品整合进生态城镇发展规划中,使工业、企业间以及工业与居民间实现可回收物质的交换。

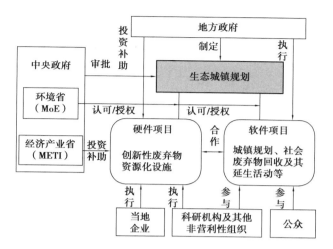

图 3.7　日本生态城镇项目运作框架

注:根据文献[11,131]整理。

生态城镇项目也是一个倡议。为实现区域"零排放"目标,每个企业需满足下列条件:参与企业需要建立自己的基本环境政策,并与区域总体政策相一致;相对于达到缓解环境压力的排放标准,企业应该挑战更高的目标;企业应该尽量通过与区域内其他企业建立共生关系,有效地解决废弃物资源化问题;企业应该尽最大可能通过企业间的合作,采用一个生产过程内部化的环境负担因素。通过充分利用当地工业设施,培育和发展环保产业,以推动经济发展;通过提升区域废弃物资源化水平和遏制废弃物产生途径,构建循环型社会经济系统。

生态城镇项目也是一个财政政策工具,是环境省和经济产业省于 1997 年建立的项目补助系统,对硬件设施项目和软项目进行补助,如表 3.2 所示。1997—2006 年,大约 16.5 亿美元被投资于 61 个创新性资源化项目,政府对每个项目平均补贴约 36%;同时至少 107 个其他的废弃物资源化设施,在没有政府补助的情况下实施。此外,日本开发银行也对 3R 投资项目提供优惠贷款;经济产业省对项目按照某种方式进行分类后进行相应补助,如按照当地资源进行分类,为已有设施的利用项目、已有商业流通类项目、废弃物资源化产业园区项目、公众参与项目等。在生态城镇项目实施的过程中,日本政府逐步完善相应的法律体系,明确了各类主体生态城镇开展过程中的作用,以支持生态城镇项目的实施。

表 3.2　日本生态城镇"软/硬"项目补助方案

比较项目	硬件项目	软件项目
补助项目范围	高效和稳定的废弃物资源化项目	生态城镇规划、绿色采购、绿色消费、生产者延伸责任、宣传项目、区域信息化项目、社会责任投资、整合废弃物管理、绿色标签、全球报道倡议、EMS 和 ISO14001 等
实施主体	当地政府和企业	当地政府
项目数量	每年 3～5 个项目	每年 20～30 个项目
项目补助金额	3 亿～5 亿日元	300 万～500 万日元
补助比重	一般为项目总成本的 1/3,典型项目为项目总成本的 1/2	一般少于项目总成本的 1/2

总体来看,日本政府通过实施生态城镇项目,很好地促进了共生网络的发展,取得了良好的经济与环境效益。据统计,2008 年,日本通过生态城镇项目使得这些城市的一般废弃物的循环利用率达到 61%,工业废弃物循环利用率高达 92%,每年减少 CO_2 排放量超过 48 万 t[①]。

3.4.2　英国共生网络的发展

英国国家工业共生项目(NISP)是世界上第一个也是目前仅有的一个国家范围的共生网络体系,被欧盟委员会作为示范性的环境技术行动项目(ETAP)

---

① 相关数据来源于 Fujita Tsuyoshi 博士于 2009 年 11 月在亚洲 3R 论坛所作的《Eco-towns for 3R promotion in Japan》报告。

引用,是一种创新性商业模式,是以区域为基础,跨越既定地理范围,来促进物质交换活动的协同项目,目前已逐渐发展成为区域废弃物资源化共生网络①。在英国,围绕废弃物资源化共生项目的行动始于 2000 年,首先在西米德兰兹郡(West Midlands)、亨伯河口湾(Humber Estuary)区域开始实施,随后引起其他区域的广泛兴趣。2003 年,西米德兰兹郡共生项目正式发起实施,同年,苏格兰(Scotland)、约克郡(Yorkshire)、亨伯赛德郡(Humberside)也发起了类似的区域共生项目;2005 年 NISP 全面实施。NISP 项目划分为 12 个子项目,如图 3.8 所示。NISP 旨在将企业聚在一起,以增加协同机会,提高资源的利用效率,保护生态环境,目前已形成较为复杂的共生网络结构。

　　NISP 的任务是在商业上营造一种长期的文化转变,将废弃物视为具有某种潜在价值的资产,而不应该被随意废弃或丢弃;NISP 的目标是将共生项目作为帮助英国获取经济可持续发展的政策工具,鼓励政府和企业通过共生获取利益,并进一步将共生方法作为国家资源管理战略。目前,NISP 通过共生项目的方式获得了良好的环境、经济和社会效益。资料显示,截止到 2012 年 3 月,NISP 登记成员已超过 15 000 个,累计避免废弃物填埋达 4 500 万 t,减少 3 900 万 t CO_2 排放,节省原材料 5 800 万 t,消除有害废弃物 200 万 t,节水 7 100 万 t,节省废弃物管理成本 12.1 亿英镑,增加收益 17.1 亿英镑,每年增加就业岗位超过 1 万多个,吸引私人资本投资接近 4 亿英镑;通过对英国 2010—2011 年已完成的 25% 协同项目分析结果显示,约 13% 废弃物被减量化、75% 被再利用、5% 被资源化或堆肥、5% 被用于产生能量和 2% 被填埋②。

3.4.3　美国共生网络的发展

　　在美国,城市废弃物资源化共生网络以不同的称谓在多个区域广泛开展,

---

① 英国 NISP 项目尽管最初主要关注的是工业废弃物资源化问题,但随着网络的发展,大量来自消费领域的废弃物也被纳入共生网络中,即逐渐演变成区域废弃物资源化共生网络,这点可通过文献得以体现。

② 数据来源于百度百科网站。

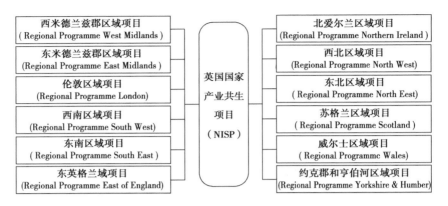

图 3.8　英国 NISP 按照区域划分的子项目

如华盛顿、西雅图、堪萨斯州、丹佛、芝加哥、俄亥俄州、休斯敦等城市或区域。美国可持续发展商业委员会（US BCSD）将其称为副产品协同网络（BPSN），并指出这种合作性网络创造了新的收益、成本节省和能源保护，减少了对自然资源的需求，降低了废弃物排放和对环境的污染，包括改变气候的排放物。按照 US BCSD 设定的目标，到 2015 年，将在全美 20 个城市开展共生网络项目，将减少 500 万 t CO_2 排放，避免 500 万 t 废弃物被填埋。在华盛顿，共生网络被称为商业创新与可持续网络；在芝加哥，共生网络被称为废弃物到利润网络（waste to profit，WtP），自 2006 年以来已形成 100 多个协同关系，已避免 18.2 万 t 固体废弃物被填埋，减少了 12.7 万 t CO_2 排放，产生了至少 1 700 万美元的收益[①]。

3.4.4　中国共生网络的发展

近年来，中国政府从省市工业园区、企业以及行业等视角大力发展循环经济，也促进了城市废弃物资源化共生实践的发展。在园区层面，中国政府批准建立的首个生态工业园区——贵港国家生态工业示范园区，经过 20 多年的发展已形成较完善的共生网络；天津经济技术开发区、南海国家生态工业园区等共生网络建设处于快速发展中；截至 2023 年 4 月，中国批准命名的国家生态工

---

① 资料主要来源于美国可持续发展商业委员会网站。

业示范园区达到 73 家,全国共有 129 家园区完成循环化改造示范园区验收,此外各地方政府组织建设了大量生态工业园区,并加快了对传统工业园区的循环改造。在区域层面,早在 2005 年,国家发展和改革委员会、生态环境部等 6 部委联合批准 27 个省市开展循环经济试点工作,如表 3.3 所示;2022 年 4 月,生态环境部印发《关于发布"十四五"时期"无废城市"建设名单的通知》,从城市整体层面推动废弃物循环利用,具体"无废城市"建设名单如表 3.4 所示;按照《循环经济发展战略及近期行动计划》要求,中国将创建百个循环经济示范城市(县)。这些行动,将逐步构建起中国城市废弃物资源化共生网络体系。此外,在天津滨海新城,早在 2010 年由当地环保局发起开展区域共生项目,并与BCSD-UK 合作引入英国 NISP 发展经验。

表 3.3　中国循环经济试点省市

批次	省市名称
第一批国家循环经济试点城市(10 个) (2005 年 10 月)	北京市、辽宁省、上海市、江苏省、山东省、重庆市(三峡库区)、宁波市、铜陵市、贵阳市、鹤壁市
第二批国家循环经济试点城市(17 个) (2007 年 12 月)	天津市、山西省、浙江省、河南省、甘肃省、青岛市、深圳市、邯郸市、阜新市、白山市、七台河市、淮北市、萍乡市、荆门市、榆林市、石嘴山市、石河子市

表 3.4　"十四五"时期"无废城市"建设名单

序号	省份	城市名单(建设范围)
1	北京市	密云区、北京经济技术开发区
2	天津市	主城区(和平区、河西区、南开区、河东区、河北区、红桥区)、东丽区、滨海高新技术产业开发区、东疆保税港区、中新天津生态城
3	上海市	静安区、长宁区、宝山区、嘉定区、松江区、青浦区、奉贤区、崇明区、中国(上海)自由贸易试验区临港新片区

续表

序号	省份	城市名单（建设范围）
4	重庆市	中心城区（渝中区、大渡口区、江北区、沙坪坝区、九龙坡区、南岸区、北碚区、渝北区、巴南区、两江新区、重庆高新技术产业开发区）
5	河北省	石家庄市、唐山市、保定市、衡水市
6	山西省	太原市、晋城市
7	内蒙古自治区	呼和浩特市、包头市、鄂尔多斯市
8	辽宁省	沈阳市、大连市、盘锦市
9	吉林省	长春市、吉林市
10	黑龙江省	哈尔滨市、大庆市、伊春市
11	江苏省	南京市、无锡市、徐州市、常州市、苏州市、淮安市、镇江市、泰州市、宿迁市
12	浙江省	杭州市、宁波市、温州市、湖州市、嘉兴市、绍兴市、金华市、衢州市、舟山市、台州市、丽水市
13	安徽省	合肥市、马鞍山市、铜陵市
14	福建省	福州市、莆田市
15	江西省	九江市、赣州市、吉安市、抚州市
16	山东省	济南市、青岛市、淄博市、东营市、济宁市、泰安市、威海市、聊城市、滨州市
17	河南省	郑州市、洛阳市、许昌市、三门峡市、南阳市
18	湖北省	武汉市、黄石市、襄阳市、宜昌市
19	湖南省	长沙市、张家界市
20	广东省	广州市、深圳市、珠海市、佛山市、惠州市、东莞市、中山市、江门市、肇庆市
21	广西壮族自治区	南宁市、柳州市、桂林市
22	海南省	海口市、三亚市
23	四川省	成都市、自贡市、泸州市、德阳市、绵阳市、乐山市、宜宾市、眉山市
24	贵州省	贵阳市、安顺市
25	云南省	昆明市、玉溪市、普洱市、西双版纳傣族自治州

续表

序号	省份	城市名单（建设范围）
26	西藏自治区	拉萨市、山南市、日喀则市
27	陕西省	西安市、咸阳市
28	甘肃省	兰州市、金昌市、天水市
29	青海省	西宁市、海西蒙古族藏族自治州、玉树藏族自治州
30	宁夏回族自治区	银川市、石嘴山市
31	新疆维吾尔自治区	乌鲁木齐市、克拉玛依市

3.5　本章小结

　　本章界定了城市废弃物资源化共生网络的概念，是指以实现城市"零废弃物"为最终目标，以城市范围内废弃物为主要对象，通过关联企业的协作实现废弃物资源化，从而形成的一种企业间长期合作、相互依存的网络组织。它实质上是一种更有序、更高效的废弃物管理系统，是区域循环经济的核心组成部分；涵盖了城市范围内及城市与周边城市间的工业废弃物与一般废弃物的回收、交易（交换）及其资源化活动；是推动可持续发展和构建循环型社会的重要途径与系统创新工具，具有良好的生态、经济与社会效益。本章还讨论了城市废弃物资源化共生网络的系统特性，以及目前共生网络在国内外的发展状况，认为基于城市或更大区域开展共生网络相比基于园区发展共生网络，能提供更多的协同机会。因此，城市废弃物资源化共生网络是未来废弃物资源化发展的重点与趋势。

第4章 城市废弃物资源化共生网络形成机理研究

机理是指事物变化的理由与道理,城市废弃物资源化共生网络作为城市废弃物管理系统的高级阶段,网络形成必然存在客观的理由与道理。本章首先从城市经济与社会发展层面,探讨共生网络形成的客观必然趋势;从行为产生的主体因素和外部环境因素,探讨共生行为产生的驱动因素,运用网络组织理论,阐释企业间建立共生网络组织的原因;基于自组织理论,重点研究共生网络自组织形成的条件机理与协同机理,以探讨城市废弃物管理系统向具有耗散结构特征的共生网络自组织进化的条件环境问题和动力学问题;最后探讨共生网络形成的他组织机理。

4.1 共生网络形成的客观必然趋势

城市是一个有活力的特殊生命体,在面临资源、能源与环境容量等供给不足时,城市内的主体会通过各种变化与调整,努力使有限的供给得到优化配置与高效利用,以更好地适应环境,实现城市的可持续发展。城市废弃物资源化共生网络、区域循环经济、零废弃物、废弃物综合管理等措施或理念,正是城市内的主体为应对资源与环境危机所采取的变革措施。城市废弃物资源化共生网络是以城市范围内的废弃物为主要资源化对象,在相关主体间形成的废弃物协同利用网络。目前,城市废弃物管理系统存在着大量的共生关系,只是较为零散,尚未被人们所"揭示"或引起人们的关注。随着城市经济发展与社会进步,城市废弃物资源化共生网络的形成是一种客观必然趋势,如图 4.1 所示。

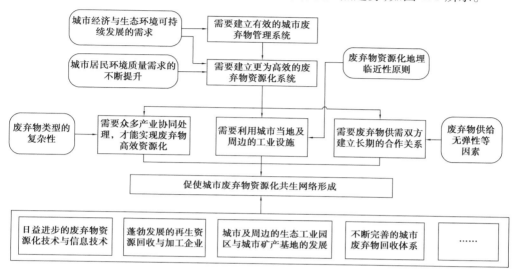

图 4.1　城市废弃物资源化共生网络形成的客观必然趋势

4.1.1　客观必然性分析

城市经济与社会可持续发展的要求,以及废弃物及其资源化特殊的属性,决定了共生网络的形成是客观必然的。

①城市经济与环境可持续发展的要求,需要构建有效的废弃物管理系统。

一个城市的发展空间有其允许最大经济增长的生态阈值(或称生态承载力),包括经济系统输入端的资源阈值和输出端的环境阈值,超过这个阈值,经济将停止增长甚至持续衰退。目前,随着城市工业经济的快速发展和人口规模的日益增长,很多城市的各类废弃物迅猛增长,垃圾围城、环境污染问题日益严重,城市环境阈值已接近甚至超出城市生态系统的承载力,废弃物管理问题已成为各国政府亟待解决的世界难题。2012 年世界银行发布的《全球固体废弃物管理回顾》报告显示,2010 年,全球 161 个国家(代表近 30 亿人口)产生了约 13 亿 t 生活垃圾,废弃物管理成本达到 2 054 亿美元;预计到 2025 年生活垃圾将增加到 22 亿 t,废弃物管理成本也将增长到 3 755 亿美元。现阶段,全球绝大多数城市或区域的生活垃圾仍采取填埋和焚烧的处置方式,如表 4.1 所示。在中国,90% 以上的城市生活垃圾无法有效资源化,只能堆放、填埋或焚烧;同时,城市居民每年还产生了大量的电子废弃物、报废汽车、建筑垃圾等废弃物。相关网站发布的数据显示,2023 年 4 个批次废弃电器电子产品规范拆解中,空调回收拆解量 1 517.8 万台、冰箱 2 124.0 万台、洗衣机 2 302.3 万台、电视机 3 821.2 万台、计算机 1 001.7 万台、汽车约 756 万辆。

表 4.1　世界部分区域生活垃圾产生与处置情况

地区(年份)	人口/百万	人均生活垃圾产生量/(kg·d⁻¹)	生活垃圾总产生量/(Mt·a⁻¹)	生活垃圾设施数		垃圾处理方式占比/%	
				焚烧	填埋	焚烧	填埋
上海(2012)	23.80	0.82	7.16	2	4	14	53
北京(2012)	20.68	0.86	6.48	3	13	15	68
天津(2012)	14.13	0.36	1.86	3	6	44	55
广州(2012)	12.84	0.88	6.13	1	3	23	56
香港(2012)	7.15	1.30	5.01	—	3	—	52
台湾(2012)	23.22	0.88	7.47	26	106	46.34	1.9
新加坡(2011)	5.18	1.51	2.86	4	1	51	1
日本(2011)	127.82	0.98	45.36	1 221	1 775	79	1.46

城市废弃物如果处置不当,就会对城市及周边区域生态环境和居民健康造成严重威胁,如废弃物中的铅、汞、镉、铬等物质,会对周边大气、水体、土壤造成破坏,对堆放区域的地下水源形成威胁。例如,在广东省贵屿镇,大多数小家庭作坊对废旧电子产品采用最原始的拆解方法,即由人工拆分出铁、铜、塑料、电路板,用碳火炉烤熔出电路板上的零件,用硫酸洗出贵重金属,对此,美国《时代》网站多次报道该镇的污染情况,将其视为全球最毒的城镇。

然而,城市废弃物中蕴含丰富的资源,是优良的"城市矿产"资源。如废旧机电产品、报废汽车中蕴含大量的钢、铁、铜、铝、铅、锌、贵金属和塑料等资源，一些零部件蕴含着巨大的再利用价值，是重要的二次资源。日本《金属时评》杂志的报道显示，日本"城市矿产"中，金储量为 6 800 t，约占全球天然矿产储量的16%，储量排名第一；银储量为 6 万 t，约占全球天然矿产储量的23%，储量排名第一；铟储量为 1 700 t，约占全球天然矿产储量的38%，储量排名第一；另外，铅、锂、钯的储量分别为 560 万 t、15 万 t 和 2 500 t，储量排名分别为第一、第六和第三，因此认为日本是资源化大国。

城市政府建立有效的废弃物管理系统，实现废弃物管理与资源化，是破解城市资源约束的根本出路，是改善城市生态环境的有效途径，是实现城市经济与社会可持续发展的必然趋势。

②城市居民环境质量需求的提升，需要建立高效的废弃物资源化系统。

环境库兹涅茨曲线显示：一个国家（区域）的环境污染水平，与该国（区域）人均 GDP 收入的作用关系经历了一个倒"U"形曲线的发展过程。在经济发展初期，经济发展压力较大，加之环境污染较轻，所以居民的环境质量需求意识较弱；当居民收入提高后，环境质量成为可以承受的正常品，居民对环境质量需求不断提高，迫使政府及相关主体采取措施降低污染，从而使环境质量得到改善。马斯洛需求层次理论也表明：当人们生理上的需求得到满足后，必将追求安全上的需求，其中，环境安全必然成为人们追求的重要目标。因此，当一个城市经济发展到较高水平，居民对城市环境质量会有较高的需求，必然要求政府和企业采取更加科学的废弃物管理方式。

目前，城市废弃物大多采用填埋、焚烧的原始处置方式，废弃物填埋产生的异味、焚烧产生的二噁英等污染问题，已成为社会矛盾的导火索，使政府兴建垃圾填埋场、焚烧厂面临巨大的社会阻力。例如，2015 年 4 月，广东省罗定市因兴建垃圾焚烧厂，引发万人抗议活动；2008 年，北京最大的垃圾处理厂——朝阳区高安屯垃圾处理厂，由于长期恶臭，遭到周边多个小区居民的抗议；北京阿苏卫垃圾焚烧项目、杭州余杭垃圾焚烧项目等废弃物处置项目，都遭到居民的反对。

因此,要满足城市居民的环境质量需求,需尽量减少与避免废弃物填埋、焚烧,努力实现废弃物资源化,为此需要建立更为高效的废弃物资源化体系。

③废弃物类型的复杂性,决定了废弃物资源化的有效开展,需要众多关联产业协同运作才能实现。

城市废弃物来自生产、流通与消费的各个环节、各个领域,类型复杂,如果仅靠一个或几个产业,不可能为大多数废弃物寻找到恰当的资源化位置,必然造成大量废弃物只能通过原始的填埋或焚烧方式进行处置,给城市废弃物管理带来巨大的压力。目前对于工业废弃物,很多区域如卡伦堡、贵港生态工业园等,利用当地的工业设施,有效地实现了工业废弃物的资源化。对于城市矿产,某些地方积极利用再生资源加工产业及其相关的产业链,有效地挖掘了废弃物中的价值,例如,宁波市镇海再生资源加工园区与周边工业园区,已形成了较为稳定的废旧机电产品拆解、初加工及部分产品深加工产业链①;北京金隅集团北京水泥厂有限责任公司,从 2007 年至 2013 年共处置各类城市废弃物 106.7万 t,成为全国废弃物处置量最大的水泥企业。因此,废弃物资源化需要利用相关工业企业的生产设施,需要众多关联产业协同处理才能有效开展。

④废弃物低价值甚至负价值属性,决定了其资源化应主要借助当地及周边区域的工业设施。

物质之所以成为废弃物,很大程度上源于自身的低价值甚至负价值属性,长距离运输会增加资源化成本,进一步降低再生利用价值。陈旭东博士对日本东京废弃物资源化成本构成的研究显示,运输成本在整个废弃物管理成本中平均所占比例达到 30%。尽管高价值的废弃物如废钢铁、废有色金属的再生利用,可以不受空间的限制,某些高价值副产品的交换甚至可以跨越几百千米,然而,对于大多数低价值废弃物,如生活垃圾、建筑垃圾,需尽量利用当地工业设施予以资源化。地理相邻性为废弃物协同处理提供了可能,是共生网络建立的

---

① 这种稳定的废弃物资源化合作关系,在本书中被视为一种共生关系。

重要原则。例如,Shi 等人对天津经济技术开发区废弃物交换平均距离的研究显示为 28.2 km;Jensen 通过对英国 NISP 第一个五年期间的共生项目调查显示,在所有共生关系中,废弃物运输距离的中值为 32.83 km,90% 的物质交换关系发生在 120.7 km 的半径范围内,如表 4.2 所示。因此,废弃物资源化应尽量利用当地及周边工业设施,通过降低废弃物处置成本实现资源化。

表 4.2　英国 NISP 项目废弃物资源化运输距离　　　单位:km

废弃物类型	最小值	下四分位数	中值	上四分位数	最大值
WEEE	0.64	12.39	18.35	39.43	275.36
废玻璃	10.46	16.74	29.93	45.22	76.12
废纸和纸板箱	0.48	19.79	32.99	56.97	433.24
食品剩余物、废油	0.80	15.93	28.32	56.33	203.10
堆肥与泥土	0.97	14.16	28.49	42.97	138.89
废矿物质	0.48	15.13	29.13	57.13	203.10
有机化学品	5.79	13.84	30.26	58.90	220.80
废木质产品	0.16	10.78	29.13	45.38	169.95
废涂料	1.13	3.54	8.69	29.45	117.00
合成包装物	1.13	9.66	29.45	46.99	221.28
混杂的塑料	0.32	18.83	32.83	52.30	278.90
废金属	0.80	14.97	49.89	107.99	390.10
飞灰和矿渣	4.35	18.35	41.68	75.48	98.97
废燃料	6.60	29.61	55.36	73.39	88.51
污泥	26.88	47.31	59.38	107.83	199.88
废纺织品	1.45	25.11	71.62	126.17	323.48
废无机化学品	15.13	46.19	84.01	187.81	223.86
废旧橡胶	12.07	42.00	99.78	135.83	209.05
危险废弃物	1.13	14.48	41.84	97.85	417.95
所有资源	0.16	15.45	32.83	62.93	433.24

注:数据来自文献[60]、[66]。

⑤废弃物供给无弹性等特性,需要废弃物供需双方建立长期的合作关系。

废弃物作为生产原料,有别于一般的生产原料,废弃物供给规模,不会因废弃物利用方需求的增加而扩大,也不会因废弃物利用方需求的减少而降低,其供应量一般较为稳定,或随着其他生产或消费过程的变化而具有不确定性。由于废弃物供需双方存在互补的关系,一旦建立这种互惠的联系,往往会形成长期的合作关系。对废弃物供给方而言,有其核心业务,若寻找到能使其废弃物处置非常经济的方式,必然愿意与对方建立稳定的合作关系;同样,对废弃物利用方而言,由于废弃物供给无弹性,若无替代原料,为实现稳定与规模化生产,一旦寻找到满足生产要求的废弃物供应源,也会与对方建立长期的合作关系。对于企业间建立共生关系的理论解释,本书将在4.2.1小节与4.2.3小节予以详细分析。

综上所述,采取传统堆放、填埋和焚烧为主的城市废弃物管理系统,不仅浪费资源,而且还会变分散污染为集中污染,极易引发社会冲突,亟须建立更为高效的废弃物管理系统。城市废弃物资源化共生网络是适应区域经济发展与环境友好需要而发展起来的更为高级的废弃物系统管理模式。因此,城市废弃物资源化共生网络是实现城市经济与社会可持续发展的必然趋势。

4.1.2 可行性分析

城市废弃物资源化共生网络并不是凭空产生的,而是在现有城市废弃物管理系统、工业系统的基础上,通过自组织与他组织方式形成的有序、相对稳定的废弃物资源化系统。随着城市经济与社会的发展,目前在很多城市已初步具备了推进共生网络发展的基础条件。

①废弃物资源化技术的发展,为发展共生网络提供了基础保障。

废弃物资源化技术是废弃物转变为资源的基础保障,没有先进、可靠与经济的技术支撑,企业将无法从废弃物中获取潜在经济价值,也就不会从事废弃物资源化活动。目前,废弃物资源化技术与设备经过几十年的快速发展,已取得很大的进步,很多类型的废弃物资源化已具备经济、可靠的技术与设备。例如,在城市生活垃圾资源化利用技术方面,开发的生活垃圾制备燃气技术,已成为第二代生物质能源发展的重点,在欧洲得到快速推广;在废旧金属再生利用技术方面,意大利开发的 COS-MELT 倾动炉火法技术可直接利用废杂铜精炼生产高品质的低氧光亮铜杆,中国再生铜低能耗精炼除杂、再生铝反射炉低烧损熔炼、再生铅低温连续熔炼等技术和装备实现了产业化;在废旧电子电器与汽车拆解与再制造技术方面,废旧电子电器智能分选与清洁提取技术,已在欧美国家、日本得到大规模应用;在废旧高分子材料高值利用技术方面,已开发出数字化分拣技术、清洁高效的梯级利用技术,实现对废旧高分子材料全生命周期利用。

②蓬勃发展的再生资源(废弃物)回收与加工企业,作为城市废弃物的"分解者",已逐渐承担起物质循环利用的桥梁作用。

在自然生态系统中,如果没有分解者,动植物的遗体残骸将会堆积如山,导致生态系统崩溃。同理,在城市经济与社会系统中,大量的工业企业制造了各种类型的产品,经人类消费后,如果没有恰当的"分解者",必将造成垃圾围城的困境。再生资源回收与加工企业,在城市经济与社会系统中承担着"分解者"的角色,将人类生产和生活中的各种废弃物转变成可再次利用的资源,重新进入生产与消费领域,使经济系统物质得以闭环流通。

发达国家很早就意识到发展再生资源产业的急迫性和必要性,目前,发达国家产业规模已超过 2 万亿美元,并以每年 15%～20% 的速度增长。2012 年,日本再生资源回收与加工企业超过 6 万家,从业人员达到 640 万,年产值约 3 500 亿美元;2010 年,美国再生资源回收与加工企业约 5.6 万家,从业人员达到 130 万左右,年产值超过 2 400 亿美元,超过汽车行业,成为美国最大的支柱产业。经过几十年的发展,中国再生资源产业发展初具规模,2023 年,再生资源回收与加工企业已超过 10 余万家,废有色金属、废钢铁、报废机动车、废弃电器电子产品、废塑料、废轮胎、废纸、废旧纺织品、废玻璃、废电池(铅酸电池除外)

10 个品种再生资源回收总量约 3. 76 亿 t,回收总额约为 1. 30 亿元,废弃物所提供的再生资源已成为工业生产重要的原材料来源。

③城市及周边的生态工业园区与城市矿产基地[①],为共生网络发展提供了重要载体。

城市废弃物经回收组织回收后,绝大部分在城市及周边生态工业园区和城市矿产基地予以资源化,因此,生态工业园区和城市矿产基地是城市废弃物资源化的主要场所,是共生网络的主要载体与基础平台。自 20 世纪 90 年代以来,生态工业园区在全球迅速发展,例如,1994 年美国可持续发展委员会选定 4 个区域,即田纳西州恰塔努加(Chattanorga)、弗吉尼亚州查尔斯角(Cap Charles)、得克萨斯州布朗斯维尔(Brewsvill)、马里兰州巴尔的摩(Fairfield),开始重点推进生态工业园区建设,到目前为止已经建成了上百个生态工业园区。发达国家再生资源加工企业大多位于工业园区内,为更好地管理再生资源加工企业,从 2010 年 5 月开始,中国国家发展和改革委员会和财政部在全国范围内开展"城市矿产"示范基地的建设项目,利用中央财政资金,重点支持城市矿产资源新增加工处理能力建设、废旧资源回收体系和示范基地基础设施建设项目。发达国家再生资源加工企业大多位于工业园区内,为更好地管理再生资源加工企业,从 2010 年 5 月开始,中国国家发改委和财政部在全国范围内开展"城市矿产"示范基地的建设项目,利用中央财政资金,重点支持城市矿产资源新增加工处理能力建设、废旧资源回收体系和示范基地基础设施建设项目,并计划"十二五"期间,中国在全国范围内建设 50 个左右技术先进、管理规范、环保达标、生产规模化、辐射作用强的"城市矿产"示范基地,具体名单如表 4. 3 所示。

---

① 城市矿产基地也被称为再生资源加工园区,两者本质上相同。

表 4.3　中国目前城市矿产示范基地列表

批次	数量	基地名称
第一批"城市矿产"示范基地	7	天津子牙循环经济产业区、宁波金田产业园、湖南汨罗循环经济产业园区、广东清远华清循环经济园、安徽界首天营循环经济工业区、青岛新天地静脉产业园、四川西南再生资源产业园区
第二批"城市矿产"示范基地	15	上海燕龙基再生资源利用示范基地、广西梧州再生资源循环利用园区、江苏邳州市循环经济产业园再生铅产业集聚区、山东临沂金升有色金属产业基地、重庆永川工业园区港桥工业园、浙江桐庐大地循环经济产业园、湖北谷城再生资源园区、大连国家生态工业示范园区、江西新余钢铁再生资源产业基地、河北唐山再生资源循环利用科技产业园、河南大周镇再生金属回收加工区、福建华闽再生资源产业园、宁夏灵武市再生资源循环经济示范区、北京市绿盟再生资源产业基地、辽宁东港再生资源产业园
第三批"城市矿产"示范基地	6	佛山市赢家再生资源回收利用基地、滁州报废汽车循环产业园、新疆南疆城市矿产示范基地、山西吉天利循环经济科技产业园区、黑龙江省东部再生资源回收利用产业园区、永兴县循环经济工业园
第四批"城市矿产"示范基地	12	荆门格林美城市矿产资源循环产业园、鹰潭（贵溪）铜产业循环经济基地、江苏如东循环经济产业园、台州市金属资源再生产业基地、中航工业战略金属再生利用产业基地、四川保和富山再生资源产业园、洛阳循环经济园区、贵阳白云经济开发区再生资源产业园、福建海西再生资源产业园、厦门绿洲资源再生利用产业园、青岛新天地静脉产业园、山东临沂金升有色金属产业基地
第五批"城市矿产"示范基地	6	烟台资源再生加工示范、内蒙古包头铝业产业园区、兰州经济技术开发区红古园区、克拉玛依石油化工工业园区、哈尔滨循环经济产业园区、玉林龙潭进口再生资源加工利用园区

续表

批次	数量	基地名称
第六批"城市矿产"示范基地	5	江苏戴南科技园区、丰城市资源循环利用产业基地、大冶有色再生资源循环利用产业园、河北大无缝昌建再生资源利用产业基地、陕西再生资源产业园

④不断完善的城市废弃物回收体系,为共生网络开展提供了物资保障。

有效回收废弃物,是开展废弃物资源化项目的关键环节[1]。对于工业废弃物,由排放企业自身承担回收责任,可以得以有效回收。但对于来自消费领域的废弃物,由于类型繁多、性质复杂,且分布非常分散,需要政府或其委托机构建立完善的废弃物回收体系。近年来,中国政府大力完善城市废弃物回收体系。党的二十大报告提出,要实施全面节约战略,推进各类资源节约集约利用,加快构建废弃物循环利用体系;2024 年国务院办公厅印发《关于加快构建废弃物循环利用体系的意见》(国办发〔2024〕7 号)指出,要以废弃物精细管理、有效回收、高效利用为路径,覆盖生产生活各领域,发展资源循环利用产业,加快构建覆盖全面、运转高效、规范有序的废弃物循环利用体系;2022 年国家发展改革委、商务部、工业和信息化部等七部委联合印发《关于废旧物资循环利用体系建设重点城市名单的通知》(环资〔2022〕649 号)指出,各城市要健全废旧物资回收网络体系,因地制宜提升再生资源分拣加工利用水平,推动二手商品交易和再制造产业发展。截至 2023 年底,全国有北京市、上海市、天津市等 60 个重点城市被列入废旧物资循环利用体系建设重点城市名单;全国供销合作社已拥有再生资源全资控股企业 800 多家,回收网点 3.5 万个,并计划 2024 年改造和新建 1 000 个标准化规范化回收站点。经过十余年的发展,一些城市基本形成了社区回收网点、分拣加工中心、集散市场"三位一体"的回收体系。

---

[1] 废弃物资源化项目在本书中也称为"共生项目",两者仅仅是强调的侧重点有所差异。

总体来看,目前很多城市如北京、上海,在技术与硬件基础设施方面,已基本具备了推进共生网络发展的基础条件。

4.2　共生行为产生的驱动因素

德国社会心理学家库尔特·勒温指出,任何行为的产生都是行为主体因素和外部环境因素相互影响、相互作用的结果。通常行为产生的直接原因是主体自身的动机,外界环境是促进动机产生的重要因素,在外部环境的激发、指导或压迫下,动机得到强化,从而驱动行为产生。因此,主体行为源于内部与外部因素的驱动,这是行为产生的一般性机理。企业实施或参与废弃物资源化的共生行为,同样受到内部与外部因素的作用,如图 4.2 所示。内部驱动力与企业自身的生存与发展需求紧密相关,主要源于企业对经济与环境效益的不断追求以及企业间内在的关联性等因素;外部驱动力与外部环境紧密相关,主要源于技

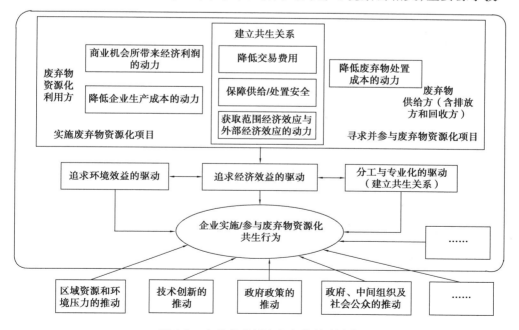

图 4.2　企业共生行为产生的驱动因素

术创新、资源与环境压力、政府政策压力、政府与社会组织的推动等因素。本节探讨共生行为产生的驱动因素,旨在从微观企业的视角解释共生网络组织形成的原因,也有助于政府和社会科学地创造条件与外部环境,引导或促使企业实施或参与共生项目,从而推动共生网络发展。

4.2.1 追求经济效益的驱动

马克思认为,"社会的每一种经济关系,首先作为利益表现出来",追求经济利益是人们最根本、最基础的心理特征和行为规律。作为营利性组织,企业是否参与共生网络,最根本的动力依然是经济利益。当协同运作相比企业单独运作能产生更大的经济利益时,企业间合作就具有了实现的可能性。诚然,各参与主体获取经济利益的出发点或途径不尽相同,主要表现为以下几个方面。

1)商业机会所带来的经济利润的动力

Mirata 和 Chertow 等人指出,共生关系的建立主要是商业机会或商业战略下企业自组织行为。商业机会客观存在于市场过程中,是一种有利于企业发展的机会或偶然事件,是尚没有实现的必然性,它主要来自市场需求。在废弃物资源化活动中,表现为企业对资源或环境外包服务等方面的需求。

城市废弃物中蕴含着大量的可再生利用的资源,这些资源有着巨大的商业价值,这成为企业从事废弃物资源化活动最主要的驱动力。例如,广西贵港(制糖)共生网络最初发展的主要目的之一是通过利用副产品寻找新的利润增长点;贵港集团通过建设能源酒精工程和酵母精工程,利用自身和周围小糖厂的废糖蜜作原料,生产出能源酒精和高附加值的酵母精产品。日本琦玉县生态系统回收公司,一年内从"城市矿产"中"开采"出 2.4 t 黄金、50 t 银、60 kg 钯、30 kg 铑以及近百吨铜、铅、白金等稀贵金属资源。格林美高新技术股份有限公司(简称"格林美"),从电子废弃物、废旧电池等废弃物中发现商机,通过对废旧钴镍、废旧电池、电子废弃物等资源化,生产出超细钴粉、超细镍粉、镍钴电池材料等多种产品,目前已形成较为稳定的镍钴资源循环模式,如图4.3所示。

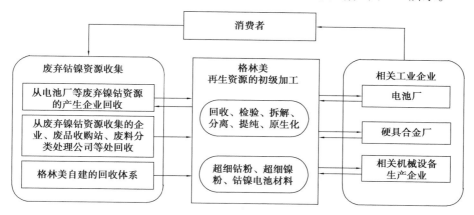

图 4.3　格林美镍钴资源循环利用关系示意图

此外,随着政府对环境监管的日益严厉,环境外部服务的需求也逐渐兴起。由于企业有责任和义务消除生产过程中产生的废弃物,企业可以自己履行环境责任,然而随着市场竞争的加剧,迫使企业将非核心业务外包给其他企业,从而集中精力从事自身核心业务。对大多数生产企业而言,废弃物管理责任并不是其所擅长的,一般是企业的非核心业务之一,在这种情况下,企业会在市场上寻找合适的组织代其履行环境责任,如果周边有可以接纳的废弃物利用企业,企业一般愿意与其建立合作关系,但如果通过自身努力难以找到这样的废弃物利用企业,则可采取委托代理模式,将废弃物交由专业的废弃物回收与处置企业代为处置,如图4.4所示。近年来,中国环境外包服务市场蓬勃发展,2014年,国家出台了《关于推行环境污染第三方治理的意见》,为环境服务业发展提供了契机,也为废弃物管理提供了第三方回收与资源化主体,是推进共生网络发展的重要措施。

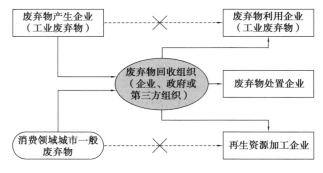

图 4.4　废弃物回收与处置委托代理模式

2）降低企业生产成本的驱动

对废弃物利用企业而言,利用周边企业或其他渠道的废弃物作为原料,可以降低企业的生产成本,保障企业生产原料来源的多样性与稳定性。由于无论是废弃物利用方还是排放方,企业关注的是废弃物交易给企业经营带来的经济效益,而不是废弃物自身的价值,使这些废弃物交易的价格很低甚至是免费的,从而可以降低废弃物利用企业原料的采购成本。同时,由于废弃物交换地理位置的邻近性,也可降低原料的运输成本,缩短原料的交货时间。

此外,企业利用来自消费领域的废弃物,如废钢、废纸、废旧零部件等,可使凝聚在废旧产品中的人工、技术、能源等附加值得到再生利用,从而减少利用原生资源生产新产品的资源、能源消耗以及废弃物排放。研究显示,每利用 1 t 废钢铁,可生产新钢 0.85 t,节能 0.4 t 标准煤;利用 1 t 废铜,可节能 5.9 t 标准煤,节约投资超过 1 万元;利用 1 t 再生铝,比从矿石中提炼 1 t 铝节约成本 40% ~ 50%,节能 90% 以上;利用 1 t 废纸,可生产纸浆 0.8 t,节约原材料木材 3 万 m³,节能 1.2 万 t 标准煤;此外,1 辆报废汽车中原来的人工、技术、能源等价值含量约占 85%,原材料成本仅占 15% 左右,报废电器与电子产品中,大量的电子元器件使用寿命超过 50 万小时,而只使用了 2 万小时左右甚至更低就被淘汰,通过对这些零部件的再利用与再制造,可节省大量的生产成本。

3）降低废弃物处置成本的动力

参与共生网络,能使企业废弃物的负外部性在系统内部消化,从而降低企业废弃物管理成本。随着政府与社会对环保要求的不断提高,废弃物管理已成为企业沉重的负担。尽管企业可以采取清洁生产技术或加强管理,避免一部分废弃物产生,但很难实现企业废弃物"零排放",而且为此所付出的成本会急剧增加。倘若企业将废弃物随意排放到周边环境中,会对环境造成破坏,从而影响企业的发展。例如,2014 年,湖南某铝厂在周边某山顶偷排了近千吨含氟废料,给生态环境造成严重破坏,严重影响了周边居民的身体健康。如果废弃物排放企业能与周边企业建立共生关系,使其废弃物能作为其他企业的原料,可有效地降低废弃物处置成本,这是企业间共生行为产生的主要诱因,如卡伦堡区域的电厂、炼油厂、化工厂通过共生,有效地将废弃物变成其他企业的原料。对于来自消费领域的城市一般废弃物,如果仅靠政府投资的填埋场、焚烧设置来处理废弃物,必将使政府面临沉重的废弃物管理压力。城市废弃物回收企业应努力与相关企业建立共生关系,使各类废弃物变成这些企业的资源,才能从根本上解决城市废弃物管理问题。

4）降低交易费用、保障资源供给/处置安全的动力

上述 3 个方面主要阐述了企业实施或参与废弃物资源化项目的经济驱动因素,对于企业间是否愿意建立长期稳定的合作关系,形成共生网络组织,尚未给出很好的解释。本节运用 2.4 节所介绍的网络组织形成的理论基础,即交易费用理论与嵌入性理论,对此予以系统分析。

（1）交易费用理论对共生网络形成的解释

按照交易费用理论,交易费用是影响经济活动治理结构的重要因素。威廉姆森将影响交易费用的因素分为两类:一是交易因素,包括交易的不确定性、交易频率和资产专用性;二是人的因素,包括机会主义行为和人的有限理性。按不同的交易频率,威廉姆森将交易分为一次型、偶尔型和重复发生型 3 种形式;

按资产的专用性程度,分为非专用、混合专用和特定专用交易 3 种;将交易频率和资产专用性结合起来,威廉姆森提出了与治理结构匹配的 6 种交易方式,如图 4.5 所示,并认为对于偶尔和重复进行的非专用性交易,市场治理是重要的治理结构,而对于经常进行的特定性交易要采用一体化治理结构,其他可采取中间性体制组织,他强调专业化合作及长期关系的维持,适用于重复的混合性经常交易。Larsson 也认为,在较低的召集成本和较高的内在化成本或行为者之间信任程度高的情况下,不确定性、交易频率和特定资源依赖程度越高,资源依赖越可能由作为企业间契约的网络协调。

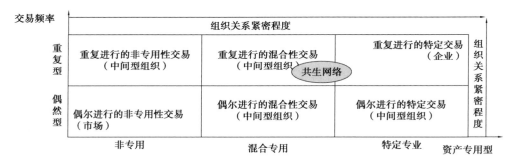

图 4.5　共生网络组织是介于企业与市场之间的中间组织形态

按此逻辑,共生网络本质上就是废弃物资源化相关企业间为了达成某种交易关系,实现基于某种目的而形成的介于企业和市场之间的一种契约关系和治理结构,是企业间根据交易特征选取的可使各参与方交易成本最小化的治理模式,是介于完全市场化和纵向一体化之间的企业合作形态。为了降低交易因素与人为因素对交易成本的影响,促使企业间建立共生网络组织结构。

①废弃物交易的不确定性,需要企业间建立共生关系。废弃物作为生产原料不同于原生资源,废弃物回收企业或排放企业在每个阶段回收的废弃物数量、质量都具有不确定性,且单个渠道废弃物回收规模一般难以满足废弃物利用企业的规模化生产,废弃物利用企业要实现连续生产,供需双方需及时地进行沟通。废弃物交易的不确定性,促使废弃物供需双方建立稳定的共生关系。

②废弃物交易的重复性与资产专用性,需要企业间建立共生关系。废弃物随着企业的生产和居民的消费而不断地产生,导致废弃物供需双方的交易属于重复性交易。重复性交易能够帮助企业分摊初始投资成本,提高投资收益,交易关系一旦中断或者不稳定,会使企业的损失比非连续性交易所付出的成本更大,同时再寻找新的合作伙伴又需付出新的交易成本。资产专用性是指资产的价值依赖于双方的固定交易,如果资产转用于替代性的用途,资产的价值将大大减小,资产专用性包括物理特性的专用性、地理位置的专用性、人力资本的专用性等类型。由于废弃物市场不同于一般的商品市场,在某个区域内特定类型废弃物供给数量有限,导致很多企业的废弃物资源化设施,都是针对区域内的某类废弃物进行投资建设的,例如,某企业针对某个区域的报废汽车拆解需求,投资建立报废汽车拆解中心;受废弃物经济运输距离或特许经营的限制,废弃物资源化设施一般有着一定的服务区域,若要与其他区域的企业发生交易,则可能大幅增加运输成本或者政策上不被允许;同时,废弃物资源化企业人力资源有其专长,一般也会集中某个方面的核心业务。这些特性,使废弃物资源化设施具有较强的资产专用性。按照威廉姆森的交易费用理论,废弃物交易的重复性与废弃物资源化资产(包括技术、设备与人才等资产)的专用性,促使企业间建立共生关系,如图 4.5 所示。

③人的有限理性与避免机会主义,促使企业间建立共生关系。有限理性是指行为主体受知识、技能、时间、区域等方面的限制,阻碍了行为主体完全理性的行动。在废弃物交易中,供需双方决策的最优化只是理想状态,企业一旦与某个企业建立联系,往往会形成惯性,维持与该企业的合作关系,尽管在以后的交易中,选择与该企业合作并不一定是最优的决策。机会主义行为的产生,源自经济主体利益驱动机制的差异性,在废弃物资源化过程中,任何一方不履约,另一方要找到替代者需较高的搜寻成本,建立共生关系能防范机会主义。

④资源的依赖高,促使企业间建立共生关系。在特定区域范围内,废弃物交易市场一般缺乏竞争性,导致废弃物供需双方大多对彼此资源依赖度较高,

促使企业间建立紧密的共生关系。

（2）嵌入性理论对共生网络组织形成的解释

格兰诺维特指出，威廉姆森的研究忽略了一个重要因素，即人际之间的信任。按照嵌入性理论，如果交易具有下列特性，则需要双方的信任。行为不确定性高；产品是多区隔的，甚至是一对一的；产品是合作性的，要供给及需求双方合作；环境高度不确定，需要弹性以随时应变；交易双方没有利益冲突；信息高度不对称等。此时，如果信任的供给充裕，网络就成了最好的治理选择。废弃物交易不同于一般资源产品，废弃物交易具有较强的不确定性，且废弃物供需双方是互惠的、具有信息不对称等特征，这决定了废弃物交易需要双方的信任，需要采用共生网络的组织形式。

共生网络，从社会学的视角来看，也是一种关系嵌入性网络。企业之间建立共生关系是一种强烈的、长期的信任联系，有利于彼此之间的重复与持续交易，主要原因如下：一是共生关系是一种高度情感契约水平的关系，具有持久性，能够提升双方继续展开深度合作的意愿；二是共生关系意味着未来重复交易成本的降低，可以节约信息搜寻成本，无须再花费大量的时间、成本和精力去获取对方的信息，也可降低监督成本与验证成本；三是共生关系能够通过合作经验的积累增加合作绩效，通过对彼此文化、管理风格、能力的深入了解，降低合作中的不确定性，有利于更好地利用双方的资源禀赋，有效地协调和解决合作中存在的问题，消除合作中的干扰噪声，从而提升合作价值。

从结构嵌入的角度来看，共生网络除了是物质交换网络外，也是一种结构嵌入性网络。共生网络成员间形成了一个小团体，这种小团体类似于一种社区或俱乐部，某个成员采取的某项行动很容易"传染"给其他成员，有助于在企业间发展共同的行为模式，形成共享的态度与信念，进而形成在管理模式、商业习惯和内部惯例等方面的相似性，产生强烈的一致行为惯性，导致网络扩散效应，推动网络内部成员建立更多的共生关系，也有助于吸引其他潜在成员进入。

（3）废弃物特殊属性对共生网络组织形成的解释

废弃物的产生具有持续性、供给无弹性、回收质量不稳定性、回收数量不确定性以及废弃物需尽量得到及时处置等特殊属性,决定了其资源化需要双方紧密的、长期的合作,确保废弃物供需双方信息的透明性,保持废弃物交易的连续性,保障废弃物供给或处置安全。因此,对于废弃物资源化企业而言,选择组织关系紧密度高的治理结构较为安全,例如,很多废弃物资源化企业建有自己的回收组织,以保障原料供给安全;对于不愿建立自己的回收组织的企业,为保持生产的稳定性与连续性,应促使其与相关企业建立共生关系。此外,对于废弃物回收企业或排放企业,为使废弃物得到及时处置,也会与相关的废弃物利用企业建立稳定的合作关系。

总之,废弃物交易的不确定性、重复性、废弃物资源化资产的专用性、行为主体的有限理性与避免机会主义、人际之间的信任、废弃物特殊的属性等因素,需要企业间建立共生关系,以降低废弃物交易费用,维持废弃物资源化活动的持续性与稳定性,共生网络治理结构形式的因果关系如图4.6所示。

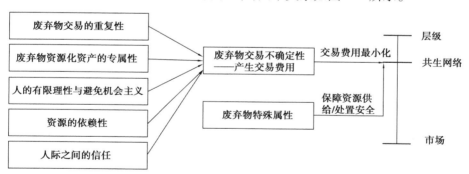

图4.6　共生网络治理结构形成的因果关系

5）获取范围经济效应与外部经济效应的动力

范围经济是指对多产品进行共同生产,相对于单独生产的经济性,其原因在于共同生产可以实现要素共享以及技术、资源上互补等。在共生网络中,废弃物资源化企业间可以共享某些要素,实现资源上的互补,例如,某个废旧机电产品加工企业在运营过程中,由于其主营业务是加工再生金属,对于拆解所得废塑料就成了该企业的副产品,如果在周边存在一家废旧塑料再生利用企业,就可与该企业建立资源上的互补关系。此外,对于废弃物资源化企业,加入共生网络可以共享各自的废旧产品回收设施及相关信息,从而享受范围经济的效益。

此外,加入共生网络也可享受网络成员的外部经济效应。许多相互发生联系的企业集中在特定的地方,往往会产生外部性。在共生网络中,一般性信息、知识、技术的溢出是经常的,企业之间各种社会联系都会促进信息、知识和先进技术在网络内的传播与流动,使企业能便捷地获得行业内的市场信息、国家政策与行业发展动态等信息。所以,共生网络外部经济效益,也能促使企业加入到网络组织中,提高企业的技术与知识水平,增强企业在市场中的竞争力。

4.2.2 追求环境效益的驱动

有学者认为,环境效益是企业参与共生网络的结果,而不是驱动因素。但更多的学者指出,环境因素在推动共生网络形成过程中起着重要作用,是促使企业展开合作的重要驱动力量。笔者认为,无论是废弃物排放企业、回收企业还是废弃物资源化企业,追求环境效益是驱动企业实施共生行为的重要因素。随着人类对环境认识的深入,环境问题已成为人们关注的焦点,各国政府对企业的环境影响行为要求日益严厉。据美国著名的盖洛普民意测验发现,目前,绝大多数人认为环境保护比经济增长更具战略意义。企业作为对环境有着重要影响的主体,要实现企业的长期发展,必须承担保护环境的责任。

企业追求环境绩效,不仅可以减少产品生产、消费与报废环节对环境的污染,而且还可以树立承担社会责任、保护环境的良好形象与声誉。在绿色消费逐渐成为主流消费的背景下,环境绩效对企业产品销售、国际贸易有着重要的影响。民意调查显示,90%的德国人、89%的美国人、85%的瑞典人、84%的荷兰人、80%的加拿大人都愿意为环境清洁产品接受较高的价格,其中多数人愿意挑选和购买贴有环境标志的产品。此外,追求环境绩效也有利于改善与周边社区的关系,目前,中国很多城市周边区域出现"癌症村"问题,也正是由于企业对环境问题未予以足够的重视导致的。因此,环境绩效对企业生存与发展日益重要,企业为追求环境绩效,必然要求采取更为经济与持久的方式来处理生产过程中的废弃物。

在共生网络中,废弃物回收企业在网络中承担着废弃物排放者与废弃物利用企业之间的桥梁作用,这类企业既可以为营利性组织,也可为代表政府的非营利性组织。而对于非营利性组织,环境绩效是首要目标,追求环境效益促使其在共生网络中起着非常重要的作用。

追求环境效益,也是推动废弃物资源化企业间开展合作的重要因素。废弃物资源化企业在生产过程中一般会再次产生一定数量的废弃物,如果得不到有效处理,很可能会对环境造成污染。废弃物资源化企业聚集在再生资源加工园区,企业间通过建立共生网络,实现废弃物交换,可达到共赢的局面。

4.2.3　分工与专业化的驱动

在自然生态系统中,物种间通过有效的分工实现了对自然资源的充分、合理利用,提高了系统循环的效率和质量。在社会经济中,分工也是最为古老的经济学观点之一,亚当·斯密指出,"劳动生产力上最大的增进,以及运用劳动时所表现的更大的熟练、技巧和判断力,似乎都是分工的结果"。分工导致了组织间的协作,而网络组织保证了分工与专业化的效率机制。资源依赖理论认为,任何组织不可能拥有达成目标所需的全部资源,获取资源的需要导致了企业与外部组织间的相互依赖、相互协作,当参与协作的各方强调共同价值与利益时,往往会以富有效率的方式开展协作,并且创造出单独行动难以获得的更大价值。企业核心能力理论也认为,企业不可能也没有必要在每个领域都做到最好,应集中资源发展有利于提高其核心竞争力的业务,将那些不擅长的、不能创造战略差异优势的业务交给其他企业完成,通过企业间的协作,达到共同的目标,这就阐明了企业之间相互合作的需求。

对于共生网络而言,无论是废弃物排放企业、回收企业还是资源化企业,都有自己的核心业务,企业一般不会采取"大而全、小而全"的运作模式。企业在经营过程中,通过审视自身的比较优势,保留那些利润高的核心环节,将那些不具备比较优势或者非核心的环节分离出去,在市场上寻找合作伙伴,组成共生网络,实现协同利益,实现自身价值链的分解与外向延伸,这就是废弃物共生网络建立的重要原因,而共生双方实质上正是源于专业分工形成的价值链的衔接。

对废弃物排放企业而言,企业有着自己的核心业务,生产过程中产生的废弃物,由于可能存在规模小、资源化投资大、缺乏资源化技术等原因,一般不会自己实现废弃物的资源化,废弃物就会成为企业的负担,企业必然会努力将其输送给其他企业,用最低的经济成本使其得到处置或再生利用,从而形成了与其他企业建立共生关系的动力,也使企业能更加专注于自身的核心业务。

对废弃物回收企业而言,同样有其自身的核心业务范围,对于回收的废弃物,由于废弃物类型的多样性、复杂性或技术等方面的原因,回收企业一般也不会自己对废弃物进行资源化与处置,而会将所回收的废弃物集中起来,输送给专业的废弃物资源化企业,从而形成了与上下游企业的协作关系。

对废弃物资源化企业而言,企业一般也不会完全自己投资建设某类废旧产品的回收系统,往往会与其他回收企业建立稳定的合作关系,以获取废弃物原料,维持原料供应的稳定性与可靠性。

因此,专业的分工与协作关系,形成了废弃物资源化企业之间内在的关联性,是共生网络形成的内在驱动因素。

4.2.4 技术创新的推动

废弃物资源化技术是推动企业开展废弃物资源化项目的基础性动力。废弃物资源化技术的进步,可以提高资源利用效率与价值,使原本不具有开发价值的废弃物具有开发价值,也能提高废弃物转化为资源的价值。例如,废旧电子产品贵重金属清洁分离与提取技术、非金属材料高值化利用技术,大幅提高了资源化产品的价值;欧美国家开发的高温喷射清洗、堆焊、热喷涂、激光等技术,已广泛用于汽车、废旧机电产品等主要零部件再制造,美国卡特彼勒公司运用这些技术,已形成年再制造零部件 220 万件、回收利用废旧材料 6.1 万 t 的生产规模。

在共生网络形成过程中,现代信息技术对共生网络形成也起着推动作用。信息技术的发展,使废弃物信息能够顺畅地实现跨地区、跨企业的即时传递,相关的经济活动可以超越组织的边界和时空的限制进行有效运作,这为企业间的有效协作与快速沟通提供了基础手段,为共生关系建立与运作提供了技术支撑。

4.2.5　城市资源和环境压力的推动

区域资源与环境压力是推动共生网络形成的重要外部因素。原生资源的稀缺性,必然推动自然资源价格的不断攀升,使废弃物的回收与资源化产生了利润空间,也就是说,价格的作用引导各类资源配置效率提高,具有帕累托效率的废弃物交易增加,进而促进企业间共生关系的形成。此外,城市废弃物规模的增加、环境污染的加重,对企业形成强大的外部生态环境压力,企业仅靠少量设施的末端处理方式,很难从根本上解决环境污染问题,建立共生关系是最有效的解决途径,可实现经济和环境双赢局面。

从目前已揭示的共生网络发展经验来看,企业间的共生行为最初也主要源于当地资源与环境的压力。例如,卡伦堡共生网络的发端源于当地水资源的匮乏,通过企业合作以解决地表水短缺问题;在澳大利亚的奎纳那(Kwinana),大量的矿产企业自发地建立共生关系,以应对水与能源资源的短缺;日本东京实施生态城镇项目,关键原因是废弃物填埋场极度短缺;中国贵港国家生态工业(制糖)示范园区建立共生网络,也源于环境的压力,大量高浓度的制糖滤布水、酒精废液和造纸黑液的超标排入周边水体,引起周边水体环境的严重污染。

4.2.6　政府政策的推动

政策是一个综合的概念,包括法律制度、规划、经济激励与约束政策等行为依据、准则与指南。共生网络的形成过程是一个制度变迁的过程,除满足技术可行性外,企业是否参与共生网络,取决于在环境与资源约束下政府能否提供一个经济利益最大化的制度安排。环境产权不断明晰、资源和环境外部性的内部化等制度安排,成为企业开展共生项目重要的驱动因素。Lehtoranta、Costa 和 Salmi 等人也指出,灵活的废弃物管理政策法规和强有力的经济与制度措施,如废弃物法令、生态设计制度、生命周期评价与环境友好型的产品宣言、生态标签制度、政府绿色采购制度、环境许可制度、BAT 与 BREF、土地使用规划、市场激励政策、废弃物管理技术标准等,影响了共生网络的形成。例如,在卡伦堡,围绕节能节水的环境立法对共生网络的发展起到了重要的推动作用。

4.2.7　政府、社会组织及公众的推动

从共生网络的发展经验来看,政府、社会组织及公众对网络形成有着重要的促进作用。目前已揭示的共生网络大多都存在一个或多个促进机构,如表4.4 所示。政府除可以通过政策影响企业的行为外,还可以直接引导、协调与促进共生项目的开展。例如,政府可成立相关的组织,直接参与某些关键废弃物资源化项目,如城市废弃物回收设施建设、垃圾最终处置设施等;也可协调与促进企业间开展废弃物资源化项目等。此外,社会组织、公众对共生网络的形成也起着重要的促进作用,将在后面7.3 节详细分析,这里不再展开。

表 4.4　某些共生网络的促进机构

序号	共生区域	促进机构
1	丹麦卡伦堡	当地共生协会（Symbiosis Institute）
2	波多黎各（Guayama，Puerto Rico）	废水顾问委员会（Wastewater Advisory Council）
3	贵港国家工业示范园	当地政府
4	日本川崎	当地政府
5	韩国蔚山（Ulsan，Korea）	韩国工业综合社团（The Korean Industrial Complex Corporation）
6	澳大利亚奎那那（Kwinana）	奎那那工业委员会（Kwinana Industrial Council）、资源可持续处理中心（Centre for Sustainable Resource Processing）
7	奥地利施蒂利亚（Styria，Austria）	格拉茨的卡尔·弗朗岑斯大学
8	天津经济开发区	天津经济开发区环保局
9	荷兰鹿特丹港市（Rotterdam Harbor，The Netherlands）	鹿特丹 INES 机构
10	英国	英国可持续发展商业委员会（BCSD-UK）、区域促进组织、瑞典隆德大学产业环境经济国际研究所（IIIEE）等

　　总之，诸多内在因素与外在因素的作用，驱使企业实施或参与废弃物资源化项目，并与其他企业建立共生关系，导致共生网络组织的形成。除上述因素外，还存在其他影响企业的共生行为的因素，如潜在参与企业的管理水平、企业家精神、企业高层的重视程度、当地资源禀赋、区域文化、区域企业间的合作氛围、区域社会关系等。正确地处理好这些因素对共生网络形成的作用，能更好地促进共生网络的发展。

4.3 共生网络自组织形成的条件机理

城市废弃物资源化共生网络的形成过程,是城市废弃物管理系统从低级结构向高级结构直至达到系统内部要素之间以及系统与环境之间协同演化的过程,这个过程主要由自组织形成机制实现。普利高津把一切在远离平衡的条件下,通过不断地与外界环境进行物质、能量与信息交换所形成和维持的有序结构称为耗散结构。耗散结构理论解决了系统从无序向有序转化的机理、条件和规律。本节基于耗散结构理论,研究共生网络自组织形成的必要条件,并运用Brusselator模型,探讨原有系统失稳向共生网络进化的条件与机理。研究有助于从理论上指导政府和社会如何创造条件,促进共生网络自组织形成。

4.3.1 共生网络自组织形成的必要条件

拉兹洛指出,"只要条件具备,就必然发生自组织结构"。按照耗散结构理论,系统能够通过自组织形成耗散结构,必须满足以下4个条件:开放性、远离平衡态、非线性作用和涨落。城市废弃物管理系统向具有耗散结构特征的共生网络结构演化,或者说低级的共生网络结构向高级的共生网络结构演化,也必须满足这4个条件。

1)开放性

开放性是系统自组织的前提和必要条件。按照热力学第二定律,孤立和封闭系统的熵会自发地趋于无限大,熵的增加意味着系统状态更加混乱与无序。"熵"是衡量系统混乱程度的物理量,熵的变化可判断系统有序度的变化,其符号可正可负,它是系统与外部环境进行物质、能量和信息交换所引发的。耗散结构系统必须是一个开放的系统,只有开放才能从外界获取物质、能量与信息,引入负熵以抑制自身的正熵,才能使系统向耗散结构方向演化。

判断一个系统是否开放的依据是系统是否存在输入和输出。无疑,城市废弃物管理系统是一个开放性系统,系统与外界不断进行物质、能量与信息上的交换。废弃物资源化企业最基本的活动就是"投入—产出"活动:一方面是原材料(废弃物)、人力、设备与资金的投入;另一方面,通过资源化,使废弃物变成再生资源或产品,输送给下游企业或消费者。废弃物在转变成资源的过程中,也需不断地从外界吸取能量。信息是废弃物寻找到"恰当"位置的关键,也是企业与政府、社会联系的媒介,因此,系统与外界存在紧密的信息联系。

要促进共生网络的形成,应不断提升共生网络的开放性,这表现在 3 个方面:一是提升当地与周边城市的联系;二是提升共生网络与当地及周边工业系统的联系与融合;三是提升共生网络参与主体与政府部门、社会组织及社会公众的联系。

2)远离平衡态

平衡态是一种混乱无序的状态,远离平衡态表明系统内各子系统存在较大的差异,即存在势能差。除开放性外,耗散结构形成的另一重要条件是外界必须驱使系统越出平衡的线性状态区域,达到远离平衡的状态。最小熵产生原理指出,在近平衡态下,系统的主要运动趋势是走向平衡态;而在远离平衡态时,在某个临界距离进入分岔点,并在随机涨落的"选择"下突变,产生新的时空有序结构。

判断系统是否远离平衡态的依据是系统各组成部分之间是否存在差异,差异越大,系统越远离平衡态。共生网络的形成,要求原有废弃物管理系统远离平衡态,即系统内部已形成在性质上相互独立、功能上相互补充的子系统,包括相对完善与规范的废弃物分类回收子系统、废弃物加工子系统、废弃物再利用子系统以及完善的基础设施子系统。子系统之间由于目标、结构和功能的不同,在资源交换、信息获取及核心能力等方面都存在差异,因此,系统存在巨大的势能差。

远离平衡态对发展共生网络有着重要的指导意义,主要表现在以下两个方面:一是说明发展共生网络,构建循环型社会或零废弃物城市,必须是城市废弃物管理系统、城市经济与社会系统等已发展至较高水平,才有现实意义;二是表明发展共生网络,不能从"零"或"近零"状态开始形成,也不是通过构造几个循环生态工业链就可实现的,这很好地解释了目前大量新建的生态工业园区中共生项目发展停滞不前的原因。

3)非线性作用

耗散结构理论认为,系统中各要素或子系统间的非线性相互作用是系统向有序结构演化的根本机制与内在动力,只有系统的子系统之间存在非线性的相互作用,系统才会涌现出新的性质,才可能演化成有序的耗散结构系统。

判断是线性作用还是非线性作用,一个简单的依据就是叠加性质是否有效。在废弃物资源化过程中,要素间的相互作用并不是简单的叠加,而是相互耦合的非线性作用,最显著的非线性作用是使一个过程的废弃物变成另一个过程的资源,产生了"整体大于部分之和"的协同效应。同时,共生网络内各节点相互依存、相互作用,形成错综复杂的关系网络,非线性机制共同作用,产生整体行为,而整体行为又反作用于各节点,表现为一种非线性作用。此外,外界环境扰动也能导致系统的状态变量呈非线性变化。

4)涨落

"系统要通过涨落达到有序"是自组织理论的基本原理,但只有系统远离平衡态时,涨落才能发挥作用;当涨落的影响在某一临界点之下时,系统会维持原有状态;但一旦超出这种临界值,涨落有可能被反馈放大为"巨涨落",从而导致原有系统跃迁到一个新的有序结构状态,出现耗散结构。对于城市废弃物管理系统而言,系统无时无刻不在受着内外部各种因素的干扰,如城市居民环境质量需求、国家相关政策、技术创新等。因此,城市废弃物管理系统不断地受到各种涨落因素的作用。

上述系统自组织形成的4个条件缺一不可,只有相互支撑、共同作用,才能构成系统自组织演化的基础。共生网络的形成,同样要满足上述条件,只有满足了上述条件,有序的共生网络结构才有形成的可能。

4.3.2 共生网络形成的熵流分析

上述 4 个条件只是系统形成耗散结构的必要条件,而不是充要条件。按照耗散结构理论,城市废弃物管理系统在运行过程中,会不断地产生正熵,且这种正熵的产生具有自发性与主动性,是系统运行的必然结果,它是系统不稳定并走向混乱的根源。为此,系统需要不断地从外界环境摄入物质、能量和信息,通过与外界环境的良性互动,吸取足够大的负熵,在负熵的作用下,系统主体适时调整措施,提高系统的适应能力,才能维持系统运行秩序,才可能自组织进化成更为有序的结构。因此,有必要分析系统内部正熵产生的因素以及外界负熵的来源,以便更好地创造条件促使共生网络形成。

(1)共生网络形成的正熵流分析

一般而言,探讨熵的绝对量大小意义不大,而用熵的变化衡量系统有序度的变化,反过来也可通过有序度的变化体现正熵和负熵对系统的影响。通常,可从系统表现出的"能力""结构""文化"3 个方面反映系统有序度状态。据此,本书从这 3 个方面建立相应的指标体系,以衡量城市废弃物管理系统的有序度,如表 4.5 所示。指标体系的建立应遵循科学性、系统性、动态性、可行性以及定性与定量相结合的原则,并按照层次分析法的思路,将指标体系分为 4 个层次:目标层,表示系统的有序度状态;要素层,即指标体系建立的视角;变量层,表示要素的具体构成,用若干变量表示;状态层,运用若干个指标衡量对应的变量,对于状态层指标,还可进一步细化,有利于对指标进行量化与评价。

表4.5　城市废弃物管理系统(共生网络)有序度衡量指标体系

目标层	要素层	变量层	状态层
系统熵 (系统的有 序度状态)	能力熵	核心能力	城市废弃物循环利用水平
			城市环境质量改善水平
			城市废弃物资源化带动产业的经济价值
		基本能力	经济目标与环境目标融合能力
			外部环境的适应能力
			资源获取能力
			技术创新及其应用能力
			信息化应用能力
			组织间的协调能力
			组织间利益冲突解决能力
	结构熵	组织结构	系统结构组分的完善度
			系统基础设施的完善度
			组织关系嵌入度
			核心节点的作用度
		技术结构	技术先进性水平
			研发投入比重
		人才结构	系统人员构成状况
			知识结构合理性
	文化熵	企业文化	企业社会责任承担水平
			企业行为规范水平
			企业共同价值接受度
		合作文化	企业间信任度
			企业间的合作文化状况

正熵会增加系统的总熵,从而导致系统向混乱与无序状态发展。虽然外界环境如政府不当的干预也可能对系统产生正熵,但正熵主要产生于系统内部。

系统的企业内或企业间的各种矛盾与不确定性都会导致系统正熵的产生,如表4.5所示,企业片面地追求经济效益而忽视环境效益的追求、组织协调度不够、核心节点的退出、企业未承担社会责任、企业间缺乏合作文化等,都会导致系统正熵的增加。

（2）共生网络形成的负熵流分析

城市废弃物管理系统通过不断地从外界环境吸取物质、能量与信息,将废弃物转变为资源,为社会提供资源、产品和环境服务,并获得经济效益,维持自身的生存和发展。外界环境是与系统存在与发展相关的各种外在事物和条件的集合,是系统正常运行与进化所需负熵的来源,对系统的存在与发展产生持续与非线性影响。

按照耗散结构理论,城市废弃物管理系统虽然在某个稳定态运行会不断地产生正熵,但系统能不断地从外界环境的吸取负熵,以维持系统的正常运行。若在某个时期,外界环境对系统有了更高的要求,如要求系统对环境产生更低的负面影响、能向社会提供更多的环境服务与资源,这必然使系统内的主体进行相应的变革,以适应环境变化,维持自身的生存与发展。这种变革会使系统打破原有的状态,向更加有序的状态发展,也导致系统内部产生更大的势能差,必然要求从外界吸取更有效的物质、能源与信息,如图4.7所示。

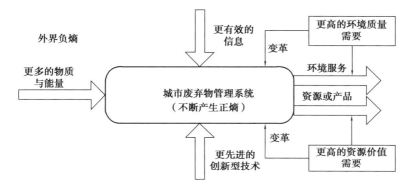

图4.7　城市废弃物管理系统向共生网络进化的因果关系

一般而言,系统从外界环境引入负熵的来源包括政治、社会、技术、经济环

境等方面,具体情况如下:

①政治环境源的负熵。通常,系统具有维持稳定态的趋势,若要系统提供更好的环境服务,首先,政府必须将社会的需求转化为相关信息(政府政策或管理行为)输入系统,迫使相关主体进行相应的变革,以满足社会需求。对于相关主体而言,为维持生存与发展,必然进行相应的调整。尽管这种负熵对系统内的主体而言往往是被动地吸取,但对废弃物管理系统进化起着至关重要的作用,因为经济主体很少主动追求环境效益。

②社会环境源的负熵。社会环境源的负熵不仅表现为生态环境质量需求的信息方面,也表现为对城市废弃物管理系统的直接作用,包括督促、引导、推动或配合系统主体的变革,如开展废弃物分类以提升废弃物在输入端的价值、监督相关主体对环境负面影响的行为。

③技术环境源的负熵。要使城市废弃物管理系统向社会提供更多高价值的资源与产品,并减轻废弃物对环境的影响,技术起着关键的作用,只有先进的技术,才能使废弃物能转变为高价值的资源,对环境产生较低的负面影响。

④经济环境源的负熵。经济环境源的负熵可以影响系统的输入、运行与输出,首先经济环境内的主体不断地进入废弃物管理系统,使系统的废弃物能找到恰当的位置,实现废弃物的高效资源化;经济环境生产易被循环利用的产品,在被报废后输入系统,可以提升废弃物转变为资源的价值。此外,系统外的经济主体积极利用废弃物资源化产品或资源,也可推动系统发展。

总之,城市废弃物管理系统向有序的共生网络发展,只有从外界环境引入更多的负熵,才能在抑制系统内部正熵增加的同时推动系统进化。

4.3.3 共生网络形成的 Brusselator 模型及其指导意义

按照耗散结构理论,任何系统能否最终形成耗散结构,取决于系统是否具备失稳的条件,旧态失稳是出现新态的充要条件。城市废弃物管理系统向有序的共生网络进化,同样是旧态失稳的结果。系统只有不断地从外界引入负熵抑制系统内部正熵的增加,才能向具有耗散结构特征的共生网络发展,因此,在系统负熵和正熵之间存在一种特定的关系:当负熵输入较低、无法抑制正熵增加时,系统趋向无序化;随着负熵的不断增大,系统能维持稳定态;只有当负熵的输入超过一定阈值,系统才会失稳,向有序的共生网络跃迁。普利高津提出的布鲁塞尔(Brusselator)模型是耗散结构演化的动力学模型,用于研究模拟系统的自组织行为,为我们提供了耗散结构量化分析的方法论。本节采用对其进行转义的方式,建立共生网络形成的 Brusselator 模型,以解释城市废弃物管理系统向具有耗散结构特征的共生网络进化的机理与条件。

1）Brusselator 模型的基本形式

Brusselator 模型是耗散结构理论中著名的宏观分析模型,原称"三分子反应模型",是从实际化学反应中抽象出的一个动力学模型,用以描述系统失稳的条件和机理。该模型的化学反应模式如下:

$$
\begin{cases}
A \xrightarrow{k_1} X \\
B + X \xrightarrow{k_2} Y + D \\
Y + 2X \xrightarrow{k_3} 3X \\
X \xrightarrow{k_4} E
\end{cases}
\tag{4.1}
$$

其中,A、B 是反应物,在反应中不断消耗,但可以不断地得到补充;D、E 是生成物,一旦生成即被取走;X、Y 是中间生成物,在反应过程中浓度可以变化;k_1、k_2、k_3 和 k_4 为反应中的催化剂,其数量大小影响反应速度。这一模型最重要的是第三组反应,它有两个显著的特点:第一,X 既是反应物,又是生成物,在反应后分子数反而增加了,这种反应叫自催化反应;第二,它有 3 个变量分子同时参加一个反应,这个反应在单位时间内产生出 X 分子的速率正比于 X^2Y,这是一个非线性函数,是整个反应过程中唯一给出非线性的因素,它是化学反应出现耗散结构必要条件。根据质量作用定律和反应方程,可以建立求解该模型的

反应—扩散动力学方程,如下:

$$\begin{cases} \dfrac{\mathrm{d}X}{\mathrm{d}t} = k_1 A - k_2 BX + k_3 X^2 Y - k_4 X \\[2mm] \dfrac{\mathrm{d}Y}{\mathrm{d}t} = k_2 BX - k_3 X^2 Y \end{cases} \tag{4.2}$$

假设动力学常数为1,且不考虑扩散现象,方程式(4.2)可转化为:

$$\begin{cases} \dfrac{\mathrm{d}X}{\mathrm{d}t} = A - BX + X^2 Y - X \\[2mm] \dfrac{\mathrm{d}Y}{\mathrm{d}t} = BX - X^2 Y \end{cases} \tag{4.3}$$

令 $\dfrac{\mathrm{d}X}{\mathrm{d}t} = \dfrac{\mathrm{d}Y}{\mathrm{d}t} = 0$,可得到模型的定态解:

$$\begin{cases} X_0 = A \\[2mm] Y_0 = B/A \end{cases} \tag{4.4}$$

此非零解对应在反应过程中 X、Y 不随时间变化的情形,为某一阶段相对稳定的状态。系统能否向有序耗散结构发展,取决于这个解是否失稳,以及何种条件下失稳。为此,在稳态点附近作线性稳定性分析,结果如下:

①当 $B<A^2+1$,定态解为吸引中心,从不同状态开始的运动轨迹最后都回归这个吸引因子,系统将持续维持原有的状态;

②当 $B=A^2+1$,定态解是稳定的焦点,系统达到临界状态;

③当 $B>A^2+1$,定态解不再稳定,任何扰动都不会回归均匀定态,从不同初始状态出发的运动轨迹,最终将进入同一周期轨道的极限环,从而提供向耗散结构发展的可能性,系统会形成新的有序结构。

因此,Brusselator 模型所代表的系统成为耗散结构的动力学条件为 $B>A^2+1$。

2)Brusselator 模型转义及其解析

共生网络的形成过程与 Brusselator 模型阐述的化学反应动力学过程存在很

大的相似性,都要求系统是远离平衡态的开放性系统以及存在非线性作用与涨落作用;原有城市废弃物管理系统向有序的共生网络转变,或者低级的共生网络向高级的共生网络转变,也是一种稳定态向另一种新的稳定态非线性跃迁的过程。由此可见,Brusselator 模型适用于分析共生网络形成的条件机理问题。下面将 Brusselator 模型转义,并对其进行理论解析。

（1）Brusselator 模型转义

假定:A、B 分别为共生网络自组织演化的正熵和负熵;D、E 分别为正熵和负熵相互作用使系统形成非耗散结构或耗散结构的两种状态;X、Y 分别为解释正熵 A 和负熵 B 的可量化因子。

为此,共生网络熵流关系可以用 Brusselator 模型描述为:

$$\begin{cases} A(\text{正熵}) \xrightarrow{k_1} X(\text{正熵的可量化因子}) \\ B(\text{负熵}) + X \xrightarrow{k_2} Y(\text{负熵的可量化因子}) + D(\text{非耗散结构}) \\ Y + 2X \xrightarrow{k_3} 3X(\text{可量化因子的非线性作用}) \\ X \xrightarrow{k_4} E(\text{耗散结构}) \end{cases} \quad (4.5)$$

（2）模型的理论解析

由于我们要判断的是城市废弃物管理系统在可量化因子 X 和 Y 的非线性作用下成为耗散结构 E 或者非耗散结构 D 的条件,因此,进一步对共生网络的 Brusselator 模型作如下解析:

城市废弃物管理系统是一个复杂的适应性系统,当系统处于某个低级状态时,系统具有较低的能力、结构与文化,各种冲突与不确定性使系统不断地产生正熵 A,并通过正熵的可量化因子 X 反映出来,如废弃物堆积、填埋或焚烧导致的环境污染,资源利用效率低等问题。若在某个阶段,外界对原有废弃物管理系统有了更高的要求,即向系统不断地输入负熵 B,B 与 X 结合后,必然会对原有系统结构与功能有更高的要求,即负熵量化因子 Y。但此时若 B 与 X 的结合还是一种线性作用,则系统仍然表现为非耗散结构。随着 X 问题浓度的增加,

在与 B 结合时,X 产生自催化反应,发生非线性作用,使 X(资源)不再是原来的 X(废弃物)。此时系统的能力、结构与文化将产生质的飞跃,系统结构更有序,管理能力提升,原有废弃物问题得到有效的解决,从而导致废弃物管理系统发生"突变",进化成具有耗散结构特征的共生网络。

对于模型的定态解 $X_0 = A$,可以理解为 X_0 是城市废弃物管理系统在某个状态下正熵 A 导致的系统混乱程度的量化值;$Y_0 = B/A$,反映了在系统正熵 A 作用下,外界对系统有了新的要求,即向系统输入负熵 B,也就是说,原有系统向更高层次进化,负熵 B 起着"激化"矛盾的角色。根据 Brusselator 模型的方程推导,只有当参量 $B > A^2 + 1$ 时,系统耗散结构才会自组织形成。当外界环境提供的负熵 B 较小且没有达到阈值时,系统中正熵仍然起主导作用;当负熵 B 的输入达到阈值时,系统处于临界状态;而当环境负熵 B 的输入超过阈值时,系统就会成为耗散结构。因此,我们可以得出城市废弃物管理系统向具有耗散结构共生网络转变的依据,如式(4.6)所示。

$$|B| - (A^2 + 1) \begin{cases} < 0,系统基本维持不变 \\ = 0,系统处于临界状态 \\ > 0,系统成为具有耗散结构特征的共生网络 \end{cases} \quad (4.6)$$

因此,Brusselator 模型解释了共生网络自组织演化成耗散结构,取决于正熵 A、负熵 B 的大小,并通过其所代表的理论可量化因子 X、Y 的改变而变化,X、Y 所代表的具体参量相互作用产生了非线性机制。

3)Brusselator 模型对共生网络形成的指导意义

上述分析,对发展共生网络具有如下几点指导意义:

①自组织是共生网络形成的主导方式。系统与外界环境不断地进行物质、能量和信息的交换,随着环境质量要求的变化和系统持续的发展,系统可以产生自组织现象,即由无序到有序、由低级有序向高级有序演化,并形成新的系统结构。

②在共生网络自组织运行过程中,系统总是不断地产生正熵,同时不断地

从环境中摄取负熵,共生网络自组织形成受制于正熵而又依赖于负熵,因此,共生网络自组织演化的实质是创造一个负熵流持续增加的环境。

③城市废弃物管理系统能否转化为有序的共生网络取决于目前的系统能否失稳、何时失稳,而这与系统的正熵和负熵的大小有关。从转义的 Brusselator 模型来看,系统向有序状态进化的条件是 $B>A^2+1$。由于负熵 B 与进化条件成线性变化关系,而正熵 A 与进化条件成抛物线关系,因此,正熵是影响演化的主导因素。

④当 $B<A^2+1$ 时,系统趋于稳定,处于一种缺乏进化动力的相对稳定状态,即缺乏向共生网络结构自组织进化的条件。例如,在 20 世纪初期,由于工业的快速发展,造成一些城市废弃物成倍地增加,由于当时技术、经济与社会各方面的因素,废弃物管理系统基本处于极度无序的状态,在那种状态下发展共生网络是不现实的。这也表明共生网络的发展需要一个过程,在一些经济不发达、废弃物管理基础设施不完善的城市,很难形成有序的共生网络。

⑤当 $B>A^2+1$ 时,系统出现耗散结构。这表明只有当负熵输入达到一定阈值,系统才能失稳,才能向有序的共生网络结构转变。换言之,当外部环境对原有城市废弃物管理系统变革的要求足够强烈,如城市居民强烈要求政府和企业提供更好的生态环境,使企业感到资源与环境的压迫,形成很大的负熵流,从而引起原有系统失稳,促使原有系统向有序的共生网络进化。例如,在 20 世纪 70 年代,丹麦卡伦堡工业企业面临地表水资源严重短缺、城市环境污染日益严重、环境法规要求日益严厉等外部环境,迫使原有的废弃物管理系统面临严峻的挑战,原有系统失去稳定,通过不断演化,形成了更高形态的共生网络结构。因此,要发展共生网络,不能总是把焦点放在废弃物上,共生网络形成需要外部环境提供足够的负熵流,为此应把重点放在产生负熵流的政治、社会、技术与经济等方面,努力完善共生网络形成的外部环境。

⑥原有系统向具有耗散结构的共生网络进化主要是一个自催化的过程。在外界环境负熵的作用下,原有系统主体通过资源互补、要素整合、协同管理以

及学习效应等方式,主动适应外界变化,在系统内产生一种自催化循环过程,使原有系统有序度不断提升,进而导致具有耗散结构特征的共生网络的形成。

总体来看,共生网络的形成,需要原有系统远离平衡态,需要外界环境向系统提供足够大的负熵。只有当负熵的输入超过一定阈值,原有系统才会失稳,并通过自催化反应与非线性作用,向具有耗散结构特征的共生网络进化。因此,政府和社会主体应从政治、社会、技术和经济等方面,建立一个能产生足够大负熵流的外界环境,使系统能感知到"压力",主动变革以适应环境变化,从而促进共生网络自组织形成。

4.4　共生网络形成的协同机理

哈肯认为,在开放的系统中,受外界环境的影响与作用,系统要素不断地探索新的位置、运动与反应,当系统中的某种运动模式具有明显优势并不断加强时,就会产生控制整体秩序的序参量,导致整个系统能自行组织、演化,逐渐从无序、混乱状态朝有序结构方向发展;由此指出,序参量是协同机理发挥作用的核心,支配着各系统要素的行为,是自组织系统走上有序的根本原因。城市废弃物资源化共生网络总体上是一个复杂适应系统,系统从无序到有序,从低级结构到高级结构转化,内部要素之间相互作用所产生的序参量起支配性作用,主宰系统向有序、相对稳定的状态发展。因此,研究共生网络形成的序参量及动力机制,对推进共生网络发展有着重要意义。

4.4.1　共生网络形成的序参量:共生价值

按照协同理论,序参量是指在系统形成过程中,从无到有的变化,影响系统各要素由一种相变状态转化为另一种相变状态的集体协同行为,并能指示出新结构形成的参量,也被称为"吸引子"。序参量常具有如下特征:

①序参量是宏观参量,体现系统的有序程度。序参量描述了大量子系统集体运动的宏观整体效应,而不是个别要素或子系统所体现的行为。当系统处于无序状态时,其值为零,随着系统由无序向有序转化,这类变量从零向正值或从小向大变化,用它可以描述系统的有序程度。

②序参量是微观子系统集体运动的产物,是合作效应的表征和度量。序参量的形成不是外部作用强加于系统的,它来源于系统内部。当系统处于无序状态时,各个系统要素独立运动,不存在合作关系,无法形成序参量。系统要素相互关联、协同行动,导致了序参量的出现。

③序参量支配各个系统要素的行为,主宰着系统的演化过程。系统要素的合作产生了序参量,序参量支配系统要素的合作行为。

序参量的确定方法一般采用数学建模方法和定性分析方法。弛豫系数法是识别序参量常用的数学建模方法,该方法将系统的变量分为慢弛豫变量和快弛豫变量,慢弛豫变量数目较少且衰减速度较慢,是决定系统相变进程的根本变量,也就成为系统的序参量;快弛豫变量数目较多且衰减速度快,服从慢弛豫变量,对系统的结构和功能不起决定作用。目前,有学者采用该方法对特定系统的序参量进行了建模分析,例如,郭莉等人以北京、上海等 21 个省市为样本,指出环境科技进步的环保生产率是产业生态系统演化的序参量;刘岩在对中国 19 个省市固体废弃物综合处置率与利润实证的研究中得出,废旧材料回收加工业的利润是城市再生资源协同管理系统的序参量。然而,从数学建模来看,所选取的参量仅为二维,而实际系统状态参量很多,且量化非常复杂,从两个参量中确定一个变化慢的为序参量,显然缺乏代表意义。因此,对于经济与社会系统的自组织现象,大多根据序参量特征定性确定系统的序参量。

为了识别共生网络形成的序参量,笔者考察了描述共生网络的宏观状态参量,如城市废弃物循环利用率、城市废弃物资源化经济效益水平、城市废弃物资源化环境效益水平、废弃物资源化技术创新水平、基础设施完善度、参与共生网络企业数量、企业参与热度、政府与社会参与热度等。按照序参量的特征要求,在对上述指标整合的基础上,笔者认为,城市废弃物资源化共生价值水平(简称"共生价值"),是支配共生网络自组织形成的序参量。

共生价值是共生网络产生的经济效益、环境效益、企业可持续发展效益与社会效益的综合体。哈肯指出,经济活动中的主要动力无疑是争取赢利,企业的运作一直都是围绕"利润"这一序参量展开的。对共生网络参与企业而言,企业间的协同运作也是以追求利润为根本目的。然而,随着人们对生态环境关注度的不断提高,企业要实现长远发展,在追求经济效益的同时,必须不断地追求环境效益,离开了环境效益,经济效益不会长久,当然离开了经济效益,环境效益就无动力。开展共生项目,能很好地实现经济价值与环境价值的统一,在减少废弃物负面影响的同时,实现相关企业的经济价值。为说明共生价值能作为共生网络自组织演化的序参量这一结论,本书根据序参量特征描述,阐明共生价值具有作为序参量的所有特征。

首先,共生价值是宏观参量,能反映共生网络发展的有序程度。追求共生价值是所有参与共生网络的企业共同追求的目标,是系统的宏观整体行为。共生价值水平的高低体现了废弃物转化为资源的再生利用程度,共生价值水平越高,表明有更多的废弃物找到了更为恰当的位置,从而体现了共生网络的有序度。因此,共生价值水平的高低是共生网络有序度的体现。

其次,共生价值是共生网络子系统集体运动的产物,共生价值水平是协同效应的表征与度量。序参量的产生来源于系统的非线性作用,而共生价值的形成不是外部作用强加给系统的,它是系统内部企业间合作与非线性作用的产物。在共生网络形成前,尤其在废弃物随意处置阶段,企业各自行动,独自处置自身的废弃物,不仅造成资源浪费,而且严重污染环境,显然无法产生共生价值。共生网络通过集体运动,形成了层次分明、功能完整的废弃物资源化系统,从而创造了共生价值。共生价值是企业协同经济效益与环境效益的综合体现,其高低无疑可以表征与度量共生网络的协同效应。

最后,共生价值支配各子系统的行为,对共生网络的形成起主宰作用。企业参与共生网络,以获取共生价值,必然会在共生价值的役使下,制定企业战略、改变组织结构与管理方式,建立与其他企业的沟通渠道和合作关系。共生网络参与企业的合作产生了共生价值,而共生价值反过来支配各子系统的行为,影响共生网络的形成进程。

需要指出的是,在特定时期,可能同时存在多个序参量,例如,在共生网络发展初期,由于共生价值序参量不显著,此时某些关键节点的作用可以成为支配共生网络形成的序参量。

4.4.2　共生网络形成的支配性力量

共生网络的形成是系统要素与外部环境、系统要素之间相互作用的过程,外部环境不断向系统输入负熵,系统要素感知压力,并通过内部子系统的非线性作用,以适应外部环境的变化,系统的非线性作用产生了序参量,支配着企业间的协调与合作行为,使子系统的合作与协调水平不断上升,同时序参量也不断得到强化,系统的"吸引子"进一步放大,吸引其他企业加入,主宰自组织的形成过程。在整个过程中,序参量一直贯穿其中并支配该演化过程,其最终结果是系统结构达到有序。对于系统有序结构形成的自组织过程,哈肯建立了序参量演化方程,用以解释序参量对系统自组织形成的支配性作用。哈肯把自组织在一定的外部条件下,由内因驱使系统发生演变的过程用数学形式描述如下:

$$\begin{cases} \dot{q}_1 = -a_1 q_1 - b_1 q_1 q_2 \\ \dot{q}_2 = -a_2 q_2 + b_2 q_1^2 \end{cases} \tag{4.7}$$

式中,q_1、q_2 为状态变量;a_i($i=1,2$)是弛豫系数或阻尼系数,其值越大,表示变量 q_i 随时间变化越快;b_1、b_2 反映了 q_1 与 q_2 的相互作用。

假设 q_1 为系统的序参量,快弛豫变量 q_2 的变化伺服于慢变量 q_1,用绝热消去原理消去快弛豫变量,可得到系统的序参量方程,即存在 $|a_1| \ll |a_2|$,q_2 的弛豫时间远远大于序参量 q_1 的弛豫时间,令 $\dot{q}_2 \approx 0$,由式(4.7)可得到:

$$q_2(t) = \frac{b_2}{a_2}q_1^2(t) \tag{4.8}$$

将式(4.8)代入式(4.7),可得到以 q_1 为序参量的序参量方程:

$$\dot{q}_1(t) = -a_1q_1(t) - \frac{b_1b_2}{a_2}q_1^3(t) + \Gamma(t) \tag{4.9}$$

其中, $\Gamma(t)$ 为随机涨落力的作用,根据式(4.9)可解出其势函数:

$$V = 0.5a_1q_1^2 + \frac{b_1b_2}{4a_2}q_1^4 \tag{4.10}$$

由式(4.10)可知,共生网络的有序不是来自外部,而是系统内部产生的,序参量支配着系统由无序向有序方向演化,序参量的作用模式如图4.8所示。具体来说,序参量主要通过以下两个方面支配共生网络自组织过程:

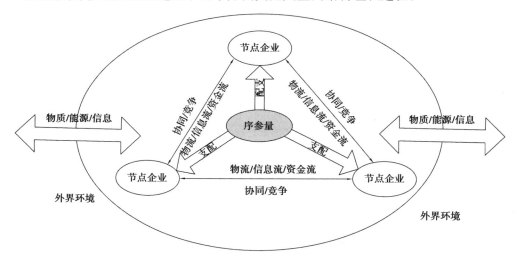

图4.8 序参量支配着共生网络的形成

①共生价值序参量支配着共生网络各节点企业间物流、信息流和资金流的运作过程。为实现共生价值,企业间形成一致的发展目标,建立长期稳定的共生关系,围绕共同的目标展开相关行为。通过废弃物交换、信息共享与共同决策,共同解决废弃物资源化过程中遇到的问题,如废弃物供应数量与质量的不确定性、废弃物运输以及利益分配等问题。也就是说,序参量使得企业间的资

源得到有效的配置,使围绕废弃物资源化活动的物流、信息流、资金流活动能够有序运作。同时,各节点的协同运作行为提升了共生价值,反过来增强了序参量。因此,序参量通过节点企业间的协同关系影响和制约企业间物流、信息流与资金流的运作,从而影响和决定系统自组织的程度和方向,使系统从无序向有序、从低级有序向高级有序演化。

②共生价值序参量引发共生网络企业间的协同与竞争行为,推动系统从无序向有序演化。在共生网络中,企业间的协同(共生)行为产生了共生价值,使系统朝着有序方向发展。然而,共生网络中同样存在竞争。协同学认为,竞争推动着系统的演化发展,竞争的存在可能造成系统内部或系统间更大的差异、非均匀性和不平衡性,这正是系统自组织的首要条件。在共生网络中,竞争不仅表现在共生企业间利益、地位方面的竞争;还表现在同类型企业对相同和相近资源、人才、市场的竞争。竞争促进了企业间的协同,提升了企业的竞争力。尽管竞争带来了网络局部的不稳定性,但竞争使资源向优势企业流动,从而使废弃物的价值得到进一步挖掘,共生价值得到提高,也产生了马太效应。此外,在特定时期,共生网络可能同时存在多个序参量,网络的发展状态由多个序参量间的协作与竞争的结果而定。由于衰减常数相近,网络中的各子系统会自动妥协、协同一致,共同形成共生网络的一种有序结构。当外界条件变化,原有合作行为遭到破坏,竞争导致只有一个序参量主宰共生网络的有序结构。因此,通过序参量引发的竞争和合作使系统向更高层次演化。

4.4.3　共生网络形成的随机力量

按照式(4.9),哈肯给出的序参量方程,系统演化同时受到随机涨落力的作用,这表明控制变量也会影响系统演化的行为。在共生网络形成过程中,系统总是受到各种涨落力量的影响,它既可以来自外部环境,如政府某个政策的实施、相关主体的干预或推动;也可以来自系统内部,如某个核心主体的出现等。涨落是随机的,是系统演化的契机,是系统自组织过程的诱因。当外界条件达到临界值时,废弃物管理系统处于不稳定平衡状态,涨落便会被骤然放大,推进到新的稳定平衡状态,共生网络便会形成,如图4.9所示。

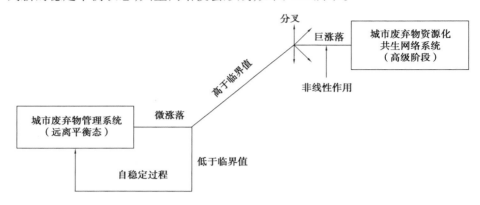

图4.9 涨落对共生网络形成的影响

总体来看,在共生网络形成过程中,共生价值序参量是支配网络形成的内在力量。在企业间非线性的作用下,通过涨落与关联放大,促使系统序参量(共生价值)的形成,再由序参量支配企业间物流、信息流、资金流运作,导致企业间协同与竞争行为的产生,进而使整个共生网络实现从无序到有序、从低级有序向高级有序演化。因此,影响并发挥序参量的支配作用,可以促进共生网络形成。

4.5　共生网络形成的他组织机理

他组织是指存在于系统以外的组织者,对系统在获得空间、时间或功能结构过程中施加特定干预,使系统按确定的计划、方案形成或运行,以达到预定的目标。通常,现实复杂系统既包括自组织的过程,又包括他组织的过程,纯粹的自组织系统只有在非生命世界中才能发现。现实经济和社会系统或多或少受到来自政府、社会等外界因素的制约,甚至在一定程度上被左右,所以一般是以自组织为主、他组织为辅的复杂系统。

在共生网络形成过程中,仅靠废弃物资源化企业自组织行为,很难使城市范围所有废弃物得到有效的回收与资源化,需要政府和社会组织采取干预或他组织的行为,主要原因有以下几个方面:①企业对低价值废弃物的回收与资源化缺乏动力,使大量低价值废弃物很难依靠市场力量得到有效的回收与资源化;②废弃物回收企业在市场行情好时,对废弃物回收有较高的积极性,而在市场行情差时则缺乏回收的积极性,然而废弃物的供给无弹性,在市场行情差时会导致大量废弃物得不到有效的回收与资源化,也就是说,企业自组织方式很难解决"废弃物回收市场波动"问题;③来自消费领域的一般废弃物尤其是低价值的废弃物,由于环境责任的公共性,大多需要政府或其委托的组织承担回收与资源化责任;④共生网络配套的基础设施大多具有公共物品属性,需要政府提供等。对于共生网络内部企业间无法协调解决的事情,必须由政府或社会组织进行干预,或者在恰当的时候进行适当的直接参与。因此,共生网络的形成需要在局部采取他组织的方式,尤其在共生网络发展初期,他组织发挥着关键作用。例如,韩国蔚山共生网络在发展初期,政府就采取了"研究与开发商业(R&DB)"框架模式,推进共生网络发展,其运作过程如图 4.10 所示,相关步骤如下。

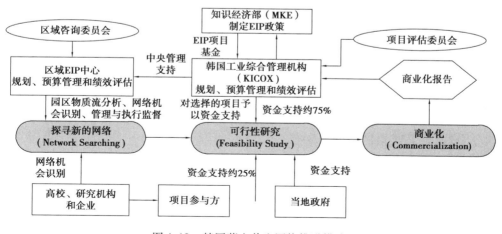

图 4.10　韩国蔚山共生网络推进模式

步骤1：识别潜在的共生机会。通过直接到企业现场调查或通过各种论坛如石化技术论坛、有机废弃物回收论坛、废弃物回收利用论坛等，获取企业废弃物排放数据，识别潜在的共生机会。

步骤2：项目可行性研究。项目可行性研究包括对废弃物潜在用户的评价、技术经济与环境可行性评价、详细的项目类型的概念设计、潜在合作伙伴选择与评价、财政分析等内容，基于可行性研究的结果，建立有效的商业模型，指导共生项目的开展。

步骤3：商业化和项目实施。商业化和项目实施包括参与公司的谈判、解决资金或法律障碍等。

他组织的优势在于能够克服单独通过市场力量自发发展所导致的市场缺陷、市场失灵等问题，可以在短时间内加快共生网络的发展。然而，他组织是一种机械现象，完全的他组织系统是缺乏自我成长、自我繁衍能力的，完全靠"设计"的共生网络是不可持续的、不稳定的，也缺乏自适应性。因此，共生网络的形成，应采取自组织为主导、他组织为辅助的方式。

在共生网络形成过程中，系统的自组织与他组织方式表现出相对性，二者相互渗透，在某种程度上可以互相转换，互相利用。在共生网络发展的初级阶段，自组织条件尚不完全具备，废弃物管理存在巨大的沉淀成本，此时需要政府更多地参与，投资建设相关的废弃物回收与资源化设施，使系统远离平衡态；随着共生网络的发展，系统具备了自组织的条件，外部环境

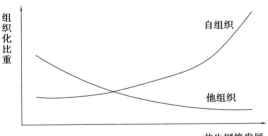

图4.11　共生网络形成方式的转化

不断向系统内部输入条件而不是输入如何运行的指令，子系统之间就可自发地进行合作，使共生网络不断发展，自组织形成方式也将逐渐处于主导地位，如图4.11所示。

总之,共生网络的形成是一个自组织和他组织复合发展的过程。自组织作为共生网络发展内在的规律性机制,隐性长效地作用于共生网络的发展;而他组织作为网络发展的阶段性与局部规划机制,显性地作用于共生网络的发展。因此,在共生网络发展过程中尤其在初级阶段,政府或社会组织应在共生网络局部承担他组织的作用。

4.6　共生网络形成的驱动与障碍因素

目前的研究主要基于共生网络发展经验,采用定性分析方法,讨论共生网络形成的影响因素;或者针对某一个或几个因素,分析其对共生网络形成的影响。共生网络是由大量的企业通过废弃物交换所形成的区域协同网络,从微观企业层面研究网络形成的影响因素,能更好地把握企业开展共生项目的意图。为此,本书在已有研究的基础上,采用问卷调查法,分析影响共生网络形成的主要驱动和障碍因素,探寻其中的关键因素,研究有助于政府更好地形成与发展共生网络。

4.6.1　研究设计

探讨共生网络形成的影响因素,首先需明确共生网络建立的基础条件,然而该条件仅是必要条件,共生网络形成还受诸多其他因素影响。在对已有文献研究的基础上,本文将对共生网络形成的驱动与障碍因素的影响程度进行系统分析。

1）共生网络建立的基础条件分析

按照 Frosch 等人的解释,共生网络本质上是使一个过程的废弃物(含副产品)能作为另一过程的原材料。如果这两个过程发生在企业内部,则交换行为较易实现;然而,绝大多数废弃物交换发生在不同组织之间,如何实现共生就成为企业、政府亟待解决的难题。尽管 Chertow 等人认为废弃物交换的关键是企业间的合作,然而 Lombardi 等人根据英国国家产业共生项目(NISP)的经验指出,共生网络中成员的合作同其他合作方式一样,都是出于对自身经济利益的考虑。因此,废弃物的交换过程与一般商品的交易过程相似,都是为了实现自身的利益。但是废弃物不同于一般的资源产品,废弃物要实现交易,必须首先使自身成为资源,满足市场交易的条件。按照经济学的效用理论,资源的价值源于其效用,同时要满足稀缺性条件,效用和稀缺性是体现资源价值的充分条件。按照有限理性假设理论,交易双方必须要达到自身满意的基本条件。一般而言,对废弃物供应(排放)企业来说,其基本条件是共生项目发生的处置成本低于废弃物按照采取原始填埋或焚烧处置方式的成本;对废弃物利用企业而言,则要求在政府的扶持政策下,利用废弃物能为企业带来期望的经济与环境效益。

通常,对于有较高价值的废弃物,如废纸、废钢铁和有较高价值的副产品,可通过市场机制自发地建立合作关系。然而,在园区存在大量低价值的废弃物,无法自发地进入市场流通,仅靠市场机制很难实现其资源化,因此,有必要研究其影响因素,以促使其得以循环利用。

2)研究思路与样本获取

企业是共生网络实施的核心主体,政府则是共生网络形成的促进主体。企业出于自身经济利益的考虑,大多对利用废弃物缺乏积极性,在寻求和构建共生网络上缺乏主动性,因此需要政府来承担促进者角色。本书主要探讨企业实施共生项目的影响因素,并探寻其中的关键因素,研究思路如下:

①问题描述。通过历史文献、实地调研和专家咨询等方式,确立共生网络形成的主要影响因素,并将影响因素分为驱动因子和障碍因子。

②问卷设计。根据所确立的影响因素,选择问卷问题,设计调查问卷,通过小范围访谈与专家咨询,修改问卷。

③数据收集与分析。这一思路阶段包括问卷发放、收集、整理和因子分析。

④结果分析。探讨关键的影响因素,提供政策建议。

目前很多文献将经济效益显著作为共生网络形成的关键因素,由于对经济效益非常显著的共生项目一般可通过市场很好地实现,对此本文所讨论的主要为经济效益不明显的共生问题,因此,未把该项直接作为驱动因子。

目前,关于共生网络影响因素没有相应的量表研究,笔者借鉴相关历史文献的研究成果和相关专家的建议,根据研究需要,设计调查问卷。为保证问卷问题切合实际和易于理解,首先在相关园区进行小范围的访谈,对问卷表述和问题设置进行了相应修改;再将问卷发给本领域专家进行咨询,根据专家意见对问卷进一步完善,最终确立 25 个驱动因子和 20 个障碍因子(表4.6)。其中,驱动因子是指促使企业开展产业共生项目的因素,障碍因子是指阻碍企业开展产业共生项目的因素。问卷设计采用 Likert 标准五点量表,按因素的影响程度分为 5 个等级:1 为"影响很小",2 为"影响较小",3 为"有一定影响",4 为"影响较大",5 为"影响很大"。

表 4.6　共生网络形成的驱动因子和障碍因子及其统计描述

驱动因子调查题项	均值	标准差	障碍因子调查题项	均值	标准差
能降低成本,带来商业机会	4.64	0.480	废弃物来源不足,质量不稳定	4.59	0.588
投资、运营成本低	4.55	0.499	处于次要的战略地位,高层重视不够	4.51	0.550
可靠、有效的资源化技术与设备	4.51	0.559	企业共生知识与技能的缺乏与认识不足	4.40	0.550
废弃物供应充足且有保障	4.44	0.537	共生项目投资运营成本高,风险大	4.35	0.704
严厉法律政策的迫使(如填埋禁令、高昂的废弃物处理费等)	4.40	0.713	废弃物供需信息缺乏,缺乏交流平台	4.26	0.631

续表

资源匹配	4.34	0.582	原生资源价格、质量更有优势	4.13	0.681
政府教育培训与资金支持	4.22	0.623	企业规模限制，科技支撑弱	4.04	0.505
有效的信息沟通渠道与平台	4.05	0.539	现存法律政策障碍	4.00	0.679
法律政策的鼓励与驱动	3.98	0.595	双方废弃物信息不对称	3.95	0.622
企业实力强，条件允许	3.83	0.735	废弃物填埋处理成本低	3.84	0.573
能提升企业竞争能力	3.70	0.530	缺乏共生牵头/协调/促进者	3.82	0.685
公平的利益分配机制	3.64	0.532	政府支持力度不够	3.75	0.635
潜在合作方的信任	3.62	0.650	企业组织与资源管理缺乏柔性	3.63	0.607
行业竞争压力	3.59	0.493	资源化技术缺乏可靠性和有效性	3.56	0.518
日益提高的公众环保压力	3.58	0.563	政府推动对企业的经济效益考虑不足	3.53	0.540
资源稀缺迫使企业合作（填埋空间、水资源、能源或原材料）	3.51	0.603	当地企业间合作环境缺失，合作风险大	3.48	0.568
共生企业地理邻近	3.49	0.511	废弃物运输成本高	3.35	0.642
核心企业的推动	3.47	0.549	利益关联方参与度不够	3.23	0.604
利益关联方积极参与	3.42	0.495	经济与环境利益分配不公平	3.14	0.496
企业责任意识（如生产商延伸责任）	3.41	0.654	公众对再生产品的误解或抵制	2.67	0.630

续表

企业调动利益相关者的能力	3.37	0.563	—	—	—
已存企业高层间联系网络的推动	3.31	0.555	—	—	—
区域企业间良好的合作氛围	3.22	0.454	—	—	—
能提升企业形象	2.91	0.538	—	—	—
显著的环境效益	2.61	0.548	—	—	—

本次调研的时间为 2016 年,调研对象主要为江西省吉安市某几个工业园区内的企业。为促使企业对此调研活动的重视,调查问卷以园区管理委员会的名义通过邮件或纸质的形式向企业发放,问卷发放的工业园区基本信息如表4.7 所示。本次调研共发放问卷 400 份,收回问卷 326 份,实际有效问卷 272 份,有效率为83.44%。调查行业以工业尤其是重工业行业为主,涵盖行业包括医药化工(占 21.86%)、电子信息(占 18.22%)、先进制造(占 15.76%)、矿产加工与建材(占 12.69%)、食品加工(占 8.16%)、造纸(占 4.10%)、木材加工(占 4.08%)、金属制品和陶瓷(占 7.14%)、纺织(占 3.06%)和其他行业(占 4.93%)。

表4.7 问卷投放工业园区简介

园区名称	位置	级别	园区介绍
井冈山经济技术开发区	江西吉安	国家级	开发区包括电子信息、医药化工、食品加工、先进制造、建材、木材加工等企业约500 家
江西省永丰县工业园区	江西永丰	地方级	园区包括医药化工、食品加工、木材加工、造纸、金属制品、建材、矿产加工等企业约240 家

续表

园区名称	位置	级别	园区介绍
江西省吉州区工业园区	江西吉安	地方级	园区包括电子信息、化工、先进制造、造纸、医药、食品加工等企业140余家
江西省新干县工业园区	江西新干	地方级	园区包括盐卤药化、机械机电、食加工品、建材、造纸、箱包皮具、灯饰照明等企业约300家

注:选取的调查园区正实施循环化改造,本书作者参与了园区循环化改造实施方案的编制工作。

4.6.2 数据处理与分析

1)描述性统计分析

采用 SPSS 软件对收集、整理后的数据进行描述性统计分析,各因素统计分析的结果如表4.6所示。其中,驱动因素的均值介于2.61和4.64之间,说明之前拟定的驱动因素对企业实施共生项目都存在一定的驱动作用;障碍因素的均值介于2.67和4.59之间,说明之前所拟定的障碍因素对企业实施共生项目都存在一定的阻碍作用。两组因子的标准差都落在0.454和0.735之间,表明调研对象对特定因素的影响程度的认识相对较为一致,具有较大的共性。

2)因子分析

由于所设置的影响因素很多是从不同角度反映相同或相似的问题,被调查者对影响因素的某个方面比较关注,会影响其对某一类型因素的评价,也就是说某些因素之间存在潜在的相关关系。因此,有必要采用因子分析方法,将错综复杂的众多因素综合成少数几个反映共性的因子,简化和明确影响共生实施的因素,判断当前大多数企业对实施共生项目关键的驱动因素和障碍因素。为此,本研究对所得数据进一步开展因子分析。

（1）驱动因子分析

对驱动因素的样本数据进行 KMO 检验和 Bartlett 球形度检验，KMO 检验值为 0.769（>0.7），Bartlett 球形度检验的近似 χ^2 值为 2 677.647，自由度 df 为 300，χ^2 统计量的显著性概率为 0.000，因此，认为该样本数据适合开展因子分析。采取主成分方法（principal component analysis，PCA）提取公因子，公因子选取标准是要求特征根大于 1.0。采用最大方差旋转法对因子进行旋转，从而从原始数据中获取了 6 个公共驱动因子，分别记为 M_1、M_2、M_3、M_4、M_5 和 M_6，6 个公共驱动因子累计贡献率为 68.449%，即反映 25 个初始变量 68.449% 的信息量，经过 6 次旋转后得到公共因子荷载矩阵，如表 4.8 所示。

表 4.8　正交旋转驱动因子载荷矩阵

驱动因素调查题项	公共驱动因子					
	M_1	M_2	M_3	M_4	M_5	M_6
能降低成本，带来商业机会	0.897	-0.084	-0.206	0.080	-0.116	-0.045
投资、运营成本低	0.837	-0.135	-0.144	0.085	-0.041	0.056
行业竞争压力	0.828	-0.136	-0.151	0.020	0.032	0.100
能提升企业竞争能力	0.701	-0.046	-0.184	0.030	-0.106	0.013
公平的利益分配机制	0.690	-0.086	-0.130	0.031	0.018	-0.082
资源匹配	-0.154	0.845	-0.177	0.007	0.000	-0.062
共生企业地理邻近	-0.038	0.833	-0.042	0.019	0.035	-0.046
可靠和有效的资源化技术与设备	-0.131	0.789	-0.176	0.019	-0.073	-0.040
废弃物供应充足且有保障	-0.186	0.768	-0.176	0.022	-0.094	-0.049

续表

驱动因素调查题项	公共驱动因子					
	M_1	M_2	M_3	M_4	M_5	M_6
有效的信息沟通平台与技术	0.004	0.627	−0.031	−0.068	0.010	0.007
严厉的法律政策的迫使(如填埋禁令、高昂的废弃物处理费等)	−0.257	−0.201	0.878	−0.084	−0.027	−0.023
政府教育培训与资金支持	−0.227	−0.123	0.863	−0.023	−0.068	0.025
法律政策的鼓励与驱动	−0.134	−0.135	0.816	−0.034	−0.042	−0.020
资源稀缺迫使企业合作(填埋空间、水资源、能源或原材料)	−0.293	−0.183	0.801	−0.111	−0.059	−0.036
区域企业间良好的合作氛围	0.033	−0.056	−0.046	0.822	−0.025	−0.019
核心企业的推动	0.022	0.022	0.027	0.790	0.010	0.109
利益关联方积极参与	0.104	−0.015	−0.007	0.789	0.011	0.027
已存企业高层间联系网络的推动	0.009	0.008	−0.048	0.769	−0.047	−0.045
潜在合作方的信任	0.042	0.012	−0.114	0.633	−0.065	0.039
日益提高的公众环保压力	0.040	0.031	0.011	−0.009	0.882	−0.014

续表

驱动因素调查题项	公共驱动因子					
	M_1	M_2	M_3	M_4	M_5	M_6
企业责任意识（如生产商延伸责任）	-0.025	0.015	0.048	-0.048	0.843	-0.020
显著的环境效益	-0.039	-0.082	-0.095	-0.005	0.843	0.051
能提升企业形象	-0.140	-0.056	-0.119	-0.058	0.675	0.036
企业调动利益相关者的能力	0.078	0.005	-0.106	0.057	0.048	0.879
企业实力强，条件允许	-0.060	-0.156	0.069	0.044	0.001	0.876

　　调研问卷的设计咨询了本领域的专家，并通过预试修正了问卷某些部分的内容与表述，因此该问卷具有一定的内容效度。本研究采用克朗巴哈系数（α 系数）对 6 个公共驱动因子的内部一致性进行信度分析，6 个公共驱动因子的 α 系数分别为 0.874、0.851、0.914、0.811、0.831 和 0.713，表明量表具有较好的信度。根据 6 个公共驱动因子所包含的题项描述，将公共因子分析归纳为：M_1 经济因素，M_2 技术与资源因素，M_3 政策制度因素，M_4 合作氛围因素，M_5 环境意识与效益因素，M_6 企业能力因素。公共驱动因子的含义和贡献率水平如表 4.9 所示。

表 4.9　公共驱动因子的含义及贡献率

公共因子	M_1	M_2	M_3	M_4	M_5	M_6
因子含义	经济因素	技术与资源因素	政策制度因素	合作氛围因素	环境意识与效益因素	企业能力因素
贡献率/%	14.015	12.856	12.451	11.871	10.872	6.383

（2）障碍因子分析

采取相同的方法对障碍因素进行因子分析，KMO 检验值为 0.746（>0.7），

近似 χ^2 值为 2 048.443,自由度 df 为 190,χ^2 值的显著性概率为 0.000,因此该样本数据适合开展因子分析。共提取 5 个公共障碍因子,分别记为 N_1、N_2、N_3、N_4 和 N_5,5 个公共障碍因子累计贡献率为 69.768%,经过 6 次旋转后得到公共障碍因子荷载矩阵如表 4.10 所示。

表 4.10 正交旋转障碍因子载荷矩阵

障碍因素调查题项	公共障碍因子				
	N_1	N_2	N_3	N_4	N_5
共生项目投资运营成本高,风险大	0.867	−0.205	−0.042	0.020	−0.001
原生资源价格、质量更有优势	0.856	−0.167	0.004	−0.038	0.042
废弃物运输成本高	0.822	−0.092	−0.008	−0.101	−0.021
废弃物填埋处理成本低	0.794	−0.075	−0.026	0.040	0.033
经济与环境利益分配不公平	0.611	−0.068	−0.123	−0.213	−0.166
企业组织与资源管理缺乏柔性	−0.076	0.864	0.011	−0.062	0.032
企业共生知识与技能的缺乏与认识不足	−0.201	0.849	−0.076	−0.178	−0.080
处于次要的战略地位,高层重视不够	−0.285	0.809	−0.111	−0.103	−0.096
企业规模限制,科技支撑弱	−0.071	0.786	0.042	0.010	0.055
废弃物来源不足、质量不稳定	−0.053	−0.185	0.863	−0.055	−0.112
废弃物供需信息缺乏,缺乏交流平台	−0.052	0.049	0.862	−0.083	0.026
双方废弃物信息不对称	−0.032	0.139	0.827	−0.043	0.078

续表

障碍因素调查题项	公共障碍因子				
	N_1	N_2	N_3	N_4	N_5
资源化技术缺乏可靠性和有效性	-0.032	-0.130	<u>0.796</u>	-0.124	-0.170
政府支持力度不够	-0.089	-0.118	-0.089	<u>0.877</u>	-0.187
政府推动对企业的经济效益考虑不足	-0.137	-0.045	-0.011	<u>0.798</u>	-0.123
公众对再生产品的误解或抵制	-0.079	0.003	-0.078	<u>0.785</u>	-0.020
现存法律政策障碍	0.061	-0.131	-0.117	<u>0.692</u>	-0.081
当地企业间合作环境缺失，合作风险大	-0.033	-0.011	-0.096	-0.142	<u>0.847</u>
缺乏共生牵头/协调/促进者	-0.089	-0.051	-0.041	-0.056	<u>0.797</u>
利益关联方参与度不够	0.049	0.013	-0.004	-0.154	<u>0.772</u>

对 5 个公共障碍因子进行信度分析，5 个公共障碍因子的 α 系数分别为 0.868、0.872、0.864、0.817 和 0.756，表明量表具有较好的信度。5 个公共障碍因子可概括为：N_1 经济因素，N_2 企业认识与能力因素，N_3 技术与资源因素，N_4 政策制度因素，N_5 合作氛围因素。障碍因子的含义和贡献率水平如表 4.11 所示。

表 4.11　公共障碍因子的含义及贡献率

公共因子	N_1	N_2	N_3	N_4	N_5
因子含义	经济因素	企业认识与能力因素	技术与资源因素	政策制度因素	合作氛围因素
贡献率/%	16.763	14.686	14.404	13.401	10.514

4.6.3　研究结果讨论

根据上述分析结果可以发现,在共生网络形成过程中,"能降低成本,带来商业机会;投资、运营成本低"是驱动企业实施共生项目最关键的因素,也表明企业开展共生项目的最终目的是获取经济利益,因此,如何使废弃物具有"相对的经济价值",是开展共生项目的前提。"可靠和有效的资源化技术与设备"是驱动企业的重要影响因素,是企业实施共生项目的基础条件,但并不是重要的障碍因素,说明很多废弃物资源化并不缺少相应的技术与设备。"废弃物供应数量、质量与稳定性"是阻碍共生项目开展的最关键的因素,大多数废弃物之所以成为废弃物,主要原因是不能达到资源化规模。在障碍因素中,"处于次要的战略地位,高层重视不够;企业共生知识与技能的缺乏与认识不足"等企业认识与能力因素,是阻碍企业开展共生项目的重要因素,说明企业对废弃物资源化的知识、认识还很欠缺。

从表4.6可知,严厉的控制型法律政策相比政府采取激励型的法律政策,对驱动企业开展共生项目更为有效。从目前我国的实践来看,政府资金与政策支持是企业实施共生项目重要的驱动因素,政府对于实施废弃物资源化的企业从不同渠道给予大量的资金和政策支持,将其列于战略性新兴产业中予以优先发展。但从长远来看,政府推动园区循环化改造,不仅应采取激励措施,也应尽快推行命令控制型政策,如实施填埋禁令、垃圾排放收费制度以及责任严惩制度等,提高企业的废弃物处置成本。英国、德国等大都建立了严格的废弃物排放收费制度,在扶持的同时加大处罚力度,例如,早在1975年,德国对润滑油征收环境税,使废油从1979年的92万t下降到1989年的约5 000 t。然而在我国,地方政府尤其是欠发达区域的政府,出于当地经济发展与招商引资的考虑,一般不愿实施严格的废弃物排放收费制度,因此,共生项目推行起来存在很大的阻力。

在共生网络形成过程中,信息的有效性也是重要的影响因素。废弃物供需信息缺乏、废弃物信息不对称、企业间缺乏信息交流平台等很大程度上阻碍了废弃物变成资源。正如人们常说"废弃物是放错地方的资源",而如何使废弃物变成资源,信息承担着重要的桥梁作用。例如,早在 1900 年,英国就出现了"废弃物交换俱乐部",目前成员已超过 13 000 家的英国 NISP 在发展过程中,英国可持续发展商业委员会(BCSD-UK)及其所属 60 多个区域联络中心,发挥着重要的信息交流作用。在中国,废弃物信息大多来自政府环保统计渠道,政府环保部门出于当地环境评价的考虑,往往没有准确地掌握企业的废弃物排放信息,使企业之间非正式交流成为主要的信息沟通渠道,制约了共生网络的发展。

目前废弃物作为替代资源,相比原生资源在价格和质量方面一般不具有优势。例如,在中国,以废弃物为原料生产的最终产品和以原生资源生产的同样产品,由于计算进项税额适用于相同的税率,导致前者税率高于后者。相比英国、日本等国家,我国废弃物填埋、处理成本低,且很多地方存在利益博弈的空间,尚未形成严格的环境倒逼机制,成为制约共生形成的重要因素。此外,在驱动因素中,环境效益与意识因素如显著的环境效益、能提升企业形象等并不是驱动企业开展共生项目的重要因素,说明大多数企业还较少关注环境效益。

对公共驱动因子和公共障碍因子进行对照与整合后,可将影响共生项目形成的因素归纳为经济、技术与资源、企业认识与能力、政策制度、合作氛围、环境意识与效益 6 个方面。尽管公共因子对整个影响因素的贡献率不高(分别为68.449% 和 69.768%),但基本上能反映调研区域目前工业企业开展共生项目的动机和障碍。由于环境意识与效益因素未被考虑进障碍因子中,对其他 5 个公共障碍因子根据贡献率大小作图,如图 4.12 所示。由图 4.12 可知,无论在驱动方面还是障碍方面,经济问题都是企业关注的重点。技术与资源因素是开展共生项目的基础条件,也是驱动共生网络形成的重要因素,如卡伦堡共生体系的发端是当地水资源的匮乏,通过企业共生以应对地表水短缺问题,而后发展了其他的共生关系。企业认识与能力因素相比技术与资源因素,对阻碍企业开展共生项目略显重要,说明在谈及阻碍企业共生行为的因素时,企业更关注的是自身存在的问题,如企业缺乏相应的知识与技能,企业目前的重心仍是自身的主营业务、废弃物资源化处于次要的地位,企业高层不够重视等。相对而言,政策制度因素相比经济、技术与资源来说,影响程度略低些,但对于驱动共生项目的开展仍起着重要作用。此外,合作氛围因素对驱动共生项目的开展也存在较大的影响。

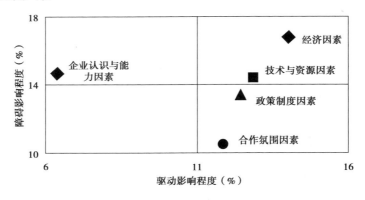

图 4.12　公共因子影响程度的散点图

4.6.4　相关政策建议

目前,我国很多城市正在大力实施工业园区循环化改造,而发展共生网络是其中的核心任务。为此,根据上述研究结果,提出如下几点建议。

①确立"政府引导,市场主导"的共生网络形成模式。

经济问题是企业最关注的核心问题,以往由政府规划的共生项目,大多过于关注项目的"循环"或环境效益,导致企业缺乏主动参与的积极性。为此,政府要正确处理好政府与市场的关系,使市场在资源配置中起决定性作用,让企业自发地实施共生项目;政府的主要职责是创造和顶层设计共生网络形成的政策和制度环境,引导或驱使企业开展共生活动。

②创新共生项目运作的商业模式。

废弃物自身的问题如供应数量、质量的不稳定性和分布的分散性等是阻碍共生网络形成的关键因素。建议政府或促进机构创新共生项目运作的商业模式。例如,通过填埋税、排污权交易、补贴或其他扶持措施,赋予盈利能力低的废弃物以更高的商业价值;通过特定的市场化机构,使分散的废弃物采取集中化的经营模式;加强区域间废弃物的交换与资源互补,促使废弃物转化为资源。

③健全资源与环境方面的法规政策,构建共生网络形成的环境倒逼机制。

政府应制定更为严格的法规政策,细化废弃物处置规范或指南,如开征废弃物填埋税、增加废弃物处置成本、落实生产者责任延伸制度、健全生态环境保护责任追究制度和严格环境损害赔偿制度,形成资源和环境倒逼机制。此外,政府可借鉴英国 NISP 的实施经验,将所征收的填埋税作为共生网络的发展基金,用以支持和推动共生网络的发展。

④建立企业运行期间的绿色评价制度,加强企业相关知识与技术的培训和支持。

目前,我国对工业项目采用项目前期的环境评价与节能评价制度,对企业运营期间的环境与资源利用情况缺少长期的跟踪和评价,建议政府对工业企业建立长效的资源与环境绿色评价机制与标准。同时,由于企业对共生网络认识与自身能力问题是阻碍共生行为的重要因素,政府应加强企业这方面知识与技术的培训与支持工作,提高企业的认识与能力。

⑤完善资源使用的价格机制。

目前,原生资源价格未反映资源使用的环境与社会成本,使废弃物作为替代资源相比原生资源一般不具有价格和质量的优势。政府需加快资源性产品价格和税费改革,尽快建立反映市场供求和资源稀缺程度、体现生态价值和代际补偿的资源有偿使用制度,使资源反映其综合价值。

⑥构建区域共生网络信息交互平台,发挥协会及其他中间组织在网络形成中的促进作用。

企业间信息渠道的缺失和不顺畅,以及废弃物信息的不对称是阻碍企业开展共生行为的主要障碍。信息交流平台的建立,将实现区域内企业、政府、科研机构等主体间信息的共享,有助于企业及时了解废弃物的需求与供给信息,加快废弃物资源化新技术、新设备的投入使用,降低企业的信息搜集成本,推动企业间建立良好的合作关系。同时,应发挥协会、高校及其他中间组织在共生网络形成过程中的咨询、服务等功能。

4.7　本章小结

本章从微观企业和宏观系统两个视角,探讨城市废弃物资源化共生网络的形成机理,主要的结论与观点归纳如下。

①城市经济与社会可持续发展要求以及废弃物资源化特殊属性等因素,决定了共生网络形成是一种客观必然的趋势。

②共生网络本质上是一种网络组织治理形式,共生网络形成受内外部各种因素的驱动,其中追求经济效益是核心驱动因素。废弃物交易的重复性、资产的专属性、资源的依赖性、人际间的信任、废弃物的特殊属性等因素决定了废弃物资源化相关企业间需建立共生关系,形成网络组织形式。

③自组织是共生网络形成的主导方式,网络形成除应满足开放性、远离平衡态、非线性作用和涨落4个必要条件外,还需外界环境向系统提供足够大的负熵。只有当负熵达到一定阈值时,原有系统才会失去稳定,并通过自催化反应与非线性作用,向具有耗散结构的共生网络进化。

④共生价值是共生网络形成的序参量,支配着各子系统的行为和节点企业间物流、信息流和资金流的运作过程,由其引发的协同与竞争行为,推动系统不断发展。因此,影响并发挥序参量的支配作用,可以促进共生网络形成。

⑤他组织是共生网络形成的辅助性方式,在共生网络发展初期,自组织条件尚不完全具备,废弃物管理存在巨大的沉淀成本,此时他组织方式对共生网络形成起着重要作用。

⑥影响共生网络形成的影响因素归纳为经济、技术与资源、企业认识与能

力、政策制度、合作氛围、环境意识与效益 6 个方面。其中,经济因素、技术与资源因素是影响共生网络形成的关键因素,严厉的控制型政策相比激励型的支持政策对驱动企业实施共生项目更为有效,企业的认识与能力是重要的阻碍因素等。

第5章 城市废弃物资源化
共生网络结构形态研究

结构是一切事物的基本属性,是各门学科领域研究的基本问题。在系统科学中,结构是指为了达到特定功能的目的,将系统内部各要素按需要在时间和空间上组成一个有机联系与相互作用的方式。城市废弃物资源化共生网络本质上是一个系统,系统结构决定系统功能,研究共生网络结构,有助于了解共生网络内部节点之间的相互作用关系,揭示共生网络的形成规律,从而更好地推进共生网络发展,更好地实现共生网络的功能。网络结构的研究一般遵循从个性到共性的认识规律,即从具体网络分析入手,不断地抽象与提炼出共性理论,并考虑这些共性对相关领域的普适性,最后运用理论指导实践。据此思路,本章首先探讨共生网络实例的结构形态;通过多个实例结构特征的对比与归纳,抽象与提炼出共生网络结构的共性特征,进而揭示共生网络结构的形成规律;最后依据共生网络结构的形成规律,研究识别共生网络核心节点的方法,并对典型类型的废弃物资源化共生网络的潜在核心节点展开分析,指导共生网络发展。

5.1 共生网络实例的结构形态分析

城市废弃物资源化共生网络是由众多节点和边所组成的复杂关系网络,因此可运用复杂网络理论的方法与工具,分析共生网络的结构形态。目前,共生网络尤其是大范围的共生网络很难被人们完全"揭示",从而导致研究数据获取难度很大。本书根据已有文献,选取丹麦卡伦堡、广西贵港、日本川崎、奥地利施蒂利亚、河南巩义市和英国西米德兰兹郡等区域的共生网络为分析对象,按照本书 2.4 节中选取的复杂网络结构分析指标,即基本特征指标、中心性特征指标和复杂性特征指标,运用 Ucinet 和 SPSS 等软件,对共生网络实例的静态结构形态展开研究。

在分析共生网络实例结构形态时,主要遵循如下假设:为保证网络的连通性,本书只考虑区域共生网络中的主网络;根据网络分析需要与数据的获取性,确定网络为有向网络还是无向网络;当网络被视为无向网络时,网络中两个节点间存在的多种废弃物的交换联系,将视为单一的物质交换关系,即不考虑两个节点间的重复连线;当网络被视为有向网络时,方向不同的联系则不算重复连线;不考虑一个节点自身到自身的连线;对比所需随机网络的数据矩阵,通过软件获取 5 次,分别计算每次对应网络的相关指标,然后取 5 次的平均值作为随机网络的指标值。

5.1.1　丹麦卡伦堡共生网络

丹麦卡伦堡共生网络被认为是世界上最早被"揭示"且运行成功的共生网络。卡伦堡位于丹麦北海海滨,是一个仅 2 万人口的工业小城市。1959 年,丹麦最大的燃煤火力发电厂——Asnaes 电厂在此投入运营,此后 Statoil 精炼厂、Gyproc 石膏墙板厂、Nove 制药企业等先后投入运营,导致当地水资源严重缺乏,环境问题突出。自 20 世纪 60 年代首个废弃物(废水)交换关系发生以来,卡伦堡当地企业通过自发的形式,建立了众多的共生关系,如图 5.1 所示。据估算,卡伦堡每年节约地表水约 290 万 m^3、地下水约 100 万 m^3、液态硫 2 万 t,利用生物质 31.9 万 t,减少 CO_2 排放 64 460 t、SO_2 排放 53 t、NO_x 排放 89 t,节省原材料石膏 17 万 t 等。

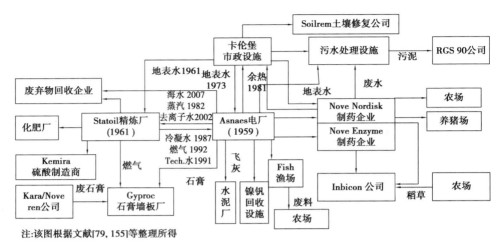

注:该图根据文献[79,155]等整理所得

图 5.1　卡伦堡共生网络节点关系示意图

注:该图根据文献[79,155]等整理所得。

根据图 5.1 所示的网络关系,将卡伦堡共生网络抽象后有 19 个节点,节点关系主要为水资源、废弃物协同利用关系以及能量梯级利用关系。运用 Ucinet 软件,可得出该共生网络的拓扑结构图,如图 5.2 所示;通过分析可得出共生网络结构的基本特征指标值(表 5.1),节点度分布及其拟合曲线如图 5.3 所示。

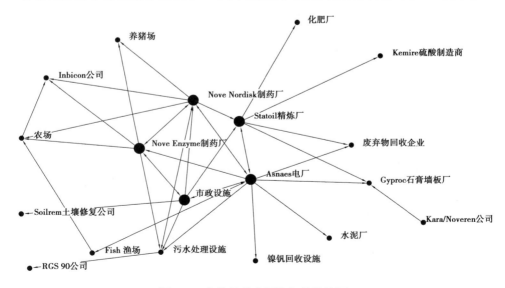

图 5.2　卡伦堡共生网络拓扑结构图

运用 Ucinet 软件，对卡伦堡共生网络进行中心性分析，主要结果如下。

①Asnaes 电厂、Nove 制药企业、Statoil 精炼厂和市政设施具有较高的出度，为 5～10，而其他节点的出度一般为 1 或 0，网络节点的入度一般在 1～2，这表明卡伦堡共生网络主要是通过 Asnaes 电厂、Nove 制药企业、Statoil 精炼厂和市政设施所组织起来的网络。

②共生网络中 Asnaes 电厂、Statoil 精炼厂具有较高的中间中心度①，分别达到 0.682 5 和 0.412 5，说明这两个节点控制着网络的大多数资源（废弃物），具有很大的"权力"，很多节点依附于这两个节点。

表 5.1　共生网络实例的基本特征指标汇总表

实例 名称	节点数 N	整体密度		平均度 $<k>$	平均路径长度		集聚系数	
		Den （有向）	Den （无向）		L_{real}	L_{ran}	C_{real}	C_{ran}
卡伦堡	19	0.111	0.193	3.474	2.234	2.404	0.528	0.252
贵港	23	0.085	0.158	3.478	2.431	2.545	0.245	0.127
川崎	25	0.082	0.160	3.840	2.297	2.279	0.302	0.151
施蒂利亚	37	0.038	0.077	2.757	3.527	3.283	0.228	0.084
巩义市	94	—	0.031	2.769	4.464	4.238	0.123	0.019
WISP（2005）	111	—	0.024	2.631	4.773	4.595	0.162	0.035
WISP（2007）	203		0.013	2.709	4.712	5.000	0.102	0.013

③Asnaes 电厂、Nove 制药企业、市政设施、Statoil 精炼厂具有较高的特征向量中心度，其值为 0.418 0～0.607 3，表明这些节点居于网络的中心位置，为网络的核心节点。

④该共生网络的中心势指标如表 5.2 所示。

①　本书在进行网络中心性分析时，中间中心度、特征向量中心度的取值，取的都是相对值。

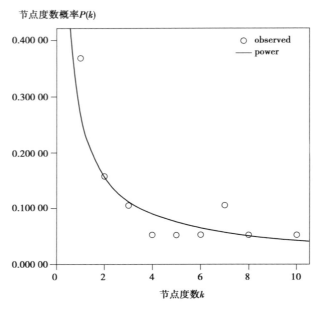

图 5.3　卡伦堡共生网络节点度分布及其拟合曲线

表 5.2　共生网络实例的中心势指标汇总表

实例 名称	网络 规模	度数中心势			中间中心势 C_B	特征向量中 心势 C_E
		C_d（无向）	C_d（入度）	C_d（出度）		
卡伦堡	19	40.52	11.73	46.91	39.42	47.38
贵港	23	32.47	29.13	24.38	31.14	47.91
川崎	25	41.49	34.90	47.92	35.54	51.56
施蒂利亚	37	16.05	16.05	27.47	30.75	63.63
巩义市	94	9.35	——	——	25.96	52.02
WISP（2005）	111	17.01	——	——	32.79	71.98
WISP（2007）	203	12.14	——	——	34.39	73.87

注：表中各指标值取的是相对值，单位为％ 。

　　运用 Ucinet 软件,对卡伦堡共生网络进行核心—边缘结构分析,结果显示该共生网络具有明显的核心—边缘结构,如图 5.4 所示。其中,Asnaes 电厂、

Statoil 精炼厂、Nove 制药企业和市政设施构成了网络的核心，核心部分联系紧密，构成了单核的网络结构；其他组织大多成为核心块所产生废弃物的资源化主体，构成了网络的外围部分。

		1	2	3	4	5	6	7	8	9	10	11	12	13	14	15	16	17	18	19
1	Asnaes电厂		1	1	1	1	1		1		1				1	1	1			
2	Statoil精炼厂	1					1				1	1	1							
3	Nove Nordisk制药厂	1	1		1				1									1	1	1
4	Nove Enzyme制药厂			1		1			1									1	1	1
5	市政设施	1	1	1	1			1	1											
6	Gyproc石膏板厂																			
7	Soilrem土壤修复公司																			
8	污水处理设施									1										
9	RGS 90公司																			
10	废弃物回收企业																			
11	化肥厂																			
12	Kemira硫酸制造商																			
13	Kara/Noveren公司						1													
14	水泥厂																			
15	镍钒回收设施																			
16	Fish渔场																	1		
17	农场																		1	
18	Inbicon公司																			
19	养猪场																			

Density matrix

	1	2
1	0.700	0.286
2	0.000	0.022

图 5.4　卡伦堡共生网络核心—边缘结构分析

由于节点数目太少，网络不具有复杂性，因此不分析该网络的小世界属性。根据图 5.4 所示的网络度分布情况，运用 SPSS 软件对节点度及其概率进行回归分析，存在拟合函数 $P(k) \approx 0.274k^{-0.808}$，幂指数 $r = 0.808$，可决系数 $R^2 = 0.745$，显著性水平 $p = 0.003$，表明该函数的拟合优度较好。

总体来看，卡伦堡共生网络是通过自组织方式，主要围绕废弃物排放企业，所形成的类星形网络结构形态。该共生网络具有明显的核心-边缘结构，核心块内节点产生了主要的废弃物，众多外围节点资源化这些废弃物。卡伦堡共生网络节点数量较少，但网络整体密度相对较大，网络具有较高中心势，存在少部分度值较高的核心节点。

5.1.2　广西贵港（制糖）共生网络

贵港（制糖）国家生态工业示范园区（简称贵港），是中国原环保总局于

2001 年批准的首个国家级生态工业示范园区。贵港共生网络是以广西贵糖集团为中心,主要在集团内部所形成的共生网络。制糖、造纸和酒精业是传统的重污染行业,贵糖集团采用共生模式很好地解决了环境污染难题,通过利用副产品寻找到新的利润增长点。经过 10 多年的发展,园区已形成稳定的共生网络体系,如图 5.5 所示。目前,贵糖集团已形成年产白砂糖 15 万 t、原糖 30 万 t、机制纸 16 万 t、酒精 1 万 t、轻质碳酸钙 3 万 t、烧碱 3 万 t 的能力,制糖废蜜利用率 100%,酒精废液利用率 100%。

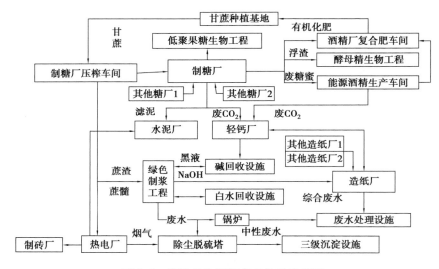

图 5.5 贵港共生网络节点关系示意图

将贵港共生网络抽象后有 23 个节点,节点关系主要为废弃物及中间产品循环利用关系。运用 Ucinet 软件,可得出该网络的拓扑结构,如图 5.6 所示;通过分析可得出网络的基本特征指标,如表 5.1 所示,节点度分布及其拟合曲线如图 5.7 所示。

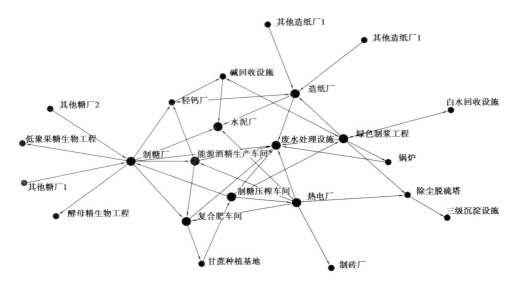

图 5.6　贵港共生网络拓扑结构图

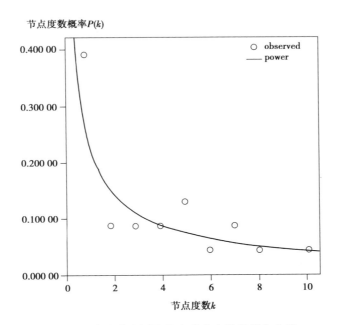

图 5.7　贵港共生网络节点度分布及其拟合曲线

运用 Ucinet 软件,对贵港共生网络进行中心性分析,主要结果有以下几点。

①制糖厂、绿色制浆工程、热电厂具有较高的出度,其他节点的出度一般在0~3;废水处理设施、水泥厂、造纸厂的入度相对较高,其他节点的入度一般为0~2;这表明制糖厂、绿色制浆工程、热电厂、废水处理设施、水泥厂、造纸厂等节点在网络中起着枢纽作用。

②制糖厂、废水处理设施、造纸厂、热电厂、绿色制浆工程具有相对较高的中间中心度,为0.179 5~0.360 1,表明这些节点控制着网络流动的主要资源,但"权力"并不显著。

③废水处理设施、制糖厂、能源酒精生产车间、热电厂具有较高的特征向量中心度,表明这些节点居于网络的中心位置。

④该共生网络中心势指标如汇总表5.2所示。

对贵港共生网络进行核心-边缘结构分析,结果如图5.8所示,很显然,贵港共生网络并没有很明显的核心-边缘结构。

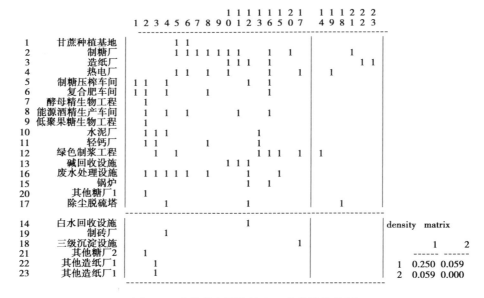

图5.8 贵港共生网络核心—边缘结构分析

由于节点数目较少,网络不具有复杂性,因此不分析网络的小世界属性。根据节点的度分布,运用SPSS软件对节点度及其概率进行回归分析,存在拟合

函数 $P(k) \approx 0.263k^{-0.784}$，幂指数 $r = 0.784$，可决系数 R^2 为 0.687，显著性水平 $p = 0.005$，表明该函数具有一定的拟合优度。

总体来看，贵港共生网络主要是由广西贵糖集团通过他组织规划形成的网络，网络具有明显的生物链特征；尽管网络的核心-边缘结构不明显，但网络通过一些核心节点如制糖厂、绿色制浆工程等，将多条生态工业链耦合起来，形成错综关联的网络结构形态。

5.1.3　日本川崎市共生网络

1996 年，川崎市开始实施生态城镇项目，经过十多年的努力，很好地推进了共生网络的发展。1997—2006 年，川崎市实施了多个废弃物资源化项目，如表 5.3 所示，这些项目大多得到中央政府的扶持，但也有些项目如家电回收与资源化项目、水泥厂利用钢铁厂高炉矿渣项目，没有获得政府补贴。目前川崎市已形成一个包含几十家企业在内的共生网络，其示意图如图 5.9 所示。目前川崎市共生网络每年使大约 39.4 万 t 废钢铁、7.7 万 t 废纸、6.6 万 t 废塑料以及31.5 万 t 矿渣等废弃物得到循环利用。

表 5.3　川崎市共生网络主要的 3R 设施

设施	公司	项目内容	设计能力	投资情况
废旧塑料资源化厂（1996.10）	JFE 钢铁公司	将废塑料作为高炉的燃料，以获取热能	—	投资 28 亿日元，中央政府补贴 1.37 亿日元，地方政府补贴 1 370 万日元
NF 墙板制造厂（2002.9）	JFE 钢铁公司	运用废塑料作为原料生产混凝土框架所需墙板	2 万 t/年	投资 26 亿日元，中央政府补贴 13 亿日元，地方政府补贴 1 300 万日元

续表

设施	公司	项目内容	设计能力	投资情况
废纸资源化工厂（2002.11）	Corelex 公司	对收集来的各类废纸实现资源化	8.1 万 t/年	投资 10.6 亿日元,中央政府补贴 2.1 亿日元
废塑料资源化工厂（2003.4）	Showa Denko 公司	从一般废弃物和工业废弃物中分类出的塑料生产 Ammonia 产品	6.5 万 t/年	投资 74 亿日元,中央政府补贴 37 亿日元,地方政府补贴 3 700 万日元
PET-PET 资源化工厂（2004.4）	PET Pebirth 公司	对回收的废 PET 瓶生产 PET 瓶	2.75 万 t/年	投资 80 亿日元,中央政府补贴 40 亿日元,地方政府补贴 4 000 万日元
废旧家电回收与资源化项目（2001.4）	JFE 回收公司	对回收的废旧家电拆解、分离,回收金属和非金属材料,塑料用作高炉原料	130 万台/年	投资 20 亿日元,政府未给予补贴

　　根据相关文献给出的关系数据,将川崎市共生网络抽象后有 25 个节点,节点关系主要为城市生活垃圾、报废汽车、废旧家电、污泥、炉渣、煤渣等废弃物的协同利用关系。运用 Ucinet 软件,可得出该网络的拓扑结构如图 5.10 所示;通过软件分析,可得出该网络的基本特征指标如表 5.1 所示,节点度分布及其拟合曲线如图 5.11 所示。

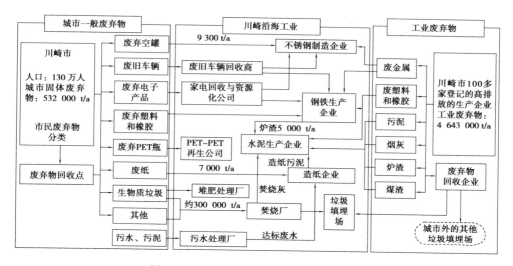

图 5.9　川崎市共生网络共生关系示意图

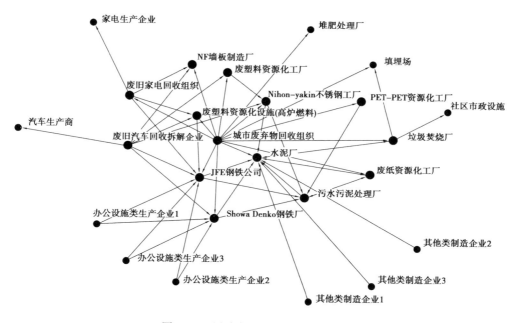

图 5.10　川崎市共生网络拓扑结构图

运用 Ucinet 软件,对川崎市共生网络进行中心性分析,主要结果如下。

①城市废弃物回收组织、废旧汽车回收拆解企业、废旧家电回收组织具有

相对较高的出度,水泥厂、Showa Denko 钢铁厂、污水污泥处理厂具有较高的入度,这表明由这些企业将网络中其他企业组织起来。

②网络中城市废弃物回收组织、水泥厂、JFE 钢铁公司、Showa Denko 钢铁厂,尤其是城市废弃物回收组织具有较高的中间中心度,这说明在网络中资源主要由这些节点控制。

③城市废弃物回收组织、水泥厂、JFE 钢铁公司具有较高的特征向量中心度,分别为 0.630 6、0.510 6 和 0.495 7 等,表明这些节点居于网络的中心位置。

④该共生网络中心势指标如表5.2所示。

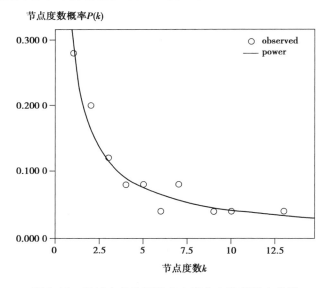

图 5.11   川崎市共生网络节点度分布及其拟合曲线

对川崎市共生网络进行核心-边缘结构分析,结果如图 5.12 所示,川崎市共生网络与贵港共生网络相似,并没有显著的核心-边缘结构。尽管城市废弃物回收组织、废旧汽车回收拆解企业、水泥厂、JFE 钢铁公司、Showa Denko 钢铁厂等节点构成了网络的核心部分,但核心部分联系松散。

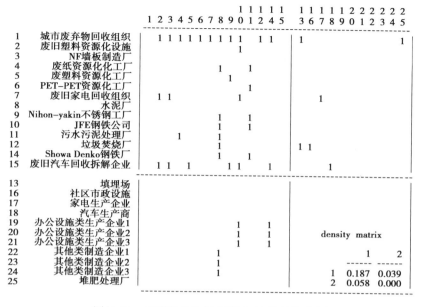

图 5.12　川崎市共生网络核心-边缘结构分析

由于节点数目较少,网络不具有复杂性,因此不分析该网络的小世界属性。根据图 5.11 所示的节点度分布,对节点度及其概率进行回归分析,存在拟合函数 $P(k) \approx 0.294 k^{-0.848}$,幂指数 $r = 0.848$,可决系数 R^2 为 0.897,显著性水平 $p = 0.000$,表明该函数的拟合优度很好。

总体来看,尽管川崎市共生网络没有显著的核心-边缘结构,但网络中存在某些核心节点,如城市废弃物回收组织、废旧汽车回收拆解企业、水泥厂、JFE 钢铁公司承担着城市资源调配工作或资源化了大部分废弃物,在网络中发挥着重要的作用。

5.1.4　奥地利施蒂利亚共生网络

施蒂利亚州(Styria)是奥地利的一个联邦州,位于奥地利的东南部。2008年数据显示,施蒂利亚区域拥有超过 150 家清洁生产企业,清洁生产的收益超过 27 亿欧元,是欧洲开展清洁生产技术最集中的区域。受卡伦堡共生网络的启发,1996 年,奥地利格拉茨(Graz)大学的一些学者对该区域展开了调查,判断该区域是否也具有相似的共生网络形式,结果发现来自不同行业的 50 多个企业产生了大约 100 万 t 废弃物,而其中 78 万 t 被回收再利用;施蒂利亚共生网络最主要的驱动力是通过共生减少废弃物和节省原材料,降低企业生产成本。

基于相关文献所提供的企业共生关系,将施蒂利亚共生网络抽象后有 37 个节点,节点关系主要为煤渣、废纸、木材剩余物、飞灰、废金属等废弃物的交换关系。运用 Ucinet 软件分析,可得出该区域共生网络的拓扑结构如图 5.13 所示,网络的基本特征指标如表 5.1 所示,节点度分布及其拟合曲线如图 5.14 所示。

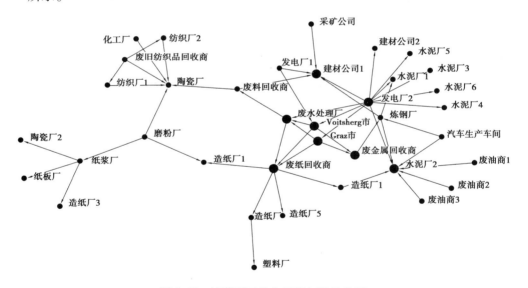

图 5.13　施蒂利亚共生网络拓扑结构图

对施蒂利亚共生网络进行中心性分析,主要结果如下。

①网络中除发电厂 2 具有较高的出度外,其他节点的出度大多为 1～3;水泥厂 2、建材公司 1、陶瓷厂具有相对较高的入度,其他节点的入度为 1～3;这表明该网络联系非常稀疏,但存在少量节点将网络组织起来。

②发电厂 2、废纸回收商、陶瓷厂、废料回收商、磨粉厂、水泥厂 2、建材公司

1、纸浆厂、废水处理设施具有相对较高的中间中心度,这表明网络中由这些企业控制着网络的主要资源,但数值显示大多数节点对资源的控制能力较弱。

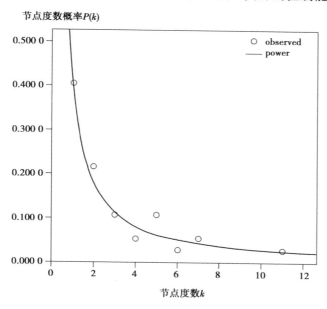

图 5.14　施蒂利亚共生网络节点度分布及其拟合曲线

③发电厂 2、废纸回收商、水泥厂 2、建材公司 1、废水处理厂具有相对较高的特征向量中心度,表明这些节点在网络中处于中心位置。

④该共生网络中心势指标如表 5.2 所示。

通过核心-边缘结构分析显示,施蒂利亚共生网络并没有明显的核心块。尽管存在一定数量的核心节点如废水处理厂、发电厂 2、废金属回收商、废纸回收商,但核心部分联系非常松散。

根据表 5.2 可知,施蒂利亚共生网络具有一定的集聚系数和较小的平均路径长度两个基本特性,即存在 $(0.228/0.0838) > (3.527/3.283)$,满足 $C_{real}/C_{ran} > L_{real}/L_{ran}$,可以认为该网络存在小世界属性。根据节点的度分布,对节点度及其概率进行回归分析,存在拟合函数 $P(k) \approx 0.408k^{-1.168}$,幂指数 $r = 1.168$,可决系数 R^2 为 0.852,显著性水平 $p = 0.01$,表明该函数的拟合优度较好。由于 $r =$

1. 168>1,可认为网络具有了无标度属性。

总体来看,施蒂利亚共生网络为稀疏性网络,网络存在少量的核心节点,将网络组织起来,但核心节点之间联系松散,并未形成联系紧密的核心块;网络已表现出一定的复杂性,具有无标度属性和小世界属性。

5.1.5 巩义市共生网络

巩义市是"郑州—巩义—洛阳工业走廊"核心城市之一,目前已初步形成了包括钢铁、水泥、电力、煤炭、铝、化工化纤、机械设备等在内的工业体系。据调查,该区域企业间存在着大量的物质、能量等资源交换关系,构成了一个相对复杂的共生网络。

基于相关文献提供的节点关系,将巩义市共生网络抽象后有 91 个节点。运用 Ucinet 软件,可得出该网络的拓扑结构如图 5.15 所示,网络基本特征指标如表 5.1 所示,节点度分布及其拟合曲线如图 5.16 所示。

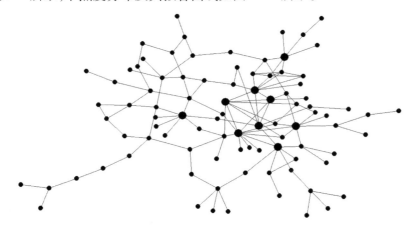

图 5.15 巩义市共生网络拓扑结构图

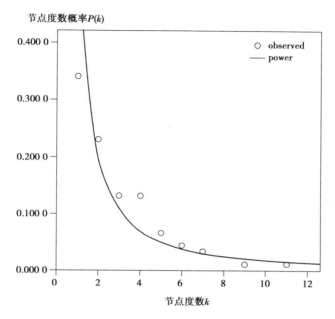

图 5.16　巩义市共生网络节点度分布及其拟合曲线

对巩义市共生网络进行中心性分析,主要结果如下。

①网络中有少部分节点具有较高的度,度数在 6 和 11 之间的节点数占总节点数的 9.89%,大量节点有着较低的度数,度数值为 1 或 2 的节点数占总数的 57.14%,这表明巩义市共生网络存在一定数量的"大"节点,将网络中其他节点组织起来。

②网络中个别节点的中间中心度达到 0.301 8,中间中心度值大于 0.1 的节点有 13 个,值为 0 的节点有 34 个,这表明网络中的主要资源由这些中间中心度大的节点所控制。

③网络中有 3 个节点的特征向量中心度超过 0.5,有 9 个节点的特征向量中心度超过 0.26,而有 66 个节点的特征向量中心度小于 0.1,这表明网络中存在少量节点处于网络的中心位置。

④该共生网络中心势指标如表 5.2 所示。

运用核心—边缘结构分析,并不能找出巩义市共生网络的核心部分,主要原因是该方法已不适合分析多核的网络结构。

由表5.2可知,巩义市共生网络具有一定的集聚系数和较小的平均路径长度两个基本特性,即存在$(0.123/0.0192)>(4.464/4.238)$,满足$C_{real}/C_{ran}>L_{real}/L_{ran}$,因此可认为该网络存在小世界属性。根据图5.16,对节点度及其概率进行回归分析,存在$P(k)\approx0.591k^{-1.535}$,幂指数$r=1.535$,可决系数$R^2$为0.892,显著性水平$p=0.000$,表明该函数的拟合优度很好,网络具有无标度属性。

总体来看,巩义市共生网络具有很低的网络整体密度,网络存在少部分具有较高度的节点,由这些节点将网络连接起来;网络具有小世界属性,网络度分布服从幂律分布,具有无标度属性。

5.1.6 英国西米德兰兹郡共生网络

英国西米德兰兹郡(West Midlands)共生网络起源于2000年在该区域发起的非正式共生项目(WISP),该项目旨在将企业"聚"在一起,以增加共生机会,提高资源利用效率,保护生态环境。由于WISP起步较早,2005年初参与共生网络的企业数量达到162家(其中主网111家),2007年增加到243家(其中主网203家),网络节点关系主要为废弃物交换关系。根据Paquin等的相关文献数据,本书对该区域的共生网络结构展开进一步分析。为保证网络的连通性,本书只分析了主网络的节点,即2005年初的111个节点和2007年末的203个节点。运用Ucinet软件,可得到2005年和2007年该区域共生网络的拓扑结构如图5.17所示,网络基本特征指标如表5.1所示,节点度分布及其拟合曲线如图5.18所示。

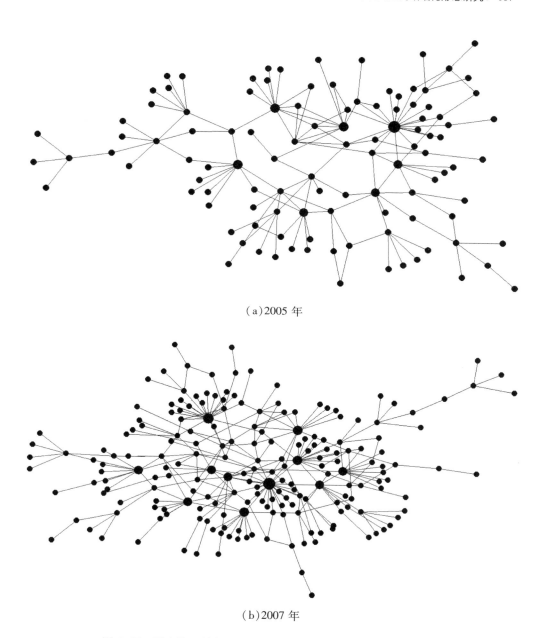

（a）2005 年

（b）2007 年

图 5.17　西米德兰兹郡共生网络 2005 年和 2007 年的拓扑结构图

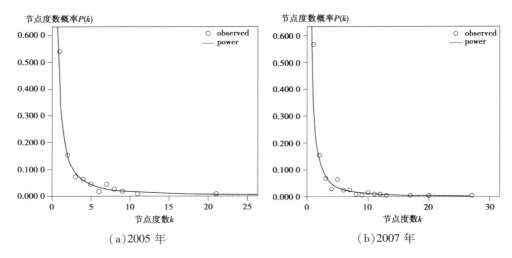

图 5.18　西米德兰兹郡共生网络 2005 年和 2007 年节点度分布及其拟合曲线

对西米德兰兹郡共生网络进行中心性分析,主要结果如下。

①2005 年,在 111 个节点中,最高节点的度为 21,除少部分节点(12 个节点)有较高的度(度为 7 ~ 21)外,77 个节点的度值为 1 或 2,占总数的近 69.35% ;2007 年,在 203 个节点中,最高节点的度为 27,除少部分节点(19 个节点)有较高的度(度为 7 ~ 27)外,146 个节点的度为 1 或 2,占总数的 71.92% ;这说明该网络是通过少部分核心节点,将网络的其他节点连接起来。

②在两个时间点,网络都有少量的节点具有较高的中间中心度,在 2005 年和 2007 年个别节点中间中心度最高达到 0.359 5 和 0.383 1,而同时 2005 年和 2007 年分别有 64 个和 106 个节点的中间中心度为 0,表明由少部分节点控制着网络的资源。

③网络的特征向量中心势较高,说明网络中存在着核心节点。

④该共生网络相关中心势指标如表 5.2 所示。

据表 5.2 可知,西米德兰兹郡共生网络具有一定的集聚系数和较小的平均路径长度两个基本特性,即在 2005 年,存在$(0.162/0.035)>(4.773/4.595)$,满足 $C_{real}/C_{ran}>L_{real}/L_{ran}$;在 2007 年,存在$(0.102/0.013)>(4.712/5.000)$,满足 $C_{real}/C_{ran}>L_{real}/L_{ran}$;因此可认为该网络具有小世界属性。根据图 5.18 所示的网

络度分布情况,运用 SPSS 软件对节点度及其概率进行回归分析,得出以下结论:2005 年存在 $P(k) \approx 0.414k^{-1.395}$,$r=1.395$,可决系数 R^2 为 0.919,显著性水平 $p=0.000$;2007 年有 $P(k) \approx 0.404k^{-1.545}$,$r=1.545$,可决系数 R^2 为 0.903,显著性水平 $p=0.000$;这表明两个拟合函数的拟合优度很好,由此可认为网络具有无标度属性。

因此,西米德兰兹郡共生网络与巩义市共生网络相似,是由少部分核心节点组织起来的网络,网络具有小世界属性与无标度属性。

将上述所有共生网络实例分析所得的基本特征指标与中心势指标汇总,如表 5.1 和表 5.2 所示。

5.2　共生网络结构的共性特征与形成规律分析

研究多个共生网络实例的结构特征的主要目的是从中抽象与提炼出共生网络结构的共性特征,揭示共生网络的形成规律,从而在理论上指导共生网络的发展。本节拟在 5.1 节共生网络实例结构研究的基础上,通过对比、归纳与分析,探讨共生网络结构的共性特征与形成规律。

5.2.1　共生网络结构的基本特征

根据表 5.2 所示的共生网络实例结构的基本特征指标值,并对比相关文献所揭示的其他几类真实网络的基本特征指标,归纳出共生网络结构的如下几点共性特征。

(1)共生网络的平均度很低,一般在 2.7 左右,随着网络成熟度的提高会有所增加

城市废弃物资源化共生网络为复杂网络,网络规模较大。由表 5.1 可知,当网络规模较大时,共生网络的平均度一般在 2.7 左右,这说明共生网络节点

平均与 2~3 个节点相连接。将共生网络的平均度与其他类型网络(表 5.4)对比发现,共生网络的平均度很低,只与电力网的平均度 2.67 相当。根据 5.1 节实例的度分布情况可以解释共生网络平均度很低的原因,即共生网络除少部分度值较高的节点外,网络中一般有 70% 左右节点的度值仅为 1 或 2,这是共生网络平均度值很低的主要原因。

表 5.4　几类真实网络的基本特征指标

网络	N	$<k>$	L_{real}	L_{ran}	C_{real}	C_{ran}
WWW, site level, undir	153 127	35.21	3.1	3.35	0.107 8	0.000 23
Internet, domain level	3 015~6 209	3.52~4.11	3.7~3.76	6.36~6.18	0.18~0.3	0.001
Movie actors	225 226	61	3.65	2.99	0.79	0.000 27
Math. co-authorship	70 975	3.9	9.5	8.2	0.59	$5.4×10^{-5}$
E. coli, substrate graph	282	7.35	2.9	3.04	0.32	0.026
Ythan estuary food web	134	8.7	2.43	2.26	0.22	0.06
Silwood Park food web	154	4.75	3.40	3.23	0.15	0.03
Power grid	4 941	2.67	18.7	12.4	0.08	0.005
C. Elegans	282	14	2.65	2.25	0.28	0.05

注:该表数据来自文献[160]。

　　然而,随着共生网络的发展,网络节点间会建立更多的共生关系,网络成熟度的提高使网络平均度有所增加,例如,卡伦堡共生网络是比较成熟的网络,网络具有相对偏高的平均度。同时,对于被规划的网络,由于在规划时有意识地考虑了更多的共生关系,也会导致网络平均度偏高。

需指出的是,按照图 5.19 所示,共生网络的平均度与网络规模不存在规律性的变化关系。也就是说,共生网络每个企业拥有的连接数与自身性质相关,与网络规模一般不存在关联性。

(2)共生网络为稀疏性网络,网络整体密度与网络规模成近似的反比关系

由表 5.1 可知,当网络规模很大时,共生网络的整体密度很低。造成这种特征的原因如下:共生网络的平均度 $<k>$ 变化幅度很小,可视为一个常量;按照无向网络整体密度的计算公式 $Den = \dfrac{2<k>N}{N(N-1)} = \dfrac{2<k>}{N-1}$ 可知,随着网络规模 N 的增大,网络整体密度呈下降的趋势,网络整体密度与网络规模成近似的反比关系,如图 5.19 所示。很低的网络整体密度说明共生网络为稀疏性网络。

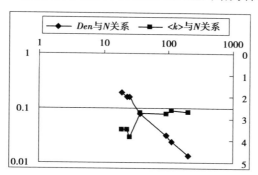

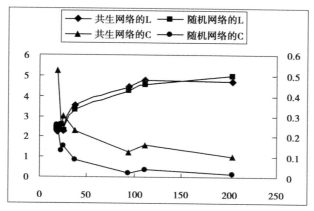

图 5.19　共生网络实例基本特征指标与网络规模的关系

（3）共生网络具有与随机网络相近的平均路径长度，且随着网络成熟度的提高会有所降低

按照复杂网络理论，平均路径长度衡量的是网络的传输性能与效率，较短的平均路径说明物质、信息等资源能在网络中更为顺畅地流通。由表 5.1 可以发现，当网络规模较大时，共生网络的平均路径长度在 4.7 左右，与同等规模和密度的随机网络的平均路径长度比较接近。图 5.19 也显示，共生网络平均路径长度的折线图与同等规模和密度的随机网络的平均路径长度非常接近，且变化情况也相近。由于随机网络具有较短的平均路径长度，由此可以认为共生网络的平均路径长度也较短。

共生网络平均路径长度会随着网络成熟度的提高而有所降低。例如，卡伦堡共生网络是较为成熟的网络，网络平均路径长度只有 2.234；西米德兰兹郡共生网络 2007 年的网络规模尽管相比 2005 年增加了近一倍，但网络平均路径长度反而略有降低。造成这种现象的原因主要是随着网络成熟度的提高，网络节点间的直接联系增多，从而导致网络平均路径长度有所降低。

（4）共生网络具用偏低的集聚系数，但与随机网络相比共生网络具有一定的集聚现象

当共生网络规模较大时，将共生网络的集聚系数与表 5.4 中几类真实网络的集聚系数对比显示，共生网络与电力网络、食物网相似，集聚系数偏低；但相比于同等规模、同等密度的随机网络，共生网络具有一定的集聚现象，如图 5.19 所示。共生网络偏低的集聚系数表明网络没有显著的集团化趋势，网络为稀疏性网络。

5.2.2 共生网络结构的中心性特征

根据表 5.2 所示的共生网络实例中心势特征指标值以及各实例的中心性分析结果，对共生网络的中心性特征展开进一步讨论，归纳出共生网络结构的如下几点共性特征：

①共生网络存在少部分度值较高的节点,但网络的度数中心势偏低。

共生网络实例的中心性分析结果显示,共生网络的度分布是不均匀的,网络存在大量度值很低的节点,但同时存在少部分度值较高的节点。例如,在巩义市共生网络中,度值为 1 或 2 的节点数量约占节点总数的 60%,而度值在 6 和 11 之间的节点数占节点总数的 9.89%;在 2007 年西米德兰兹郡共生网络中,度值为 1 的节点数量占节点总数的 57.14%,度值为 1 或 2 的节点数量占节点总数的 71.92%,但同时存在 19 个节点的度值为 7~27。正是这些度值较高的少部分节点将共生网络的其他节点连接起来,在复杂网络理论中,这些度值较高的节点,也被称为共生网络的核心节点、HUB 节点或中枢节点。

按照复杂网络理论,星形网络具有很高的度数中心势;完全网络的度数中心势为 0,即任何节点的度都一样,不存在度数中心度最大的点。表 5.2 显示,共生网络的度数中心势总体偏低。造成这种现象的主要原因是共生网络尽管存在核心节点,但不像星形网络那样只存在个别核心节点,共生网络的核心节点数量相对偏多,且节点度的最大值相比网络规模不是特别高,使共生网络的度数中心势偏低。

②共生网络具有一定的中间中心势,表明共生网络由少部分节点控制着网络的大部分资源,起着沟通其他节点的桥梁作用。

按照复杂网络理论,星形网络具有 100% 的中间中心势指数,即存在一个节点是所有其他节点的桥接点;环形网络的中间中心势为 0。从表 5.2 可知,共生网络的中间中心势介于 25%~40%,表明共生网络具有一定的中间中心势,即共生网络中存在一些节点,控制着网络的大部分物质、信息等资源,起着沟通其他节点的桥梁作用。需注意的是,共生网络节点对资源的控制表现为对资源的调配、输送与组织等功能,如由这些节点将废弃物输送给其他节点,或者由这些节点负责组织废弃物的资源化工作。

共生网络具有一定的中间中心势,这点可以根据各共生网络实例的中心性分析结果进行说明。在所有的共生网络实例中,均存在少部分节点具有较高的中间中心度,如卡伦堡共生网络中的发电厂、制药企业,川崎共生网络中的城市废弃物回收体系、水泥厂、JFE 钢铁公司,这些中间中心度较高的节点,一般处于网络的中心位置,拥有比较大的权力。

③共生网络具有很高的特征向量中心势,表明共生网络存在核心节点。

按照复杂网络理论,特征向量中心性分析能在网络总体结构的基础上,找到网络中最居于核心位置的节点。由表 5.2 可知,共生网络实例均具有很高的特征向量中心势,其值为 47% ~ 74%,尤其是 2007 年西米德兰兹郡共生网络的特征向量中心势达到 73.87%。很高的特征向量中心势,可以清楚地表明共生网络确实存在核心节点,而且这些核心节点在网络中的中心位置非常突出。

④共生网络总体上不具有核心-边缘结构,但网络的某些局部可以表现出核心-边缘结构形态。

城市废弃物资源化共生网络为复杂网络,网络虽然存在一定数量的核心节点,但核心节点间联系松散,并没有形成紧密连接的核心块,使共生网络总体上不具有核心-边缘结构。但如果把城市废弃物资源化共生网络划分成不同类型的共生网络,或者研究网络的某个局部,则共生网络可以表现出核心-边缘结构形态,如卡伦堡共生网络主要为工业废弃物领域的共生网络,网络具有核心-边缘结构。

5.2.3　共生网络结构的复杂性特征

根据共生网络实例分析结果,在共生网络结构复杂性特征方面,可以归纳出如下两点共性特征。

(1)共生网络具有无标度属性,网络节点度服从幂律分布,幂指数一般小于 2,为亚标度网络

无标度属性是指网络中大量节点有少量的连接,而少量节点存在大量的连接,即网络中存在少量的核心节点和大量的末梢节点,这种网络是不均匀的或称非同质的,表现在度分布上,即度分布曲线是不断递减的。从共生网络实例

结构分析显示,共生网络均存在少量节点具有较大的度、大量节点具有很小的度的现象,因此,共生网络具有无标度属性。

通过对共生网络度分布情况的回归分析显示,共生网络实例的度分布都近似地服从幂律分布,幂指数一般小于 2。例如,巩义市共生网络和西米德兰兹郡共生网络(2005 年和 2007 年)的幂指数分别为 1.535、1.395 和 1.545。此外,李春发等人研究的鲁北共生网络 2007 年有 217 个节点,其幂指数为 1.7。按照复杂网络理论,当网络规模较大且为稀疏性网络时,如果网络服从幂律分布,其幂指数 r 不可能在区间 $(0,1]$ 间取值。卡伦堡共生网络、贵港共生网络、川崎共生网络的度分布,尽管通过回归分析显示其幂指数分别为 0.808、0.784 和 0.848,但不能说明共生网络的幂指数可以在区间 $(0,1]$ 内取值,造成这种现象的原因是这几个网络的节点数太少,网络尚不具有复杂性。需指出的是,尽管多个实例结构分析表明共生网络的幂指数一般在区间 $(1,2]$ 内取值,但不能排除当网络规模很大时,共生网络的幂指数在区间 $(2,3]$ 内取值的情形。

当共生网络的幂指数介于区间 $(1,2]$ 时,表明网络具有相对较多的度值高的核心节点,网络为亚标度网络。这一点可以通过上述共生网络实例说明,在巩义市共生网络和西米德兰兹郡共生网络中,都有接近 10% 的节点具有较高的度。相比于大多数社会网络和信息网络而言,共生网络核心节点数量的比重偏高。

(2)共生网络具有小世界属性

小世界属性说明网络尽管规模增长很大,但是节点之间的拓扑距离却往往很短。从上述实例可知,共生网络与随机网络相比,都存在 $C_{real}/C_{ran} > L_{real}/L_{ran}$,因此,共生网络具有小世界属性。

5.2.4　共生网络结构的形成规律

根据共生网络结构的共性特征,本节进一步提炼共生网络的形成规律,主要包括以下几个方面:

①共生网络的绝大部分节点只与网络中一个或很少几个节点相连接。

共生网络的平均度在2.7左右,网络密度很低,网络中度值为1或2的节点数量约占节点总数的70%,网络存在大量的末梢节点,为稀疏性网络。这些结构特征表明在共生网络形成过程中,绝大部分节点与网络中其他节点的连接非常少。虽然共生网络节点连接具有生物网络的关联性质,但共生网络主要属于技术网络,节点间连接需综合考虑很多的因素,这些因素制约了节点间关系的任意建立,导致共生网络节点间的连接非常稀疏。

②共生网络的节点连接遵循具有马太效应的择优连接规则。

由于共生网络节点度服从幂律分布,网络具有无标度属性,即网络中少量节点存在大量的连接,大量节点只有少量的连接。针对这一现象,如果从共生网络形成的过程来看,网络为无标度网络,表明网络节点连接遵循择优连接规则,即新节点更倾向于与网络中具有较高连接度的"大"节点相连,也使得共生网络出现了少部分核心节点。

③核心节点是共生网络发展的动力源与关键所在,共生网络主要是围绕核心节点所形成的复杂网络。

在共生网络形成过程中,存在少部分核心节点,这些核心节点在网络中处于中心地位,拥有较高的权力,控制着网络的绝大部分资源(物质、信息等资源),是网络局部的资源调配中心或废弃物资源化中心,是创造共生价值的主要源泉,通常可以凭借其在区域内的影响力和话语权,带动上下游其他企业的加入,是共生网络发展的动力源和关键所在,网络也主要由这些节点将网络的其他节点组织起来。共生网络发展的实践也表明,依靠政府部门规划的"拉郎配"所形成的共生项目很难获取成功,而通过核心企业,基于某种共同利益所产生的凝聚力,把众多企业连接起来,这样的网络更容易获得成功。

需要指出的是,对于共生网络结构为什么具有上述特征与形成规律,本书将在第6章通过共生网络结构建模予以解释。

5.3　共生网络结构的潜在核心节点识别分析

正如 5.2.4 节指出,共生网络主要是围绕核心节点所形成的复杂网络,核心节点将网络的绝大多数节点组织起来,是共生网络形成的动力源与关键所在。因此,识别共生网络潜在的核心节点,使其在网络中发挥先导、组织与示范作用,将有助于促进共生网络的形成。本节拟探讨共生网络核心节点的识别方法,并重点对典型类型废弃物资源化共生网络的潜在核心节点进行研究。

5.3.1　共生网络核心节点的特质

在共生网络中,核心节点实则为核心企业。目前在产业集群、供应链领域,人们围绕企业在网络中的地位和作用对核心企业进行了定义。例如,Krugmam 认为核心企业是指具备一定的规模、市场地位、知识和企业家技能等要素,并对集群中其他企业产生积极影响的企业;汪寿阳认为核心企业是企业群体的"原子核",它把一些"卫星"企业吸引在自身周围,从而形成一个网状结构。在共生网络中,核心节点是指在网络的局部或全局中处于中心位置,拥有网络形成的瓶颈约束资源,能够与众多关联企业建立共生关系,对网络形成起着重要的驱动与示范作用的企业。

一般而言,如果一个节点能与众多节点建立关系,处于诸多交往路径之上,能对区域范围内某种类型或多种类型废弃物资源化活动产生关键影响,若移除该节点,会导致大量废弃物资源化活动无法有序、有效开展,则这样的节点可认为是网络的核心节点。具体而言,共生网络的核心节点一般具有以下特质:

①在网络中处于中枢位置,能够影响众多节点的运行,一般是创造共生价值的主要源泉;

②具有共生网络的瓶颈约束资源(物质、技术与信息资源中的若干项),规

模较大,角色很难替换;

③能够承担共生网络物流、信息流、资金流等组织协调工作;

④具有较强的影响力、吸引力和融合力,拥有较大的网络控制力和话语权,能够在企业之间倡导信任与互惠的文化;

⑤行为具有良好的示范效应与先锋作用,为前瞻性企业。

5.3.2　共生网络核心节点识别方法

通常,共生网络中的某些节点企业,可以通过自我选择、自发发展而成为网络的核心节点。然而,在共生网络发展初期,政府或社会想要加快推进共生网络的形成,就有必要识别网络潜在的核心节点,促使其出现、发展和壮大。对于如何识别共生网络的核心节点,本书介绍以下两种方法:中心度指数识别方法和综合指标评价方法。

1)中心度指数识别方法

本书 2.4.1 小节指出,网络的中心性指标如度数中心度、中间中心度和特征向量中心度,可以用来测量网络节点的重要性或节点居于怎样的中心地位。每类指标对节点在网络中的地位或重要性有着不同的分析重点,度数中心度测量的是行动者的局部中心性问题,分析的是行动者自身的交易能力,但没有考虑到该节点能否控制他人;中间中心度研究一个行动者在多大程度上居于其他两个行动者之间,因而是一种控制能力的指标;特征向量中心度是从网络的总体结构中找出最居于核心的节点,是一种全局性指标。本书采取加权的方式,构建识别共生网络核心企业的中心度指数(I_C),如式(5.1)所示。根据 I_C 值的大小,判断哪些节点为网络的核心节点。

$$I_C = \lambda_d c_d + \lambda_B c_B + \lambda_E c_E \tag{5.1}$$

式中,c_d、c_B 和 c_E 分别表示节点的度数中心度、中间中心度和特征向量中心度,为确保指标的可加性,各中心度指标采用相对值指标;λ_d、λ_B 和 λ_E 是分配给对应中心度指标的权重系数,要求 $\lambda_d + \lambda_B + \lambda_E = 1$,且 λ_d、λ_B、$\lambda_E \geq 0$。

运用 Ucinet 软件,可以计算出共生网络每个节点的度数中心度、中间中心度和特征向量中心度指标值;根据恰当的方法,对权重系数 λ_d、λ_B 和 λ_E 分别赋值;通过式(5.1)可计算出共生网络中每个节点的中心度指数 I_C,从而确定网络的核心节点。

本书以卡伦堡共生网络实例为分析对象,采用该方法识别网络的核心节点。由于度数中心度是运用与个体直接关联的节点数量来判断节点的中心性问题,是一种最直观的指标,因此对 λ_d 取偏大的值,设定 $\lambda_d = 0.4$,$\lambda_B = \lambda_E = 0.3$,相关计算结果如表 5.5 所示。

表 5.5　卡伦堡共生网络节点中心度指标与中心度指数

节点	c_d	c_B	c_E	I_C	节点	c_d	c_B	c_E	I_C
Asnaes 电厂	0.556	0.446	0.607	0.538	废弃物回收企业	0.111	0.000	0.190	0.101
Nove Nordisk 制药厂	0.444	0.190	0.606	0.417	Fish 渔场	0.111	0.011	0.167	0.098
Statoil 精炼厂	0.389	0.270	0.418	0.362	水泥厂	0.056	0.000	0.113	0.056
Nove Enzyme 制药厂	0.389	0.093	0.541	0.346	镍钒回收设施	0.056	0.000	0.113	0.056
市政设施	0.333	0.131	0.500	0.323	Soilrem 土壤修复公司	0.056	0.000	0.093	0.050
污水处理设施	0.278	0.111	0.433	0.274	RGS 90 公司	0.056	0.000	0.080	0.046
农场	0.222	0.016	0.293	0.182	化肥厂	0.056	0.000	0.077	0.045
Gyproc 石膏墙板厂	0.167	0.111	0.197	0.159	Kemira 硫酸制造商	0.056	0.000	0.077	0.045
Inbicon 公司	0.167	0.000	0.267	0.147	Kara/Noveren 公司	0.056	0.000	0.036	0.033
养猪场	0.111	0.000	0.213	0.108					

从表 5.5 可以发现，在卡伦堡共生网络中，Asnaes 电厂、Nove Nordisk 制药企业、Statoil 精炼厂、Nove Enzyme 制药企业、市政设施具有较大的中心度指数，这些节点是网络的核心节点，是共生网络形成的主要组织者。

2）综合指标评价方法

中心度指数识别方法主要适用于网络结构已初步形成且被人们所揭示的共生网络核心节点的识别。对于尚未形成或者未被揭示的共生网络，一般采用综合指标评价方法，如目前对废弃物资源化示范项目的判别就采用了该方法。

建立科学、客观与系统的评价指标体系，有助于正确地识别共生网络潜在的核心节点。由于共生网络核心节点既涉及节点在网络中的功能问题，又涉及节点自身属性以及与其他节点的关系问题，为此本书从政府或第三方评判的视角，认为共生网络核心节点评价指标体系应包括以下几个组成要素：

①综合效益。综合效益包括环境效益、社会效益与经济效益。从政府和社会的角度来看，核心企业（项目）需要具有良好的环境效益和社会效益，同时是社会亟须的废弃物资源化项目；从企业的角度来看，项目需具有可以接受的经济效益，否则即使社会亟须，企业也缺乏积极性。

②企业的发展能力。企业的发展能力体现了企业作为独立节点，自身的增值能力是其他节点选择其作为合作伙伴的主要依据。企业的发展能力可以通过企业规模、企业技术先进性、企业资源的获取能力以及企业管理能力等方面体现。

③企业链接与协调能力。企业链接与协调能力主要体现在企业与其他企业协同的可能性以及协同时表现出的协调与管理能力。要成为核心企业，企业要具有与众多企业合作的可能性，在区域范围内有一定的吸引力、引领力、影响力。

根据以上分析，本书建立如表 5.6 所示的潜在核心企业评价指标体系。

表 5.6　共生网络潜在核心节点评价指标体系

目标层	Ⅰ级指标	Ⅱ级指标	Ⅲ级指标
共生网络潜在核心节点评价指标体系	综合效益	环境效益	废弃物资源化规模;资源节约量;能源节约量;减少污染物排放量
		社会效益	示范效应;带动效应
		企业(项目)的社会需求度	企业(项目)的社会亟须度
		经济效益	废弃物资源化产品的经济利润;废弃物资源化产品的市场需求度
	企业的发展能力	企业(项目)规模	项目投资规模;项目设计生产能力;企业资产规模
		资源获取能力	废弃物资源获取能力;信息获取能力;专业人员的获取能力
		技术先进性	资源化产品的科技含量;现有技术与设备的先进水平;技术开发费用比重;研发人才比重
		企业管理先进性	企业家能力;企业商誉;组织管理的先进性
	企业连接与协调能力	与潜在节点的关联度	与潜在节点连接的可能性;连接的依存度
		企业领导力	企业在关联市场的地位;吸引力;引领力;影响力
		协调能力	组织融合能力;资源调配能力;信息共享能力;利益冲突解决能力

　　在运用上述指标体系进行核心节点识别时,要结合城市及周边区域是否已有相同或相近的企业(项目)、企业所涉及的废弃物在区域的资源化状况等具体因素,综合判断项目的亟须程度和示范效应,在此基础上结合专家意见,对指标

进行量化与确定权重,并选取合适的方法进行综合评价。对于指标的量化、权重的确定以及评价方法的选取,还需进一步研究。

5.3.3 典型类型共生网络的潜在核心节点分析

本书研究未针对特定的城市,也没有具体到现实中某个废弃物资源化项目或企业,因此,识别共生网络潜在核心节点,主要根据潜在核心节点的特质,采取定性分析方法进行判别。由于共生网络涉及的废弃物类型繁多,本书仅对典型类型废弃物资源化共生网络的潜在核心节点进行探讨。

1)工业废弃物

工业废弃物不同于一般废弃物,它有着明确的责任主体,企业有义务采用经济、有效的方式处理产生的废弃物。在工业废弃物资源化过程中,存在的潜在核心节点如图 5.20 所示,具体类型如下:

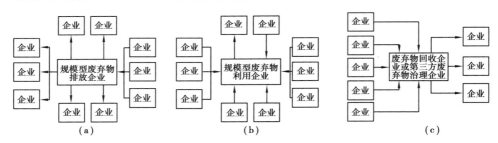

图 5.20　工业废弃物资源化网络潜在的核心节点

①规模型废弃物排放企业,如某些化工企业、造纸企业和大型设备制造企业,如图 5.20(a)所示。这类企业在生产过程中产生大量废弃物,可与其他企业建立较多的共生关系,对废弃物资源化活动起到组织作用。例如,天津一汽丰田汽车有限公司,除钢铁下脚料自己回收利用外,将生产过程中的废树脂交给长春一汽综合利用有限公司;将含油废水交予天津市世源环境保护有限公司进行油水分离;将污泥输送给天津水泥股份有限公司经过掺烧水泥成为建筑材料;将废溶剂和废胶交予天津合佳奥绿思环保有限公司经过焚烧用来发电、发

热等。政府对这类企业应加强监督与管理,促使其主动与其他企业建立共生关系;同时鼓励这类企业建立自己的废弃物资源化环保设施,在实现自身废弃物资源化的同时,积极利用周边区域的相关废弃物,如贵港集团利用周边小糖厂废糖蜜作原料,生产能源酒精和高附加值的酵母精产品。

②规模型废弃物利用企业,如建材企业、钢铁企业,如图 5.20(b)所示。这类企业尽管在生产过程中可能会产生一定的废弃物,但可利用城市内大量的废弃物,例如,水泥企业可利用周边企业和市政的煤渣、矿渣、建筑垃圾等作为生产原料;钢铁企业的高炉设施,可资源化的大量可燃废弃物。在日本川崎市,某钢铁企业每年利用废弃物超过 50 万 t,经济收益达到 5 400 万美元。

③专业的第三方废弃物治理企业,如图 5.20(c)所示。正如前文所述,随着环境法规的不断严厉,企业废弃物管理业务必将成为企业沉重的负担,这将催生专业的第三方废弃物治理市场的发展,未来这类企业在共生网络中将起到核心节点的作用。

2)城市生活垃圾

城市生活垃圾成分复杂,包括厨余物、废纸、废塑料、废金属、废玻璃、废陶瓷砖瓦碎片、废织物、废玻璃陶瓷碎片、废竹木以及其他众多类型的废弃物。随着居民消费水平的提高和习惯的改变,城市生活垃圾的组分也会发生变化,但总体来看,厨余类有机物在生活垃圾中比重较高,一般占到 50% 以上;废纸、废塑料、废金属罐、废玻璃瓶等包装类可回收废弃物占总量的 20% ~30%。瑞典是目前世界上生活垃圾循环利用的领先者,垃圾资源化效率处于世界领先地位,生活垃圾中的 36% 被回收使用,14% 用作肥料,49% 作为燃料被焚烧转化为热能和电能。在中国,生活垃圾焚烧处理快速发展,国家统计局数据显示,2021年全国城市生活垃圾填埋和焚烧的比例为 20.97% 和 72.55%,垃圾焚烧已成为生活垃圾处理的主要方式。根据城市生活垃圾物质流动情况,可抽象出如图5.21 所示的城市生活垃圾资源化网络。大致而言,主要存在如下几类潜在的核心节点:

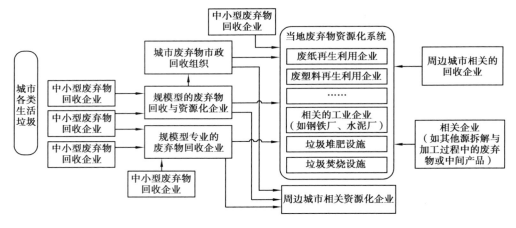

图 5.21　城市生活垃圾资源化网络示意图

①城市废弃物市政回收组织。它是代表政府对分散在城市范围内的各类废弃物进行回收的组织,是目前城市废弃物回收的主要渠道。城市废弃物市政回收组织能将分类后的各种类型的废弃物输送给相应的资源化企业,因此,在共生网络中起着核心节点作用。

②规模型废弃物回收企业。在政府推行生产者责任延伸制度后,必然催生一批规模型废弃物回收企业。例如,德国双轨制系统股份公司(DSD)就是一家负责包装废弃物的分类、收集和综合回收的组织,这类企业可回收大量的废弃物,并将废弃物输送给相应的资源化企业,在网络中发挥着重要的作用。

③规模型废弃物再生利用企业。这类企业是共生网络创造共生价值的主要主体,包括规模型废纸再生利用企业、废塑料再生利用企业以及可利用大量废料的工业企业,如以废料为原料的木塑制品生产企业。要实现规模化生产,这类企业必然会与更多的企业建立共生关系,因此,这类企业具有成为核心企业的特质。需要指出的是,对一个城市而言,并不是要求投资建设所有类型的废弃物资源化项目,应根据当地的工业优势、废弃物规模及周边区域资源化设施等具体情况,确定是否需要使某种类型废弃物再生利用企业成为当地共生网络的核心节点。

④堆肥化设施和垃圾焚烧设施。生活垃圾中存在大量的厨余废弃物和可燃废弃物,如果没有更高效的资源化途径,最终将以堆肥和焚烧的方式处理。因此,在共生网络中尤其是共生网络发展初期,垃圾焚烧设施和堆肥化设施起着重要作用。

3）报废汽车与废旧机电产品

报废汽车和废旧机电产品是城市废弃物中最具开发价值的废弃物,蕴含着大量的钢铁、铜、铝、铅、锌、贵金属和塑料、橡胶、玻璃等资源,一些零部件也具有很高的再利用、再制造价值。从报废汽车的材料构成来看,各类零部件中约70%由钢铁组成,约10%由铜、铝等有色金属组成,其余20%为塑料、橡胶、玻璃等非金属材料,这些材料或零部件在一定条件都可再生利用。同时,报废汽车和废旧机电产品中也含有大量的有害物质,如果未被资源化或安全处置,会对城市环境造成污染。由于报废汽车与废旧机电产品资源化网络形式较为相似,本书以报废汽车为例,根据报废汽车资源化趋势,建立如图 5.22 所示的报废汽车资源化网络体系。

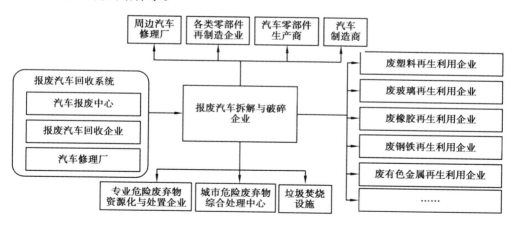

图 5.22　报废汽车资源化网络示意图

由图 5.22 可知,在报废汽车资源化网络中,企业无疑是报废汽车拆解与破碎网络潜在的核心节点,尽管拆解与破碎不一定由一家企业来完成。例如,在美国,汽车资源化就是以拆解公司为核心主体;在中国国家城市矿产示范基地之一的重庆市永川区港桥工业园区,由青岛新天地集团与重庆交运集团合作成立的报废车辆拆解与破碎中心,将拆解、分拣的铝、铜等资源输送给周边的再生铝、再生铜等加工企业,形成以其为核心的废弃物资源化共生网络。

此外,由于大型的汽车生产商、机电产品生产商拥有先进的技术与管理体系,在产品生产过程已与众多企业关联在一起,政府也应促使这类企业在废弃物资源化方面发挥核心节点作用。

需要指出的是,形成报废汽车或废旧机电产品资源化共生网络,并不是否认其他类型企业的重要性,相反,尽管某些企业在网络中的联系可能会较少,但它的存在会影响废弃物资源化效益,如汽车零部件再制造产业的发展会大幅提高报废汽车资源化的经济价值。

4)废旧纺织品

废旧纺织品是指日常生活中废弃的衣服、床上用品、毛巾、地毯等纺织品,以及生产过程中产生的下脚短纤维、废纱、回丝、边角料等废弃物。目前,全球废旧纺织品综合利用率普遍低下,美国、德国、日本等国家的综合利用率一般也不超过20%。在中国,近年来废旧纺织品资源化产业蓬勃发展,比较有代表性的区域有江苏的江阴、无锡和浙江苍南等城市,每年综合利用废旧纺织品超过百万吨。据中国资源综合利用协会调研显示,上海市每年有超过10万t的废旧纺织品被回收,经初步分拣后,分别将棉、毛、涤纶、混纺类的废旧纺织品运往这些区域资源化。废旧纺织品作为生产原料,用途非常广泛,可用于服装、家纺、建材、造纸、汽车零部件、家居装饰、玩具和生活与工业用品等众多领域。根据废旧纺织品流向与用途,可建立如图5.23所示的废旧纺织品资源化网络体系。

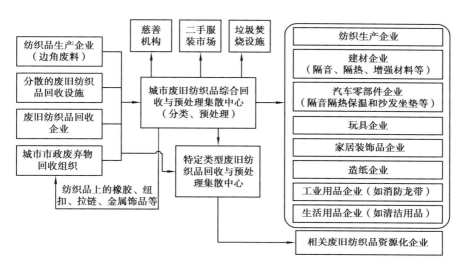

图 5.23　废旧纺织品资源化网络示意图

目前,人们普遍认为废旧纺织品综合利用率低下的主要原因是缺乏有效的废旧纺织品回收体系。2008 年 4 月,欧洲议会环境委员会在《欧盟废弃物指令》第 2 次修订案中提出了废旧纺织品回收再利用议案,提议欧盟各国在 2015 年底前需构建废旧纺织品回收体系。

笔者认为,在废旧纺织品资源化网络中,最关键的环节是建立城市废旧纺织品综合集散中心或特定类型的回收与预处理集散中心。它是连接废旧纺织品回收组织与资源化企业的纽带,将废旧纺织品经过集中、分类、消毒和初级处理后,输送给相关的再利用企业,因此,它是废旧纺织品资源化网络的潜在核心节点。这个中心可由规模型纺织品生产企业承担,也可由大的废旧纺织品回收企业或政府委托的组织承担。在美国,常青公司在全国各地建立了废旧地毯回收网点,将所有回收的地毯集中于道尔顿,经分类后分别输送到不同的企业进行资源化,这使几乎所有回收的地毯都得以再利用,为此该企业获得美国"摇篮银质证书"。

5）危险废弃物

按照联合国环境规划署(UNEP)的定义:危险废弃物是指除放射性以外的

具有化学或毒性、爆炸性、腐蚀性或其他对人、动植物和环境有危害的废弃物。按产生源的不同,危险废弃物可以分为工业源危险废弃物和社会源危险废弃物。危险废弃物来源广泛且复杂,主要来源于化学工业、石油工业、金属工业、采矿工业、机械工业、医药行业和日常生活过程中。据统计,在美国工业危险废弃物79%来自化学医药行业、7%来自石油行业、2%来自金属行业。对于危险废弃物,目前主要采取减量化、资源化、无害化3种方式。在美国,目前危险废弃物约75%被填埋、10%被深井处理、7%被焚烧,危险废弃物循环利用的比率不到10%。中国《国家危险废物名录》(2021版)显示,目前危险废弃物包括46大类467种,主要包含医药废弃物、医疗废弃物、农药废弃物、废有机溶剂与含有机溶剂废弃物、废矿物油与含矿物油废弃物等。中国生态环境部相关数据显示,中国危险废弃物主要来源于工业、医疗和市政三大领域,其中工业源危险废弃物比重约为70%。2021年中国工业危险废弃物产生量为8 653.6万t,同比增长18.84%,工业源危险废弃物产生量前五的行业依次为化学原料与化学制品制造业、有色金属冶炼和压延加工业、石油煤炭及其他燃料加工业、黑色金属冶炼和压延加工业、电力热力生产和供应业,5个行业的产生量高达5 997.7万t。截至2021年底,全国具有危废处理经营许可证的企业达4 560家,全国危险废弃物集中利用处置能力达到1.7亿t/年,较2012年增长了4倍。然而,2021年全国危险废弃物经营许可单位实际产能利用率分别仅为30%,设备闲置严重,存在危险废弃物处理资质闲置、产能利用率低的情况以及结构性产能错配等问题。基于上述分析,本书提出如图5.24所示的危险废弃物资源化网络结构形式,潜在核心企业主要有如下几种类型[①]。

①规模型危险废弃物产生企业。

据调查,在美国,99%的工业危险废弃物来自每月产生危险废弃物超过2 200磅的大的污染源,且主要集中在化工医药行业。由于危险废弃物产生量

---

① 正如3.1.1节指出,本书"资源化"是一个综合的含义,包括了危险废弃物的安全处置。

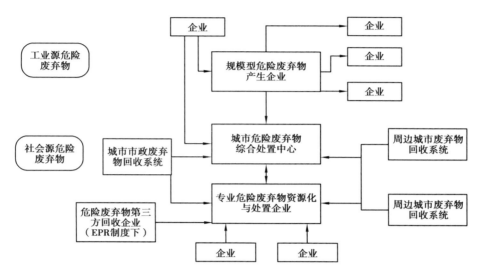

图 5.24　危险废弃物资源化与处置网络示意图

大,政府应促使这类企业成为共生网络的核心,一方面,促使这类企业与其他企业建立共生关系,进行废弃物交换;另一方面,扶持这类企业建立自己的危险废弃物资源化处置设施,在资源化自身的危险废弃物的同时,处置其他企业的危险废弃物。

②城市危险废弃物综合处置中心。

由于危险废弃物具有类型多、单类规模小、资源化成本高等缺点,使危险废弃物的处置方式仍是以无害化为主导。因此,在危险废弃物安全处置方面,城市危险废弃物综合处理中心应发挥核心节点的作用,它不仅可以处置本地工业源和社会源废弃物,还可以为周边区域提供服务。政府应扶持规模型的城市危险废弃物处置中心,通过加强相邻区域间的危险废弃物资源化方面的合作,使其成为核心企业,实现规模化处置,提升危险废弃物资源化效益,降低危险废弃物无害化处置成本。目前,我国实施了《全国危险废物和医疗废物处置设施建设规划》,拟在天津、重庆、青岛等众多城市规划建设这类危险废弃物综合处置中心。

③专业的危险废弃物资源化与处置企业。

为实现危险废弃物的资源化,应培育和扶持专业的危险废弃物资源化与处置企业,如废矿物油、废铅酸蓄电池、含汞废弃物等危险废弃物资源化与处置企业。

总体来看,不同类型的废弃物资源化网络的节点并不是分离的,而是存在紧密的联系,在一个区域可能就是同一家企业,如废旧机电产品拆解产生的废塑料,可以由城市生活垃圾中废塑料再生利用企业予以资源化。正是由于这些关联性强的核心节点的存在,将各种不同类型废弃物资源化网络耦合起来,形成错综复杂的城市废弃物资源化共生网络。

5.4 本章小结

本章从静态网络结构分析的视角,探讨了共生网络的结构形态,主要研究内容及结论如下。

①通过多个共生网络实例研究,抽象出了共生网络的共性特征与形成规律,指出了共生网络的平均度约为2.7,网络具有偏低的集聚系数、很低的整体密度,是稀疏性网络;共生网络存在一定数量度值较高的节点,控制着网络的主要资源;共生网络具有很高的特征向量中心势,表明网络存在核心节点;共生网络具有无标度属性,幂指数一般小于2,为亚标度网络。由此认为,共生网络主要是围绕核心节点所演化而成的复杂网络,核心节点是共生网络发展的动力源和关键所在,是创造共生价值的主要源泉。

②根据共生网络的形成规律,给出了共生网络核心节点应具备的特质;确立了识别共生网络核心节点的中心度指数方法和综合指标评价方法,并构建了共生网络潜在核心节点评价指标体系;针对典型类型废弃物资源化共生网络,指出了各类网络潜在核心节点的类型。

第6章　城市废弃物资源化共生网络结构建模研究

本书第 5 章基于实例分析,探讨了城市废弃物资源化共生网络的结构形态,认为共生网络具有节点度服从幂律分布、幂指数一般小于 2、网络为稀疏网络等特征,是围绕核心节点所形成的复杂网络结构形态。然而,第 5 章尚未对共生网络为什么具有上述特征、遵循怎样的规则、如何才形成具有这样的结构形态,以及这些特性是否具有普适性等问题给予解释。要解释上述问题,可采用复杂网络结构建模方法,深入研究共生网络形成的规律与本质。复杂网络结构建模的关键在于对该类网络的一般属性了解多少,对网络的一般属性了解得越多、越精确,通过建模构造的网络就越接近真实网络,对现实复杂网络的研究就越有价值。本章拟根据第 5 章所揭示的共生网络特征与规律,确立共生网络节点间的生成规则。在此基础上,基于对 BA 模型的修正,构建共生网络结构模型,通过模型的动力学特性解析以及 Matlab 数值分析,以期更科学地解释共生网络的形成过程,进一步探讨共生网络的形成规律,分析有关因素对网络结构形成的影响,为推动共生网络发展提供理论支撑。

6.1　共生网络节点间的生成规则

在共生网络形成过程中,节点间的连接复杂多变,追踪每个节点在不同时点的具体行为显然不可能,且不能从全局角度把握网络的整体演变趋势。然而,尽管单个节点不能决定整个系统的演变趋势,但节点连接总体上呈现出一定的规律。分析网络节点间的生成规则,有助于解释宏观网络结构的形成规律。对于网络节点间的生成规则,早在 1959 年 Erdos 和 Rényi 就提出了 ER 随机网络模型,通过在网络节点间随机布置连接,模拟通信和生命科学中网络的形成过程。1999 年,Barabási 和 Albert 提出了复杂网络演化的两个普适性规则:增长规则和择优连接规则。由于这两个规则是从现实系统真实性质中抽象出来的,因此,目前对于无标度网络的建模,一直围绕着这两个规则进行各种形式的扩展。按照第 5 章对共生网络实例研究发现,共生网络的形成也遵循这两个普适性规则,但共生网络的幂指数远小于 3,一般在 1.6 左右,显然 BA 模型不能完全解释共生网络的形成问题。本节结合已揭示的共生网络结构特征,探讨共生网络节点间的作用关系,为共生网络结构建模提供研究基础。

6.1.1 增长规则

增长规则是指网络持续不断地有新节点加入,从而使网络不断发展的规律。共生网络的形成过程是网络节点与连接关系不断增长的过程,因此遵循增长规则。正如前文所述,共生网络是城市废弃物管理系统的高级阶段,与一般系统演化历程一样,其形成经历萌芽阶段与发展壮大阶段,只是这两个阶段涵盖在城市废弃物管理系统发展历程中;在城市废弃物管理系统中,存在着大量的废弃物资源化共生关系,只是这些共生关系未被人们所揭示或引起人们的关注。例如,澳大利亚奎纳那地区的共生网络,在被揭示的 50 多年前,就开始自发地建立共生关系;卡伦堡共生网络在被揭示之前,也已经有了 20 多年的发展。

在共生网络发展初期,只有少数企业建立了共生关系。随着环境与资源压力的加剧、废弃物资源化技术的发展、政府与相关主体的积极推动、区域信息流与物流渠道的日益完善以及可持续发展与循环经济等理念与行动的逐渐深入,废弃物资源化企业(潜在企业)不断发现废弃物中蕴含的商机,废弃物排放(回收)企业也为解决废弃物处置问题努力寻求与其他企业发展共生关系,使不断有新节点进入网络,废弃物资源化范围不断扩大,逐渐形成层次分明、有序高效的共生网络结构。

在共生网络形成过程中,新进入企业与网络中已有企业的连接数量是不确定的。对废弃物排放(回收)企业而言,连接数量一般由需要处置的废弃物的类型与规模等因素决定;对废弃物资源化企业而言,一般由所拥有的生产设施、技术及与其他企业的信息联系状况,决定资源化废弃物类型与规模,进而影响带边数量。这一点,与 BA 模型仅考虑新增节点以固定边进入网络有所区别。

此外,共生网络中原有节点之间,受技术进步、关系嵌入以及环境与资源意识的增强等因素影响,在网络内部的节点之间会建立更多的共生关系,由此导致共生网络结构内部演化,使网络成熟度不断提高。当然,在系统内外部因素的影响下,网络成员之间已建立的连接也可能消失。

总体来看,共生网络的形成遵循增长规则,但与 BA 模型所抽象的增长规则有所差异,表现为新进入的节点带边数量具有很强的随机性;受内部与外部因素影响,原有网络节点之间会建立更多的连接关系,同时一些关系也会消失。

6.1.2　择优连接规则

择优连接是复杂网络理论中最基本的概念。按照 Barabási 等人的定义,择优连接是指新节点更倾向于与原有网络中具有更大度的“大”节点相连接,这种现象被称为马太效应或富者更富。在复杂网络理论中,节点度本质上代表节点的影响力或权力,度越大的节点,表明其在网络中拥有更大的影响力或权力,因此更容易获得新的连接。此后,Bianconi 和 Barabási 对这种择优连接规则进行修正,认为节点的择优连接不仅仅依赖节点度的大小,节点获取连接的原因与节点内在的性质紧密相关,并把这一性质称为节点的适应度(fitness),具有较高适应度的节点,更容易获得连接,据此提出了适应度模型。

共生网络的形成也存在同样的现象,当一个企业在废弃物资源化方面取得较大的影响后,更容易与其他企业建立共生关系。例如,在英国西米德兰兹郡共生网络的 203 个节点中,最高节点的度值达到 27,除少部分节点有较高的度外,有 146 个节点的度值为 1 或 2,占节点总数的 70% 以上。造成马太效应的原因很多,一些学者从经济学、心理学等领域对其进行了探讨,本书结合共生网络节点连接的特点,认为导致这种现象的原因主要有如下几方面:

①较高适应度的影响。具有较多连接的企业,一般有着较高的适应度,如水泥生产企业、钢铁企业等,具备成为核心企业的特质,自身属性(如可大量的资源化各种类型的废弃物)允许其与更多的企业建立连接,类似于在科研论文引用网络中,一篇质量高的论文更容易获得更多的引用一样,节点自身较高的适应度是导致其更容易获得连接的重要原因。

②资源效应的影响。资源效应是指一个主体所拥有的资源越多,利用越充分,他的优势就会明显上升,从而使其拥有大大超出个人努力的能力,导致资源进一步向其聚集。在区域资源一定的情况下,这种单向的资源聚集必然会导致其他人所占资源的减少。资源占有的差距,成为推动马太效应的内在驱动力。在共生网络形成过程中,拥有更多资源的企业,会进一步采用更为先进的技术,获取更多的政策支持,从而降低废弃物资源化成本,促使其建立更多的共生关系,形成良性循环。此外,具有较多连接的企业,拥有更多的社会资源,可以更容易地寻找到更多的潜在合作伙伴,也使其更容易建立更多的连接。

③规模效应的影响。由于废弃物供给无弹性,对废弃物资源化企业而言,为实现规模化经营,必然会寻求与更多的企业建立共生关系,从而使其在网络中具有更大的度。规模化经营降低了企业的生产成本,可为企业带来更多的利润,产生规模效应,进而使其具有竞争优势,从而产生强者越强的现象。

④领先效应的影响。任何个体、群体或区域,一旦在某一个方面(如声誉、地位等)获得成功后,就会产生一种积累优势,具有领先效应,就会有更多的机会取得更大的成功。把过去的成绩累积起来,并得到承认后,就形成一种优势,具有了一定的声望,并影响后来者对其的评价。在共生网络形成过程中,对于新进入企业而言,若决策信息不完全,往往也会倾向与具有较大社会影响的企

业建立合作关系,从而使具有领先优势的企业更容易获得连接。

　　⑤集聚效应的影响。当共生网络中某些企业聚集在一起,如集中于再生资源加工园区,形成局部"小团体"后,后加入的企业会首先考虑与该集中区域内的企业合作,从而使该区域企业的节点的联系越来越高。

　　笔者认为,择优连接本质上是决策主体根据所掌握的信息、知识与其他资源,从众多备选节点中择优选取的一种方案,是在有限理性条件下所作的满意决策。当新节点拟进入网络时,在信息不完全的情况下,无疑会优先与网络中具有较大影响力的节点连接,尽管该节点并不一定是客观存在的最优方案。然而,共生网络不同于一般的万维网、引文网络等信息网络或社会网络,新进入企业在选择与其他企业连接时,存在较高的机会成本,即节点连接不仅存在一定的交易成本,而且节点企业间废弃物与资源化设施的匹配情况,直接影响废弃物转化为资源的价值。因此,新进入的节点在选择节点连接时,不仅会考虑潜在连接节点的影响力,还会考虑节点连接给自己带来的经济与环境效益,这使企业在选择潜在合作伙伴时,往往较为慎重。

　　总体来看,共生网络节点连接遵循择优连接规则,然而由于节点连接存在较高的机会成本,使节点间的资源匹配情况成为影响节点连接的重要因素。此外,考虑节点连接的机会成本,更能体现共生网络节点间不仅存在合作,也存在竞争,竞争导致资源配置更为优化。

6.2　基于资源匹配度的共生网络结构建模与分析

　　共生网络的复杂性决定了在网络建模时,应重点关注研究对象的主要结构特征,反映其内在的形成规律;同时,由于仅仅通过一个模型,很难描述网络复杂的生成规则,因此,通过简单模型不断地修正和改进,是一种常用的研究思路。本节拟在 BA 模型的基础上,考虑共生网络新节点带边的不确定性、节点间资源匹配度和节点自身的适应度等因素,对 BA 模型增长与择优连接规则进行修正,构建共生网络结构模型;采用平均场方法,推导网络的度分布与幂指数;通过 Matlab 数值分析,探讨相关因素对网络结构形成的影响,以解释并进一步探讨共生网络结构的形成规律。

6.2.1 基于 BA 模型的共生网络生成规则的修正

当新节点进入共生网络时,原有节点与新节点连接的概率主要取决于该节点自身的适应度、该节点与新节点的资源匹配度以及该节点已有度值的大小。据此,本书对 BA 模型的择优连接规则进行修正。同时考虑新节点带边的不确定性,修正 BA 模型的增长规则。

1)节点适应度:节点自身属性

在共生网络中,节点获取连接的多少,很大程度上取决于节点自身的属性,如节点企业所属行业、发展战略、设计生产规模、组织管理能力、拥有的技术与设施优势以及所处的地理位置等属性。为了便于分析,用单一的指标适应度(η),表示节点自身的属性。适应度越大的节点,越容易获取连接,更可能成为网络的核心节点。也就是说,节点 i 获取与新节点连接的概率 $\prod(k_i)$,与该节点的适应度成正比,即 $\prod(k_i) \propto \eta_i$,假定适应度 η_i 服从于某种分布。考虑节点适应度,可使后进入网络但具有较高适应度的节点,在较短时间内获得更多的连接,符合共生网络的形成规律。

2)节点资源匹配度[①]:节点连接的机会成本

节点连接的机会成本,使新进入节点在选择连接节点时,会把资源匹配度作为重要的决策依据,即资源匹配度是影响节点连接的重要因素之一。节点 i 获取与新节点连接的概率 $\prod(k_i)$,与该节点间的资源匹配度成正比,即

---

① 节点资源匹配度是指连接节点之间在废弃物"资源"与废弃物资源化设施资源方面的匹配情况。

$\prod(k_i) \propto |a_i - a_n|$，其中，$a_i$ 表示节点 i 的资源属性，服从某种分布。假定两节点的资源属性越接近，互补性就越小，匹配度越差，表明两节点连接的概率就越小；若两节点的资源属性相差越大，互补性就越强，匹配度越好，表明两节点连接的概率就越大。

3）节点吸引力与信息有效性

正如 6.1.2 节所述，度值越大的节点，在网络中具有更大的权力或声望，具有更强的吸引力，相比度值小的节点，更容易获取新的连接，因此，节点度被视为节点的吸引力，是影响其连接概率的重要因素。节点 i 获取与新节点连接的概率 $\prod(k_i)$ 正比于节点的度，即 $\prod(k_i) \propto k_i$，其中，k_i 表示节点 i 的度。

综合考虑节点吸引力与节点资源匹配度，节点 i 的连接概率 $\prod(k_i)$ 则正比于节点度和节点资源匹配度的综合影响，即 $\prod(k_i) \propto \omega k_i + (1 - \omega)|a_i - a_n|$，其中，$\omega$ 为节点吸引力的影响权重，$(1-\omega)$ 表示节点资源匹配度的影响权重，$\omega \in (0,1)$。

影响 ω 值大小的因素很多，如区域废弃物信息交流的畅通程度、相关信息的透明性、当地合作氛围、社会信任度等，本书将这些因素统称为信息有效性因素。当新加入节点很容易获取所需的真实信息时，企业更倾向于与资源匹配度高的节点建立连接关系，此时 ω 的取值就会偏低。因此，可以认为 ω 的取值大小取决于区域信息有效性的高低。

4）网络择优连接规则的修正

综上所述，共生网络原有节点 i 获得与新节点连接的概率 $\prod(k_i)$ 满足下列条件：

$$\prod(k_i) = \frac{\eta_i(\omega k_i + (1 - \omega)|a_i - a_n|)}{\sum_j \eta_j(\omega k_j + (1 - \omega)|a_j - a_n|)} \tag{6.1}$$

5）网络增长规则的修正

假定网络增长是以等间隔时间向网络植入一个新节点；在第 $n(n = 1,2,3,\cdots)$

个时间步,新节点以带 m_n 条边进入网络。与 BA 模型不同的是,在每个时间步,新节点所带的边 m_n 服从某种分布,而不是常数。

6)模型假设

本模型存在如下假设:

①模型中任意节点间都存在连接的可能性。

②把共生网络视为无向网络,当节点间存在多种类型的共生关系时,视为单一连接进行处理。

③为简化分析过程,本模型不考虑网络原有节点间连接边的增加与删减。

④模型中所有节点都遵循择优连接规则。

6.2.2 共生网络结构模型的算法

共生网络结构模型的算法如下:

①初始状态。在初始时刻 $t=0$ 时,给定一个具有 m_0 个节点和 e_0 条边的初始网络,随机赋予每个节点一个适应度参数值 η_i,其中 η_i 服从某种分布 Ω。

②节点增长。等间隔时间增加一个新节点 n,新节点 n 带有 m_n 条边,与原有网络中的 m_n 个不同节点相连接。新节点 n 所带的边 m_n 服从某种分布 O,且在每个时间步,m_n 应满足 $0<m_n\leqslant m_0+t$。新节点 n 的适应度参数值 η_n 仍以分布 Ω 随机取值。当加入新节点 n 的每一条边时,对网络原有节点与新节点赋予随机资源属性参数 a_j,并计算原有节点与新节点的资源匹配参数 $|a_j-a_n|$,其中,a_j 服从于某种分布 Γ。

③计算节点 i 的连接概率 $\prod(k_i)$。在 t 时刻,网络中有 $t+m_0$ 个节点。当加入一条边时,原有节点 i 获得新连接的概率 $\prod(k_i)$ 满足式(6.1)。新节点 n 按照节点 i 的连接概率大小,选择 m_n 个节点相连接。

④重复增加新节点到规定时刻 T,得到节点规模为 m_0+T 的网络。

上述算法中的参数 m_0、e_0、m_n、η_i、a_j 的取值以及分布 Ω、O 和 Γ,都是事先

根据共生网络特征设定。

6.2.3 共生网络结构模型的理论解析

目前,复杂网络理论中用来计算度分布的动力学方法主要有 Barabási 等人提出的平均场方法(mean-field approach)、Dorogovtsev 等人提出的主方程方法(master-equation approach)、Krapivaky 等人提出的率方程方法(rate-equation approach)和史定华等人提出的马氏链方法(markov chains approach),几种方法一般具有等效性。本书选用平均场方法推导共生网络的度分布函数。

令 $k_i(t)$ 表示节点 i 在 t 时间步的度数,根据连续性理论(continuity theory),把 $k_i(t)$ 视为连续动力学函数,每个时间步新增 m_n 条连线,在选择旧节点 i 的过程中,有一次被选中的概率为 $m_n \left[\prod (k_i) \right] \left[1 - \prod (k_i) \right]^{m-1} \approx m_n \prod (k_i)$,因此,节点 i 的度数 $k_i(t)$ 近似满足如下动力学方程:

$$\frac{\partial k_i}{\partial t} \approx m_n \prod (k_i) = m_n \frac{\eta_i \left[\omega k_i + (1-\omega) \left| \bar{a}_i - \bar{a}_n \right| \right]}{\sum_j \eta_j \left[\omega k_j + (1-\omega) \left| \bar{a}_j - \bar{a}_n \right| \right]} \quad (6.2)$$

其中,$\bar{a}_j$ 是在取 m_n 条边时节点 j 的资源属性 a_j 取平均连接概率的平均值,是一种等效处理方式。令 $\left| \bar{a}_j - \bar{a}_n \right| = A_j$,将式(6.2)转化为式(6.3):

$$\frac{\partial k_i}{\partial t} = m_n \frac{\eta_i [\omega k_i + (1-\omega) A_i]}{\sum_j \eta_j [\omega k_j + (1-\omega) A_j]} = m_n \frac{\eta_i [\omega k_i + (1-\omega) A_i]}{\omega \sum_j \eta_j k_j + (1-\omega) \sum_j \eta_j A_j} \quad (6.3)$$

在模型中,在 $t-1$ 时间步,网络共增加了 $m^*(t-1)$ 条边,m^* 与分布 O 相关,网络中总共有边 $m^*(t-1) + e_0$;当 t 值较大时,网络中所有节点的度之和为 $\sum_j k_j = 2[m^*(t-1) + e_0] \approx 2m^*t$。由于 η_i 服从特定分布 Ω,假设 $\sum_j \eta_j k_j = 2m^* \eta^* t$,其中 η^* 的取值与分布 Ω 有关。由于 A_j 与 a_j 紧密相关,假设 $\sum_j \eta_j A_j = \eta^* A^* t$,其中 A^* 与 a_j 的分布 Γ 及 η^* 的值有关,将 $\sum_j \eta_j k_j = 2m^* \eta^* t$ 与 $\sum_j \eta_j A_j = \eta^* A^* t$ 代

入式(6.3)中,得式(6.4):

$$\frac{\partial k_i}{\partial t} = m_n \frac{\eta_i \left[\omega k_i + (1-\omega) A_i \right]}{2\omega m^* \eta^* t + (1-\omega) \eta^* A^* t} = m_n \frac{\eta_i \left[\omega k_i + (1-\omega) A_i \right]}{\left[2\omega m^* + (1-\omega) A^* \right] \eta^* t} \quad (6.4)$$

令 $\beta = \dfrac{\left[2\omega m^* + (1-\omega) A^* \right] \eta^*}{m_n \eta_i}$,则式(6.4)可化简为 $\dfrac{\partial k_i}{\partial t} = \dfrac{\omega k_i + (1-\omega) A_i}{\beta t}$,调整为一阶线性微分方程得到:

$$\frac{\partial k_i}{\omega k_i + (1-\omega) A_i} = \frac{\partial t}{\beta t} \quad (6.5)$$

同时,存在 $k_i(i) = m_n$,得到 $k_i(t)$ 的表达式如式(6.6)所示:

$$k_i(t) = \frac{1}{\omega} \left\{ \left[\omega m_n + (1-\omega) A_i \right] \left(\frac{t}{i} \right)^{\frac{\omega}{\beta}} - (1-\omega) A_i \right\} \quad (6.6)$$

由于计算网络度分布时需要随机选取一个节点,因此 $k_i(t)$ 中的 i 可看作随机变量,按等间隔时间增加节点,i 应该在 $m_0 + t$ 个节点中服从均匀分布,即 $\rho(i) = 1/(m_0 + t)$,于是由动力学方程网络度分布可推导如下:

$$P\{k_i(t) < k\}$$

$$= P\left\{ \frac{1}{\omega} \left[(\omega m_n + (1-\omega) A_i) \left(\frac{t}{i} \right)^{\frac{\omega}{\beta}} - (1-\omega) A_i \right] < k \right\}$$

$$= P\left\{ \left(\frac{t}{i} \right)^{\frac{\omega}{\beta}} < \frac{\omega k + (1-\omega) A_i}{\omega m_n + (1-\omega) A_i} \right\} = P\left\{ i > t \left(\frac{\omega k + (1-\omega) A_i}{\omega m_n + (1-\omega) A_i} \right)^{-\frac{\beta}{\omega}} \right\}$$

$$= 1 - P\left\{ i \leqslant t \left[\frac{\omega k + (1-\omega) A_i}{\omega m_n + (1-\omega) A_i} \right]^{-\frac{\beta}{\omega}} \right\}$$

$$= 1 - \frac{t}{m_0 + t} \left[\frac{\omega k + (1-\omega) A_i}{\omega m_n + (1-\omega) A_i} \right] - \frac{\beta}{\omega} \quad (6.7)$$

节点度分布函数满足:

$$P(k, t) = \frac{\partial P\{k_i(t) < k\}}{\partial k}$$

$$= \frac{\beta t}{\omega(m_0 + t)} \frac{\omega}{\omega m_n + (1-\omega) A_i} \left[\frac{\omega k + (1-\omega) A_i}{\omega m_n + (1-\omega) A_i} \right]^{-\left(1 + \frac{\beta}{\omega}\right)}$$

$$= \frac{\beta t}{(m_0+t)\left[\omega m_n+(1-\omega)A_i\right]}\left[m_n+\frac{(1-\omega)A_i}{\omega}\right]^{\left(1+\frac{\beta}{\omega}\right)}\left[k+\frac{(1-\omega)A_i}{\omega}\right]^{-\left(1+\frac{\beta}{\omega}\right)}$$

$$(6.8)$$

当 t 较大时,存在 $\frac{t}{m_0+t}\approx 1$,因此存在:

$$P(k,t)\approx \frac{\beta}{\left[\omega m_n+(1-\omega)A_i\right]}\left[m_n+\frac{(1-\omega)A_i}{\omega}\right]^{\left(1+\frac{\beta}{\omega}\right)}\left[k+\frac{(1-\omega)A_i}{\omega}\right]^{-\left(1+\frac{\beta}{\omega}\right)} \quad (6.9)$$

从而可认为 $P(k,t)\sim k^{-\left(1+\frac{\beta}{\omega}\right)}$,其中 $\beta=\frac{\left[2\omega m^*+(1-\omega)A^*\right]\eta^*}{m_n\eta_i}$,因此,在此模型中网络节点度分布的幂指数满足式(6.10):

$$\gamma = 1+\frac{\beta}{\omega} = 1+\frac{\left[2\omega m^*+(1-\omega)A^*\right]\eta^*}{m_n\eta_i\omega} > 1 \quad (6.10)$$

从式(6.10)可知,该结构模型所模拟网络的节点度分布的幂指数大于1,然而其值并不是固定不变的,与节点适应度分布 Ω、资源匹配度分布 Γ、新节点带边分布 O、权重 ω 等因素存在紧密的关系。按照所确定的择优连接规则与增长规则,网络仍近似服从幂律分布。

6.2.4　共生网络结构模型的 Matlab 分析

结合第 5 章的相关结论,对上述模型算法的初始条件、终止条件、相关参数等进行合理赋值或给定特定的分布。网络节点度分布采取如下思路获取:按照既定的网络模型、演化规则与给定参数,通过计算机生成模拟网络,统计度数为 k 的节点频数,然后以频率代替概率,即以网络中度数为 k 的节点数占总节点数的比例(频率),作为概率 $P(k)$ 的近似值,并计算网络的相关的指标值与绘制网络节点度分布图。设定初始节点数目 $m_0=4$,节点之间按照完全图连接;其他参数根据分析需要设置;新节点采用"轮盘赌"方式选择连接对象,即计算原有节点连接的累积概率,产生随机数,根据随机数在赌盘上的位置,选择与原有网络中的哪一个节点相连接。

1）网络形成过程及其讨论

设定适应度 η_i 的分布 Ω 为（0,1）均匀分布；节点匹配度参数 a_i 的分布 Γ 为（0,30）均匀分布①；新节点所带的边 m_n 的分布 O 为 $\lambda=1$ 的泊松分布，且要求 $1 \leqslant m_n \leqslant m_0+t$；权重 $\omega=0.75$。当网络增长规模 $N(N=m_0+t)$ 分别取 50、100、200 和 1 000 时，分析模拟共生网络的拓扑结构和节点度分布。

在上述条件下的某次数值实验中，模拟共生网络的拓扑结构及节点度分布如图 6.1 和 图 6.2 所示，相关指标值如表 6.1 所示。

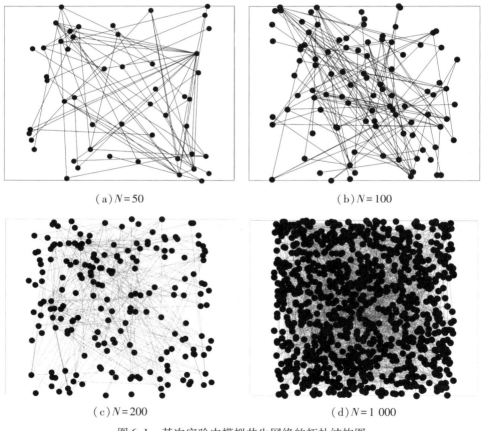

（a）$N=50$ （b）$N=100$

（c）$N=200$ （d）$N=1\,000$

图 6.1　某次实验中模拟共生网络的拓扑结构图

① a_i 的分布 Γ 取（0,30）均匀分布主要考虑了节点度的变化范围，区间如果太小则不能反映 a_i 的影响。

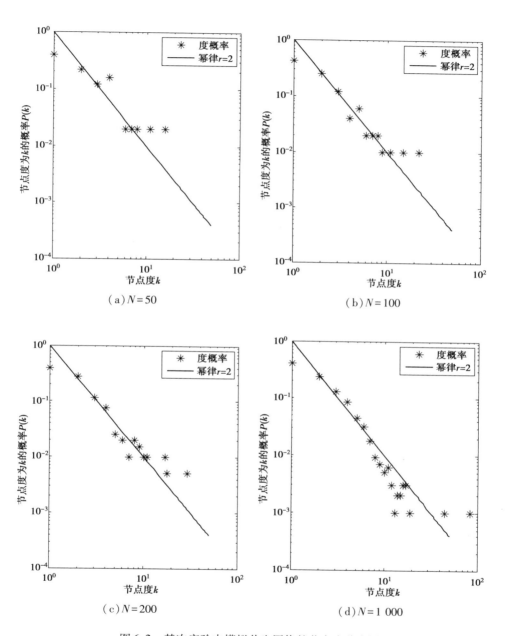

（a）$N = 50$ （b）$N = 100$

（c）$N = 200$ （d）$N = 1\ 000$

图 6.2 某次实验中模拟共生网络的节点度分布图

表 6.1　某次实验中模拟共生网络的相关指标值

规模 (N)	平均度 ($<k>$)	平均路径长度 (L)	集聚系数 (C)	度的最大值 (k_{max})	备注
50	2.56	3.849 8	0.106 0	16	设定 Ω 为(0,1)均匀分布,
100	2.74	3.893 9	0.061 5	22	Γ 为(0,30)均匀分布,O 为
200	2.83	4.271 5	0.025 4	28	$\lambda=1$ 的泊松分布,且要求 $1\leqslant$
1 000	2.76	5.251 0	0.004 6	84	$m_n\leqslant m_0+t$; $\omega=0.75$

经多次实验,该结构模型所得的网络绝大多数具有与上述实验相似的结构特征,指标总体上波动不大。因此,按此建模方法所得到的模拟网络结构特征与真实共生网络较为吻合:当网络规模较大时,新节点所带的边 m_n 服从 $\lambda=1$ 的泊松分布(要求 $1\leqslant m_n\leqslant m_0+t$),可使网络的平均度在 2.7 左右波动,平均路径长度在 4.7 左右波动;随着网络规模的增加,平均路径长度有所上升,集聚系数下降明显;在图 6.2(d)中,通过对节点度与其概率进行拟合可得出,模拟网络的幂指数值仅为 1.761,与真实共生网络幂指数较为接近。然而,该结构模型也存在不足之处:它所得的模拟网络相比真实共生网络具有更低的集聚系数;模拟网络中度数为 1 的末梢节点数量偏少。

2)资源匹配度对网络结构的影响

设定 $N=1\,000$,$\omega=0.75$,η_i 的分布 Ω 为(0,1)均匀分布,m_n 的分布 O 为 $\lambda=1$ 的泊松分布(且要求 $1\leqslant m_n\leqslant m_0+t$)。比较 a_i 的分布 Γ 服从(0, 30)的均匀分布和为 0 值的情形下对网络结构的影响。在该条件下的某次数值实验中,模拟共生网络的节点度分布如图 6.3 所示,相关指标值如表 6.2 所示。

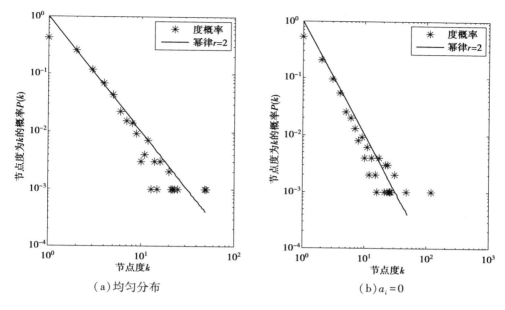

图 6.3 某次实验中 a_i 变化对应模拟共生网络的节点度分布

　　经过多次实验显示,考虑节点资源匹配度会显著地降低网络幂指数和节点中度的最大值,使网络中度值相对"大"的节点数量增加。因此,考虑节点资源匹配度对共生网络结构建模有着重要意义,能降低网络的幂指数,使建立的共生网络结构模型更接近真实共生网络。

表 6.2 某次实验中 a_i 变化对应模拟共生网络的相关指标值

匹配度 (a_i)	规模 (N)	平均路径长度 (L)	集聚系数 (C)	度的最大值 (k_{max})	幂指数 (γ)	备注
均匀分布	1 000	5.420 6	0.010 7	61	1.736	设定 Ω 为 $(0,1)$ 均匀分布,O 为 $\lambda = 1$ 的泊松分布,且要求 $1 \leqslant m_n \leqslant m_0 + t, \omega = 0.75$
$a_i = 0$	1 000	4.667 1	0.017 2	104	2.187	

3）权重 ω 变化对网络结构的影响

设定 $N=1\,000$，η_i 的分布 Ω 为 $(0,1)$ 均匀分布，a_i 的分布 Γ 为 $(0,30)$ 均匀分布，m_n 的分布 O 为 $\lambda=1$ 的泊松分布（且要求 $1 \leqslant m_n \leqslant m_0+t$）。考虑权重 ω 变化对网络结构的影响，分别取 0.9、0.5、0.1。某次实验中，在不同权重影响下模拟共生网络的节点度分布如图 6.4 所示，相关指标值如表 6.3 所示。

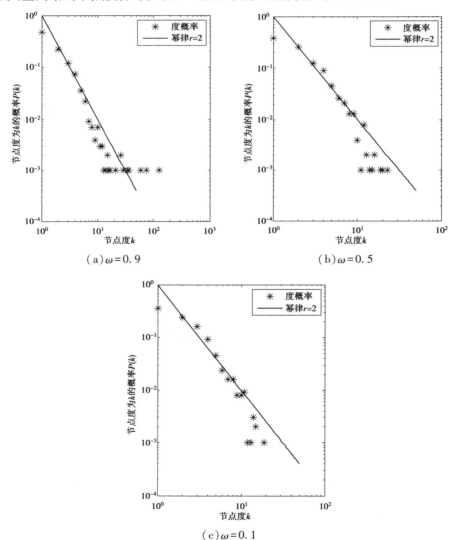

图 6.4　某次实验中权重 ω 变化对应模拟共生网络的节点度分布

表 6.3　某次实验中权重 ω 变化对应模拟共生网络的相关指标值

权重 （ω）	规模 （N）	平均度 （$<k>$）	平均路径长度 （L）	集聚系数 （C）	度的最大值 （k_{max}）	幂指数 （γ）	备注
0.9	1 000	2.72	4.737 1	0.006 3	107	2.165	设定 Ω 为 $(0,1)$ 均匀分布，Γ 为 $(0,30)$ 均匀分布，O 为 $\lambda=1$ 的泊松分布，且要求 $1 \leqslant m_n \leqslant m_0+t$
0.5	1 000	2.68	6.137 6	0.004 5	27	—	
0.1	1 000	2.69	6.302 2	0.001 8	18	—	

在该条件下经多次实验显示，权重 ω 的变化对网络结构会产生非常明显的影响。当 ω 值较高时，模拟网络具有更短的平均路径长度、相对偏大的集聚系数、较大的幂指数，网络中存在一定数量度值高的节点，且节点中度的最大值有显著的增加，如图 6.4(a) 中少数节点的度在 100 以上；然而，当 ω 取 0.5 和 0.1 时，网络节点中度的最大值显著地降低，如图 6.4(c) 中节点度的最高值不到 20，与真实网络不符，节点度分布运用幂律分布进行拟合已不适合。因此，权重 ω 对网络结构有着显著影响，当 ω 较小时，会使网络节点连接具有很强的随机性。

4）适应度 η_i 对网络结构的影响

设定 $N=1 000$，$\omega=0.75$，a_i 的分布 Γ 为 $(0,30)$ 均匀分布，m_n 的分布 O 为 $\lambda=1$ 的泊松分布（且要求 $1 \leqslant m_n \leqslant m_0+t$）。比较 η_i 服从 $(0,1)$ 均匀分布和为常数 1 的情形，分析其对网络结构的影响。在某次实验中，适应度变化对应的模拟网络的网络节点度分布如图 6.5 所示，相关指标值如表 6.4 所示。

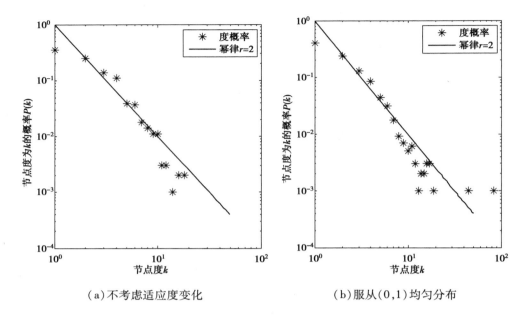

（a）不考虑适应度变化　　　　　　　（b）服从（0,1）均匀分布

图6.5　某次实验中适应度 η_i 变化对应模拟共生网络的节点度分布

　　经过多次实验显示,网络结构建模在不考虑节点适应度变化时,会使模拟网络的节点度的最大值很小,大多在 20 左右,很少超过 25,这与真实网络不符。当择优规则受资源匹配度、权重 ω 因素影响时,考虑适应度参数能体现共生网络节点之间自身属性的内在差异,适应度高的节点更容易成长为网络的核心节点;如果不考虑适应度对择优规则的影响,会导致模拟网络的度分布较为均匀,网络缺乏度值高的"大"节点,与真实网络不符。因此,需要考虑节点适应度的影响,这对网络结构建模有着重要意义,可以体现节点自身属性的差异,使网络服从幂律分析,从而更准确地刻画了现实中的共生网络。

表 6.4　某次实验中适应度 η_i 变化对应模拟共生网络的相关指标值

适应度(η_i)	规模 (N)	平均路径长度 (L)	集聚系数 (C)	度的最大值 (k_{max})	备注
不考虑节点适应度	1 000	5.940 3	0.004 5	22	Γ 为 $(0,30)$ 均匀分布,O 为均值是 λ $=1$ 的泊松分布,且要求 $1 \leqslant m_n \leqslant m_0+t$, $\omega=0.75$
适应度服从$(0,1)$均匀分布	1 000	5.146 1	0.004 1	86	

6.2.5　结果分析及其现实意义

本书将节点多属性参数组合作为择优连接的依据,并分析网络节点增长带边的随机性,建立了一个具有幂律性和一定随机性的共生网络结构模型,研究结果及现实意义如下。

①根据所确立的共生网络节点间生成规则建立的结构模型,可使模拟网络具有与真实共生网络相似的特征,较好地模拟了共生网络的形成过程。当网络增长遵循节点带边 m_i 服从 $\lambda=1$ 的泊松分布(且要求 $1 \leqslant m_n \leqslant m_0+t$)的增长规则,网络择优连接规则考虑资源匹配度、节点适应度等因素作用时,运用修正的BA 模型所得的模拟共生网络具有如下特征:平均度在 2.7 左右波动,网络具有很小的集聚系数;网络仍然服从幂律分布,但网络中相对"大"的节点数量明显增多,节点度的最大值也有所下降,网络具有一定的非幂律特性,网络的幂指数相比 BA 模型有了显著降低。这些特征与第 5 章所揭示的真实共生网络的结构特征非常相近。因此,按照此规则建立的结构模型,可用于模拟共生网络的形成过程,有助于理解共生网络的形成规律。

②节点连接较高的机会成本,是导致共生网络具有低幂指数的重要原因。企业间废弃物资源化的合作行为通常具有较高的机会成本,这导致企业在选择

与其他企业建立连接时,不仅会考虑潜在连接节点的吸引力(度的大小),也会考虑彼此资源的匹配情况,是各个方面的综合权衡。换句话说,若网络中某个度值小的节点,相比度值大的节点在资源上具有更好的匹配性,新进入节点也可能会优先与匹配度好的节点连接。这使所建立的共生网络结构模型相比 BA 模型具有更大的不确定性,网络具有一定程度随机网络的连接特性。因此,共生网络节点连接的机会成本,使节点在选择与其他节点连接时,会考虑节点资源的匹配性,从而导致网络的度分布相比 BA 模型不会高度集中,网络中有更多的核心节点,这解释了为什么共生网络具有低幂指数、为亚标度网络的原因。亚标度网络是目前研究的热点,在现实系统中普遍存在,本书的研究也可用于解释节点连接具有较高机会成本的其他网络为亚标度网络的原因,因此具有一定的普适性。

③进一步解释了共生网络主要是围绕核心节点所形成的网络。按照所确立的节点间生成规则建立的结构模型,可使模拟网络仍服从幂律分布,网络存在少部分核心节点。正是这些度值高的核心节点,将网络有效地组织起来,形成了以核心企业为中心的废弃物资源化体系。政府要推动共生网络的发展,需要培育和支持这一部分企业成为区域废弃物资源化的核心企业;同时应给这些核心企业相关的支持,避免核心企业的消失,导致局部网络运行的停止、倒退甚至崩溃。

④受内部和外部相关参量的影响,共生网络可形成不同的结构形态。通过理论推导及数值分析显示,共生网络形成后结构并不是唯一的,区域节点的适应度(η)、废弃物产生情况(a)、废弃物与资源化设施的匹配情况($|a_i-a_n|$)、区域相关信息的有效性(ω)等因素都会影响共生网络结构。例如,区域废弃物与其资源化设施匹配度低,废弃物主要通过几个核心节点资源化,会导致某些节点具有很高的度值,从而使网络的幂指数偏大。因此,政府或社会组织可通过调节相关参量,影响共生网络的形成结构与形成过程。

⑤区域废弃物相关信息的有效性,对共生网络结构有着重要影响。共生网

络结构模型的 Matlab 数值分析显示，节点度的影响权重 ω 对网络结构有着显著的影响。随着 ω 的增加，网络度值高的节点数量减少，度的最大值增加，网络具有更高的幂指数；而随着 ω 的降低，网络节点间连接的随机性增强，进入网络的节点，其连接不再集中于少数几个节点，而是根据资源匹配特性选择最合适的位置，使网络度分布变得均匀，网络具有一定的随机网络的属性。ω 值的大小主要取决于区域信息的畅通情况、区域社会网络的成熟度等信息有效性因素。当区域企业间沟通方便、废弃物相关信息透明性高时，企业很容易获取废弃物资源化设施匹配信息，企业建立连接关系可以很容易找到最优的位置，此时 ω 偏小，网络连接的随机性较强，导致网络具有较低的幂指数，也提升了废弃物的利用效益。因此，政府应建立城市废弃物信息交互平台，提高区域废弃物相关信息的畅通度与透明度，从而促使共生网络更为有序。

⑥在相近的网络规模下，幂指数的大小在一定程度上反映了共生网络的发展状态。在初始阶段，资源匹配度低，加之信息不畅通，导致大量废弃物处置主要集中于少数几个企业，网络节点度较为集中，网络具有较高的幂指数；随着技术的发展、信息透明度的提高，废弃物处置变得多元化，网络具有更强的随机性，网络幂指数会有所降低。一般而言，集中化能提高规模效应，多元化能提高废弃物资源化效益。因此，在共生网络发展初期，政府为解决废弃物资源化问题，可充分发挥核心节点的影响力，鼓励采取集中的方式，这样可以在短期内形成共生网络体系，也可解决废弃物规模化生产问题，但这种方式会导致废弃物中资源价值未能得到有效挖掘，例如，城市大量各种类型的一般废弃物如果不能寻找到相应的资源化主体，则只能通过某个焚烧企业获取能量。随着共生网络的发展，应提供更畅通的废弃物交流平台与先进的废弃物资源化技术，使废弃物能寻找到更为恰当的位置，提高废弃物资源化效益。

总之，本书在 BA 模型的基础上，通过修正节点间的生成规则，建立的共生网络结构模型，捕捉到共生网络的形成规律，较好地解释了共生网络所表现出结构特征，并得出相关建设性的结论。研究指出，节点连接具有较高的机会成本,是导致共生网络具有低幂指数的重要原因。通过调节相关参量可以影响共生网络的形成结构与过程,对政府和社会组织引导、促进共生网络发展具有指导意义。

6.3 基于边增减的共生网络结构建模与分析

本书6.2节的共生网络结构建模,没有考虑网络原有节点间连接边的增加与删减,而在实际共生网络中,原有节点间的连接边也在不断地变动。本节拟通过共生网络结构建模,揭示共生网络原有节点间连接边的变动对共生网络结构的影响。基于此目的,为简化分析过程,本模型未考虑节点适应度、新节点带边不确定性等因素,仅探讨共生网络原有节点间连接边的增加与删减对共生网络结构的影响。

6.3.1 基于 BA 模型的共生网络生成规则的修正

1)增长规则的修正

本节在考虑节点数目增长的同时,考虑网络原有节点间边的增加和删减,即网络遵循增长规则、自增长规则和反择优衰退规则,后两种规则在6.3.2节予以说明。为简化分析,本节新节点所带的边 m 与 BA 模型的假定相同,不考虑 m 的波动,这点与6.2节中的结构模型有所差异。

2)择优连接规则修正

为便于分析,将影响节点连接概率的因素归为节点度和综合因子,节点 i 获取新连接的概率正比于节点度和综合因子的综合作用,即满足如下条件:

$$\prod(k_i) = \frac{\omega k_i + (1 - \omega) C_i}{\sum_j [\omega k_j + (1 - \omega) C_j]} \tag{6.11}$$

其中,k_i 为节点 i 的度;C_i 为除节点度外影响节点 i 连接概率的综合因子,

C_i 服从某种分布 H；ω 为节点度的影响权重，$\omega \in (0,1)$。

　　3）模型假设

　　除节点增长规则与 6.2 节模型假设不同外，本模型假设与 6.2 节模型假设相同，仅对节点的择优连接规则进行了简化。

6.3.2　共生网络结构模型的算法

　　根据上述设定的生成规则，共生网络结构模型的算法如下：

　　①初始状态。在初始时刻 $t=0$ 时，给点一个具有 m_0 个节点和 e_0 条边的初始网络，每个节点的综合因子被随机赋予参数值 C_i，C_i 服从某种分布 H。

　　②择优生长。在每个时间步，增加一个新节点 n，新节点带有 m 条新边，与网络中原有 m 个（其中 $0<m \leqslant m_0$）不同的节点相连接，且新节点 n 与旧节点 i 相连接的择优连接概率 $\prod(k_i)$ 满足式（6.11）。

　　③择优自增长。在每个时间步，在原网络中择优选择节点，再增加 s 条新边，新连接边的两个端点均以式（6.11）中的择优概率 $\prod(k_i)$ 被选取。

　　④反择优衰退。在每个时间步，在原网络中删除 l 条已有边（其中 $l \geqslant 0$），删除连接边的两个端点均以反择优概率被选取，即原有节点 i 成为被删除连接边的一个端点的概率为：

$$\prod{}^*(k_i) = \frac{1 - \prod(k_i)}{N(t) - 1} \qquad (6.12)$$

　　其中，$N(t)$ 表示在 t 时刻网络中所有节点的数量，即 $N(t) = m_0 + t$，$[N(t)-1]^{-1}$ 为归一化系数，使 $\sum\limits_i \prod{}^*(k_i) = 1$。

　　⑤在初始条件下，共生网络在每个时间步长都会经过②～④步的演化过程，直至达到一个预定的演化状态。

6.3.3　共生网络结构模型的理论解析

　　与 6.3 节的节点度分布的理论推导相似，本书仍选用平均场方法推导度分布函数。

增加一个带 m 条边的新节点,对原有网络中节点 i 度的影响如下:

$$\frac{\partial k_i}{\partial t} \approx m \prod (k_i) \tag{6.13}$$

在原网络中增加 s 条新边,对原有网络中节点 i 度的影响如下:

$$\frac{\partial k_i}{\partial t} = s \left[\prod (k_i) \times 1 + \sum_{j \neq i} \prod (k_j) \prod (k_i) \right] \tag{6.14}$$

其中,$\prod (k_i) \times 1$ 表示以择优概率选择网络中原有节点 i 作为新增连接边一个端点所引起度增长的变化率;$\sum_{j \neq i} \prod (k_j) \prod (k_i)$ 表示在原有网络内选取节点 $j(j \neq i)$ 为新增连接边的一个端点,且连接边的另一个端点为 i 所引起度增长的变化率。

在原网络中删除 l 条已有连接边,删除连接边的两个端点均以反择优概率 $\prod{}^{*}(k_i)$ 被选取,此时有:

$$\frac{\partial k_i}{\partial t} = -l \left[\prod{}^{*}(k_i) \times 1 + \sum_{j \neq i} \prod{}^{*}(k_j) \prod{}^{*}(k_i) \right] \tag{6.15}$$

其中,$\prod{}^{*}(k_i) \times 1$ 表示以反择优概率选择网络中原有节点 i 作为删除连接边一个端点所引起度减少的变化率;$\sum_{j \neq i}{}^{*} \prod (k_j) \prod{}^{*}(k_i)$ 表示在原有网络内选取节点 $j(j \neq i)$ 为删减连接边,且连接边的另一个端点为 i 所引起度减少的变化率。

在 t 时间步,网络中节点数量 $N(t) = m_0 + t$,当 t 足够大时,$N(t) - 1 = m_0 + t - 1 \approx t$,网络的度:

$$\sum_j k_j = 2e_0 + 2(m + s - l)t \approx 2(m + s - l)t$$

$$\prod (k_i) = \frac{\omega k_i + (1 - \omega) C_i}{\sum_j [\omega k_j + (1 - \omega) C_j]} = \frac{\omega k_i + (1 - \omega) C_i}{2\omega(m + s - l)t + (1 - \omega) C^* t}$$

$$\prod{}^{*}(k_i) = \frac{1 - \prod (k_i)}{N(t) - 1} = \frac{1}{t} \left[1 - \frac{\omega k_i + (1 - \omega) C_i}{2\omega(m + s - l)t + (1 - \omega) C^* t} \right]$$

为此网络的演化动力学方程可化简为：

$$\frac{\partial k_i}{\partial t} = m\prod(k_i) + s\left[\prod(k_i)\times 1 + \sum_{j\neq i}\prod(k_j)\prod(k_i)\right] - l\left[\prod{}^*(k_i)\times 1 + \sum_{j\neq i}\prod{}^*(k_j)\prod{}^*(k_i)\right]$$

$$= m\prod(k_i) + s\left\{2\prod(k_i) - \left[\prod(k_i)\right]2\right\} - l\left\{2\prod{}^*(k_i) - \left[\prod{}^*(k_i)\right]2\right\}$$

$$= (m+2s)\frac{\omega k_i+(1-\omega)C_i}{2\omega(m+s-l)t+(1-\omega)C^*t} - s\left[\frac{\omega k_i+(1-\omega)C_i}{2\omega(m+s-l)t+(1-\omega)C^*t}\right]^2 -$$

$$2l\frac{1}{t}\left[1 - \frac{\omega k_i+(1-\omega)C_i}{2\omega(m+s-l)t+(1-\omega)C^*t}\right] + l\left\{\frac{1}{t}\left[1 - \frac{\omega k_i+(1-\omega)C_i}{2\omega(m+s-l)t+(1-\omega)C^*t}\right]\right\}^2$$

$$\approx (m+2s)\frac{\omega k_i+(1-\omega)C_i}{2\omega(m+s-l)t+(1-\omega)C^*t} - 2l\frac{1}{t}$$

$$= \left[(m+2s)\frac{\omega k_i+(1-\omega)C_i}{2\omega(m+s-l)+(1-\omega)C^*} - 2l\right]\frac{1}{t} \tag{6.16}$$

令 $\alpha = \dfrac{m+2s}{2\omega(m+s-l)+(1-\omega)C^*}$，则 $\dfrac{\partial k_i}{\partial t} = \left[\left[\omega k_i+(1-\omega)C_i\right]\alpha - 2l\right]\dfrac{1}{t}$，调整为

一阶线性微分方程得到：$\dfrac{\partial k_i}{\left[\omega k_i+(1-\omega)C_i\right]\alpha - 2l} = \dfrac{\partial t}{t}$，同时存在 $k_i(i) = m$，得到

$k_i(t)$ 的式如下：

$$k_i = \frac{1}{\alpha\omega}\left[\left(\alpha\omega m + \alpha(1-\omega)C_i - 2l\right)\left(\frac{t}{i}\right)^{\alpha\omega} + 2l - \alpha(1-\omega)C_i\right] \tag{6.17}$$

因为计算网络度分布时需要随机选取一个节点，为此 $k_i(t)$ 中的 i 可看作随机变量，且按等间隔时间增加节点，i 应该在 $t+m_0$ 个节点中服从均匀分布，即 $\rho(i) = \dfrac{1}{(m_0+t)}$，于是由动力学方程解网络度分布可推导如下：

$$P\left\{k_i(t) < k\right\}$$

$$= P\left\{\frac{1}{\alpha\omega}\left[\left(\alpha\omega m + \alpha(1-\omega)C_i - 2l\right)\left(\frac{t}{i}\right)^{\alpha\omega} + 2l - \alpha(1-\omega)C_i\right] < k\right\}$$

$$= P\left\{\left(\frac{t}{i}\right)^{\alpha\omega} < \frac{\alpha\omega k + \alpha(1-\omega)C_i - 2l}{\alpha\omega m + \alpha(1-\omega)C_i - 2l}\right\} = P\left\{i > t\left(\frac{\alpha\omega k + \alpha(1-\omega)C_i - 2l}{\alpha\omega m + \alpha(1-\omega)C_i - 2l}\right)^{-\frac{1}{\alpha\omega}}\right\}$$

$$= 1 - P\left\{i \leqslant t\left(\frac{\alpha\omega k + \alpha(1-\omega)C_i - 2l}{\alpha\omega m + \alpha(1-\omega)C_i - 2l}\right)^{-\frac{1}{\alpha\omega}}\right\} = 1 - \frac{t}{m_0 + t}\left(\frac{\alpha\omega k + \alpha(1-\omega)C_i - 2l}{\alpha\omega m + \alpha(1-\omega)C_i - 2l}\right)^{-\frac{1}{\alpha\omega}}$$

$$(6.18)$$

节点度分布函数满足：

$$P(k,t) = \frac{\partial P\{k_i(t) < k\}}{\partial k} = \frac{1}{\alpha\omega m + \alpha(1-\omega)C_i - 2L_i} \frac{t}{m_0 + t}\left[\frac{\alpha\omega k + \alpha(1-\omega)C_i - 2l}{\alpha\omega m + \alpha(1-\omega)C_i - 2l}\right]^{-\left(1+\frac{1}{\alpha\omega}\right)}$$

$$= \frac{t}{m_0 + t} \frac{1}{\alpha\omega m + \alpha(1-\omega)C_i - 2l}\left[m + \frac{(1-\omega)C_i}{\omega} - \frac{2l}{\alpha\omega}\right]^{\left(1+\frac{\beta}{\omega}\right)} \cdot$$

$$\left[k + \frac{(1-\omega)C_i}{\omega} - \frac{2l}{\alpha\omega}\right]^{-\left(1+\frac{1}{\alpha\omega}\right)}$$

$$(6.19)$$

当 t 较大时，存在 $\frac{t}{m_0 + t} \approx 1$，因此存在：

$$P(k,t) \approx \frac{1}{\alpha\omega m + \alpha(1-\omega)C_i - 2l}\left[m + \frac{(1-\omega)C_i}{\omega} - \frac{2l}{\alpha\omega}\right]^{\left(1+\frac{\beta}{\omega}\right)}\left[k + \frac{(1-\omega)C_i}{\omega} - \frac{2l}{\alpha\omega}\right]^{-\left(1+\frac{1}{\alpha\omega}\right)}$$

$$(6.20)$$

从而可认为 $P(k,t) \sim k^{-\left(1+\frac{1}{\alpha\omega}\right)}$，其中 $\alpha = \frac{m+2s}{2\omega(m+s-l) + (1-\omega)C^*}$，因此，在此模型中网络的度分布的幂指数满足下式：

$$\gamma = 1 + \frac{1}{\alpha\omega} = 1 + \frac{2\omega(m+s-l) + (1-\omega)C^*}{\omega(m+2s)} > 1 \qquad (6.21)$$

从式（6.21）可知，该结构模型所模拟网络的度分布的幂指数大于1，然而其值并不是固定不变的，与新增节点所带的边 m、原有网络边的增加 s 和删减 l、综合因子 C_i 的分布 H、权重 ω 等联系，因此，可认为网络度分布仍服从幂律分布。

6.3.4　共生网络结构模型的 Matlab 分析

1）参数设置

根据上述结构模型与相关假设,对相关参数进行如下设置:

①初始状态设置。假设 $m_0=4$,初始网络为完全图网络。

②网络增长规则设置。假设在每个时间步,新节点所带的边 $m=2$,原有节点间新增边 $s=2$,原有节点间删除边 $l=1$。需指出的是,在程序设计中,若增边选取的两个节点之间已存在联系,再增加一个联系仍然视为一个联系。此外,对这几个参数根据分析需要进行调整。

③假设综合因子服从的分布 H 为 $(0,30)$ 的均匀分布。

④根据前一节的相关结论,权重 $\omega=0.75$。

⑤网络增长规模视网络分析需要进行调整等。

2）网络形成过程分析

根据上述参数设置,当 $N(N=m_0+t)$ 分别取 50、100、200 和 1 000 时,分析模拟共生网络的拓扑结构和节点度分布。在上述条件下的某次数值实验中,模拟网络的拓扑结构及节点度分布如图 6.6 和图 6.7 所示,相关指标值如表 6.5 所示。

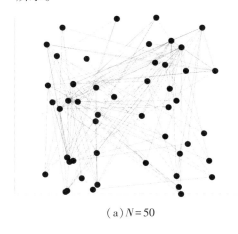
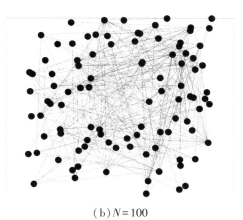

$(a)N=50$　　　　　　　　　　　　　　$(b)N=100$

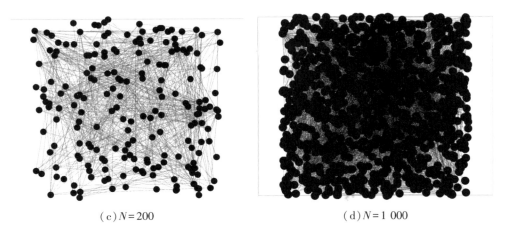

（c）$N=200$　　　　　　　　　　　（d）$N=1\,000$

图 6.6　某次实验中模拟共生网络的拓扑结构图

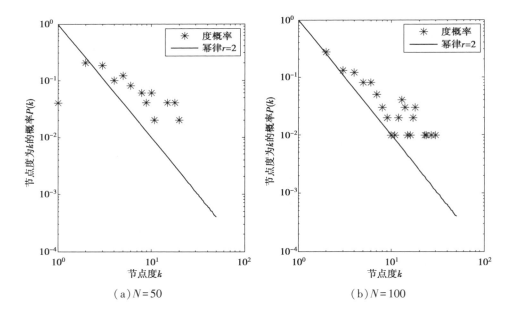

（a）$N=50$　　　　　　　　　　　（b）$N=100$

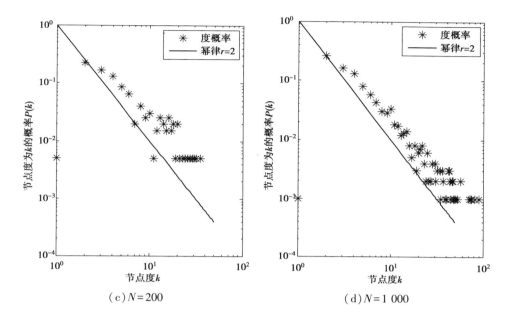

图 6.7　某次实验中模拟共生网络节点度分布图

表 6.5　某次实验中模拟共生网络的相关指标值

规模 （N）	平均路径长度 （L）	集聚系数 （C）	度的最大值 （k_{max}）	备注
50	2.349 4	0.250 9	22	设定 H 为（0,30）均匀分布，新节点带边 $m=2$，新增边 $s=2$，删除边 $l=1,\omega=0.75$
100	2.577 6	0.202 7	45	
200	2.856 6	0.121 5	58	
1 000	3.360 0	0.049 9	94	

经过多次实验显示，结构模型所得的模拟共生网络，绝大多数具有上述实验相似的结构特征，指标波动小。根据表 6.5 和图 6.7 显示，网络度分布趋近幂律分布；随着网络规模的扩大，网络中节点度的最大值不断增加，网络平均路径长度也不断增加，而集聚系数也下降明显，符合共生网络发展的相关规律。

需要指出的是，模拟网络相比真实网络，平均路径长度太短，幂指数大于 2，主要原因是没有考虑节点适应度与资源匹配度的影响。

3）原有网络增边 s 对网络结构的影响

假设 $N=1\,000$，$\omega=0.75$，$l=1$，比较网络原有节点间新增边 s 分别取值为 0、1、2 对网络的影响。在该条件下的某次实验中，不同 s 值对应模拟网络的度分布如图 6.8 所示，分析指标如表 6.6 所示。

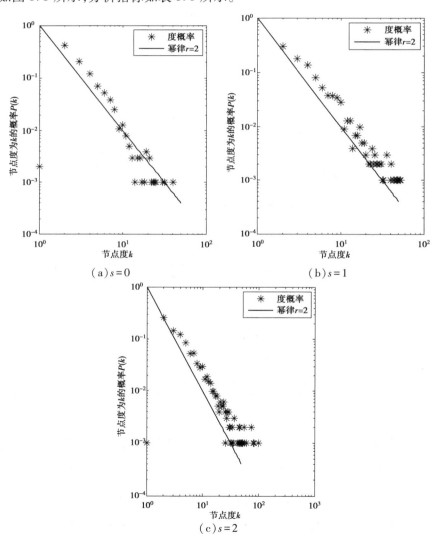

图 6.8　某次实验中增边 s 变化对应模拟共生网络的节点度分布

表 6.6　某次实验中增边 s 变化对应模拟共生网络的相关指标值

每步新增边(s)	规模(N)	平均度(<k>)	平均路径长度(L)	集聚系数(C)	度的最大值(k_{max})	备注
0	1 000	3.982 0	4.527 0	0.009 7	43	设定 H 为(0,30)均匀分布,新节点带边 m=2,新增边 s 变化,删除边 l=1,ω=0.75
1	1 000	5.850 0	3.715 6	0.027 5	66	
2	1 000	7.606 0	3.174 5	0.054 6	102	

　　经过多次实验显示,随着 s 值的增加,网络的平均集聚系数、平均度增长明显,平均路径长度也有显著下降,这表明 s 值对网络的成熟度有显著影响;从图 6.8 可以发现,s 值对网络的幂指数也存在一定的影响,但总体波动较小。

　　4）原有网络删边 l 对网络结构的影响

　　假设 N=1 000,ω=0.75,s=0,比较网络原有节点间删边 l 分别取 0、2 对网络的影响。在该条件下,在某次实验中,不同 l 值对应网络的度分布情况如图 6.9 所示,对应网络分析指标如表 6.7 所示。

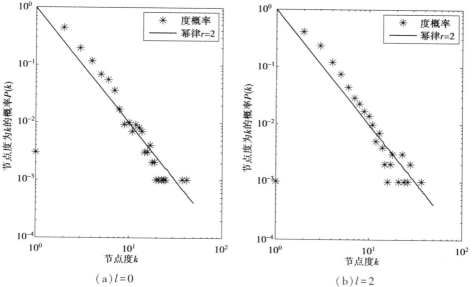

(a)l=0　　　　　　　　　　(b)l=2

图 6.9　某次实验中删边 l 变化对应形成模型所得网络的节点度分布

表6.7　某次实验中删边 l 变化对应网络的相关指标值

每步删边 (s)	规模 (N)	平均度 ($<k>$)	平均路径长度(L)	集聚系数 (C)	度的最大值 (k_{max})	备注
0	1 000	3.988 0	4.332 7	0.016 8	47	设定 H 为 $(0,30)$ 均匀分布,新节点带边 $m=2$,新增边 s 变化,删除边 $l=1$,$\omega=0.75$
2	1 000	3.786 0	4.579 9	0.008 7	39	

经过多次实验显示,$l(l>0)$ 的存在,会使网络的平均度、集聚系数降低,平均路径增长,导致网络的幂指数有所下降,但对幂指数的影响很不显著。

6.3.5　结果分析及其现实意义

为了进一步揭示共生网络的形成规律,本节在6.2节研究的基础上,考虑网络原有节点间边的增加和删减对网络结构的影响,建立了相应的共生网络结构模型,通过理论推导与 Matlab 数据分析,主要研究结果及现实意义如下。

①共生网络原有节点间增边和删边会降低网络度分布的幂指数。

从理论推导公式可以发现,增边和删边会降低网络的幂指数,这是因为网络原有节点间增边和删边,使网络中各节点的度分布更加均衡,减缓了网络节点度分布幂律曲线的下降趋势,从而在一定程度上降低了网络度分布的幂指数,这在某种程度上也解释了共生网络随着成熟度的提高,网络具有更低幂指数的原因;但在 Matlab 数值分析中,增边与删边对幂指数的影响并不显著,很难发现增边与删边对网络幂指数变化的显著影响。

②考虑网络原有节点连接边的增加与删减,即考虑网络自我调节、自我增长的能力,能更真实地展示共生网络形成过程。

在网络原有节点间增加新边,能显著地提高网络结构的平均度、集聚系数,降低网络的平均路径长度,从而提高网络的成熟度,这也解释了英国 WISP 共生网络在节点数量大幅增加的情况下,平均度增加、平均路径长度降低的原因。共生网络自身是个联系紧密的社会网络,是一群围绕废弃物资源化目标所形成的"小团体",为了共同的目标,企业开始积极广泛地展开接触,彼此之间的社会联系得到加强,从而在网络原有节点间产生了更多连接。这说明通过企业自身的主动性活动,可以创造出一个更加有序的网络状态,在这样的环境中,企业可以更好地获取所需信息,网络内部由于相互影响会产生所谓的共同意识,形成正反馈机制,推动共生网络向成熟度方向发展。

6.4 本章小结

本章通过共生网络生成规则的研究,构建了两类共生网络结构模型,通过理论推导与 Matlab 数值分析,解释并进一步探讨了共生网络结构的形成规律,主要结论可归纳如下。

①遵循修正的增长规则与择优连接规则建立的共生网络结构模型,很好地解释了共生网络的形成特征与规律。节点自身属性(适应度)在一定程度决定了其能否获取更多连接、成为核心节点的可能性;节点规模效应、资源效应、领先效应和集聚效应等因素导致度越大的节点更容易获得新的连接,即节点择优连接遵循马太效应。然而,共生网络节点连接存在较高的机会成本,使节点间的资源匹配性成为影响节点择优连接的重要因素。基于这些因素确立的网络节点间的生成规则,建立的共生网络结构模型,较好地解释了共生网络存在一定数量的核心节点、具有低幂指数等特征的原因。

②受内部和外部各种参量的影响,共生网络可形成不同的结构形态。区域企业的适应度、废弃物产生情况、废弃物与其资源化设施的匹配情况、相关信息的有效性等因素都会影响共生网络结构。因此,政府通过调节相关参量,可影响共生网络结构,指导共生网络发展。

③在相近网络规模下,幂指数的大小在一定程度上反映了共生网络的发展

状态。在共生网络形成的初级阶段,共生网络具有较高的幂指数;随着技术的发展、信息透明度的提高以及共生网络成熟度的提高,共生网络幂指数会有所降低。这也表明,在共生网络发展初期,政府可充分发挥核心节点的作用;随着共生网络的发展,应提供更畅通的信息交流平台与废弃物技术,使废弃物能寻找到更为恰当的位置,使共生网络从低级有序向高级有序发展。

④共生网络本身是企业围绕废弃物资源化目标所形成的"小团体",节点间的相互影响,产生共同意识,形成正反馈机制,从而通过自组织方式在网络内建立起更多的连接关系,推动共生网络向成熟方向发展。

总之,掌握共生网络的形成规律,能更好地提供共生网络形成的条件与外部环境,使共生网络能够按照自身发展规律良性发展,政府在共生网络形成历程中,可以起到四两拨千斤的作用。

第 7 章　城市废弃物资源化共生
网络形成的保障体系研究

正如前几章指出,城市废弃物资源化共生网络的形成,需要原有城市废弃物管理系统远离平衡态,需要外界向系统提供足够大的负熵,也需要外界积极培育或促使共生网络核心节点形成,并在网络局部起到他组织作用。然而,这些条件的满足与相关行动的实施,都离不开政府、社会相关主体的积极作用,需要政府与社会不断地完善共生网络形成的保障体系。为此,本章首先探讨共生网络形成保障体系的作用与构成;以中国为背景,基于前几章研究的相关结论,借鉴发达国家促进废弃物循环利用方面的发展经验,分析政府、社会组织和公众 3 类主体在共生网络形成中的作用,从规制性政策、市场性政策与参与性政策 3 个方面,研究推动共生网络形成的政策侧重点;最后从城市废弃物回收体系、技术创新、信息交互平台方面,对共生网络形成的相关支撑平台提出若干建议。

7.1　共生网络形成的保障体系的作用与构成

城市废弃物资源化共生网络任由企业自发发展很难形成,需要政府与社会的积极作用,不断完善共生网络形成的保障体系。基于此目的,本节主要探讨共生网络形成保障体系的作用与构成。

7.1.1　共生网络形成的保障体系的作用

完善共生网络形成的保障体系,其主要作用是使原有城市废弃物管理系统远离平衡态,向系统提供足够的负熵,积极培育共生网络核心节点形成,以及根据需要适当地对网络局部进行他组织等。具体而言,由于以下几个方面的原因,需要配套的保障体系发挥作用,为共生网络形成创造内外部条件或环境。

(1)促使企业参与共生网络,需要克服废弃物资源化市场失灵障碍

正如第4章指出,共生网络的形成,需要众多企业的协同作用。然而废弃物是一种特殊的资源,要使更多的企业参与或实施废弃物资源化项目,政府首先要克服废弃物资源化市场失灵障碍。一般而言,市场的正常运作,需要满足主体行为没有明显的外部性、资源产权要清晰、市场要完全竞争等条件,否则会导致市场失灵。按照凯恩斯观念,市场失灵需要借助市场以外的力量,政府和社会干预成为必然。废弃物相关活动具有很强的外部性,存在废弃物产权不明确、废弃物交易缺乏竞争性等问题,这使废弃物资源化市场存在严重的市场失灵现象,导致共生网络的形成需要政府和社会的干预。

废弃物相关活动的外部性是共生网络发展需要政府和社会干预的根源。外部性的实质是生产过程中私人成本(收益)与社会成本(收益)的不一致,两者之差即形成了外部性,根据作用效果可分为负外部性和正外部性。负外部性是指行为人的行为对他人或公共环境利益有减损效应;对于负外部性,庇古认为经济主体在进行决策时,只将实际承担的成本和获得的收益进行比较,不会考虑外溢的社会成本,从而使其实际承担的成本小于其行为所造成的社会成本,进而会过量从事能产生外溢成本的活动。正外部性是指行为人实施的行为对他人或公共环境利益有溢出效应;对于正外部性,诺斯从"搭便车"入手,指出某个经济主体行为收益的溢出,意味着第三方不用付费就可以享受收益,导致经济当事人个人收益与社会收益差额扩大,从而影响行为人的积极性。外部性使成本与收益不对称,导致市场失灵,需要政府和社会促使边际私人成本(收

益)与边际社会成本(收益)相重合。废弃物排放与资源化行为具有显著的外部性,需要政府和社会的干预,具体原因如下。

①废弃物排放行为是典型的负外部性问题,企业或个人向环境排放废弃物,会对生态造成负面作用,如果未承担相应的责任,会使其行为的社会成本大于私人成本。这种负外部性的存在,造成自然资源价格偏低,不能反映其稀缺程度,导致资源与环境遭到滥用,从而在产生大量废弃物的同时,使废弃物作为原料相比原生资源缺乏竞争性,影响企业参与共生网络的积极性。目前,由于资源与环境保护一般没有明晰的产权界限,必然要求政府行使公共权力。按照市场公平原则,政府应要求废弃物排放者给予社会相应的补偿,以弥补对社会的负外部性。政府和社会的监督或干预,也会促使企业采用清洁生产技术或与其他企业建立共生关系,自发地解决废弃物问题,使废弃物的负外部性问题内部化。

②废弃物资源化行为能减少废弃物对环境造成的负面影响,节约自然资源,增加自然资源的可持续性和社会福利,具有良好的环境和社会效益。然而,这种效益不能通过市场让行为主体获得,而其他受益者往往可以"搭便车",没有因受益而付费或因受益程度难以确定而无法付费,此时行为主体的私人收益小于社会收益,导致废弃物资源化主体失去动力。因此,政府应在特定的条件下进行干预,建立相应的制度与政策,给予废弃物资源化企业相应的扶持或补贴,增加废弃物资源化企业收益,促使企业持续稳定运作。

总体来看,要促使企业积极参与共生网络,克服废弃物相关活动的外部性至关重要,通过这种行为能维护市场公平,提高资源配置的效率,因此,需要政府和社会完善共生网络形成的保障体系。

(2)促使原有系统远离平衡态,需培育与健全相关市场,完善共生网络形成的基础设施,弥补市场供给的不足

远离平衡态意味着系统已脱离混乱状态,初步形成了性质上相互独立、功能上相互补充的子系统。城市废弃物管理系统最关键的是废弃物资源化子系

统,该子系统涉及众多产业,尤其是再生资源产业、环保产业。而目前很多城市,这类产业的市场发育还很不完善,包括经济主体、空间分布、组成要素等都不能够支持一个良好的市场体系,存在市场主体发育不良、市场结构不健全、不同区域市场关联性差等问题。配套市场缺陷与市场主体缺位,需要政府采取相应的政策,鼓励企业进入该类产业,培育和完善相关产业市场。

在城市废弃物管理系统中,很多基础设施如废弃物回收设施、城市废弃物信息交互平台、城市矿产基地和生态工业园区基础设施等,都具有公共物品或准公共物品的属性。从经济学的视角来看,对这类投资,企业的投资收益不能独享,不具有排他性,这种特殊属性决定了这些设施很难完全由私人提供,私人提供必然导致供给远小于社会需求,即市场在公共物品的资源配置方面存在失效。所以在大多数国家,这类设施的供给一般在政府的直接参与或引导下提供。

(3)促使企业追求更高的资源与环境目标,需要监督或支持企业行为,并在网络局部实施他组织

正如4.3节指出,城市废弃物管理系统向有序、高效的共生网络进化,需要相关企业追求更高的资源与环境目标。然而,要使以获取经济效益为根本目标的私人企业追求更高的环境目标,不仅需要政府营造更高要求的政策环境,而且需要政府与社会的监督、管理或支持。

对废弃物排放企业而言,要使其积极参与共生网络,需使企业参与共生网络的成本小于废弃物处置成本,这就要求政府或社会采取相应的措施或提供相应的平台,降低企业间共生关系的建立成本或提升废弃物低效处置成本。

对废弃物资源化企业而言,企业从事废弃物资源化活动,往往是因为该活动具有显著的经济效益,对于能依靠市场力量独立运转的高价值废弃物,在其资源化过程中,政府和社会需行使监督的权利,规范、引导和监督企业行为,避免企业投机行为给环境造成危害;同时,在恰当的时候,给予企业相关的扶持,促使企业进一步挖掘废弃物中的价值,以实现企业经济效益与区域环境效益的

统一,维持企业持续、稳定与高效运转。在城市废弃物管理系统中,还存在大量低价值或现阶段被认为无价值的废弃物,目前大多采取焚烧或填埋的方式处置。要使这类废弃物能被资源化,需要政府通过实施激励政策或创新型商业模式,吸引私人企业或非营利社会组织进行运作;或在特定情况下进行他组织,由代表政府的组织承担相应回收、资源化或安全处置责任。

因此,推动共生网络的形成需要政府与社会的监督或扶持,才能引导行为主体向着经济效益目标与环境效益目标统一的方向发展。

(4)促使共生网络核心节点发挥作用,需要政府和社会的培育与扶持

正如第5章指出,共生网络是主要围绕核心节点所形成的网络,核心节点在网络中发挥动力源作用。尽管核心节点可以通过自组织的方式形成,但如果政府和社会想要加快推进共生网络的发展,可通过发挥核心节点的组织与资源配置作用,这是一条直接且具有显著效果的捷径。为此,政府和社会可采取相关政策与措施,培育和扶持核心节点的出现、成长与发挥作用。

总之,共生网络的形成,任由企业自组织的行为很难形成,需要政府与社会共同作用,建立一个涵盖政治、经济与社会等方面的保障体系,在保障参与主体经济利益的同时,实现区域环境效益。

7.1.2 共生网络形成的保障体系构成

根据上述分析,完善共生网络形成的保障体系,实则就是要发挥政府、社会组织与公众在共生网络形成中的相应职能,同时转变相应的社会制度。因此,可围绕政府职能、社会组织与公众的作用完善网络形成的保障体系,如图 7.1所示。

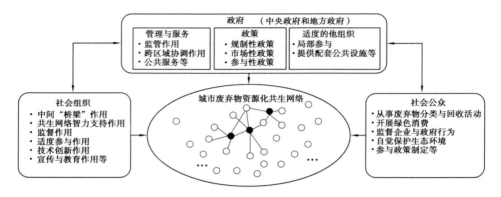

图 7.1　共生网络形成的保障体系构成

在共生网络形成的保障体系中,关键是要发挥政府的作用,而政策是政府干预经济活动最主要的手段。政策具有调整利益关系、调动积极性、规范人们行为、统一行动步伐、协调社会系统、维持经济秩序等功能,能克服市场失灵,反映社会需求并向城市废弃物管理系统提供足够负熵等作用。在政府政策的作用下,既能使企业积极参与共生网络,也能使社会组织与公众在网络形成中发挥作用,并承担相应的责任。下面分别就政府职能与组织结构、社会主体作用展开分析,并重点对推进共生网络形成的政策展开研究。

7.2　共生网络形成的政府职能和组织结构分析与建议

正如 7.1 节指出,共生网络的形成离不开政府的干预。诸大建、齐建国等人也指出,废弃物循环利用的本质是在国家行为或政府规制推动下开展的,需要政府从管理的角度提供制度安排和政策支持。社会更高的环境质量和资源要求,首先通过政府政策与相关措施传递给相关企业;企业参与共生网络也直接或间接地受政府行为的影响。因此,研究政府在推进共生网络发展中的职能与组织结构,对更好地推动共生网络发展有着重要意义。

7.2.1　共生网络形成的政府职能

一般而言,政府职能主要表现为制定政策、经济调节、社会管理、公共服务和适度的直接参与等方面。依据政府参与市场的深度和广度,政府职能可分为政府主导型和市场主导型两种模式,其差异主要是以市场机制调节为主还是以政府干预调控为主。根据发达国家废弃物管理和共生网络发展经验,政府推进共生网络发展的职能模式可分为政府主导型、市场主导型和社会组织促进型 3 种,不同模式下政府参与市场的程度不尽相同,职能也存在一定的差异。

1）政府主导型下的政府职能

政府主导型职能模式是指政府通过规划、产业政策、财政政策等手段控制市场经济的运行,干预经济活动,弥补市场自身力量的不足,促使经济活动顺利开展。该模式注重用政府这只看得见的手调节资源配置。日本在推进共生网络发展过程中主要采取了该模式,其中中央政府和地方政府的职责如表 7.1 所示。

表 7.1　推进共生网络发展过程中日本政府承担的职责

各级政府	承担的主要职责
中央政府	• 承担全国废弃物回收与资源化的领导和协调作用; • 健全废弃物回收与资源化政策,如目前日本废弃物法规或指南已覆盖35类废弃物; • 审批废弃物资源化软硬件设施项目,并给予某些项目补助与各种税收优惠; • 支持相关的基础研究和教育工作,如日本教育部支持东洋大学和福冈大学的研究团队分别对川崎和北九州生态城镇展开研究等; • 政府每年就资源的发生、利用以及废弃物处理情况向国会提出报告,并制定和公布下一步将采取的政策和措施等

续表

各级政府	承担的主要职责
地方政府	• 制定规划方案,确立废弃物资源化示范项目,报中央政府审批后,具体领导相关组织推进方案的实施; • 鼓励开发和推广更加高效的废弃物资源化技术,拓展废弃物资源化领域; • 通过联系当地居民与产业,以获取城市发展的创新性方法; • 开展促进管理部门合作的政策整合分析; • 推进有关环境、资源方面的宣传与教育工作等

政府主导型职能模式可在较短时间内促进共生网络的形成,然而该模式存在一定的缺点。由于未充分调动潜在企业参与的积极性,参与网络的企业偏少,废弃物资源化途径单一,大量的废弃物只能通过焚烧获取能量,资源未得到充分利用;政府未能主动退出,对企业干预过多,束缚了企业的活力,不利于资源的有效配置和相关市场的发展;政府有限的管理能力与企业日益复杂的经济活动之间的矛盾没有得到根本解决等。

2)市场主导型下的政府职能

市场主导型职能模式是指主要依靠市场去调节经济活动,政府尽量减少干预市场经济的运行方式。美国、丹麦等市场经济体制完善的国家,废弃物资源化活动的开展主要依靠市场机制,政府主要弥补市场机制的不足,对废弃物管理予以规范、扶持和适度干预。

在该模式下,政府的职责主要体现如下:

①设置持续改善环境绩效的经济目标;

②制定废弃物管理法规与政策,健全市场运行规则;

③扶持建立企业主导性机制;

④鼓励废弃物资源化技术开发;

⑤直接或间接提供某些废弃物回收与资源化的基础设施;

⑥做好监管与宣传工作等。

通常,政府影响企业的方式主要有以下特点:

①在市场建立方面,政府通过法律规定市场经济秩序和运行规则,创造有利于企业经营的市场环境,对于市场机制不能有效发挥作用的领域政府制定许多许可和禁令;

②在市场引导方面,政府运用多种手段如财政、信贷、价格等经济杠杆引导企业活动,同时也不排除采用指导性计划加以调节;

③在市场参与方面,政府维护社会公平,为企业提供完善的社会服务。

3)社会组织促进型下的政府职能

政府与市场由于自身存在的不完善或缺陷,故都有做不了或做不好的情形或领域,政府强行插手或介入将造成效率损失和社会福利下降,任由市场自由发展则会造成混乱或发展缓慢。以公共治理理念发动社会组织如协会、社团组织等对废弃物资源化活动进行调节,能有效地促进共生网络的发展,弥补二者的缺陷。社会组织促进型模式,既能保证市场的相对独立和自由,又能很好地发挥政府作为社会总体利益代表者的作用,能有效地对社会经济生活进行协调和控制,该模式以英国国家共生网络的发展为代表。

在该模式下,政府的职能与市场主导型模式相似,主要的不同之处是政府一般会指定特定的社会组织担任共生网络的促进者,同时政府将大量管理职能转移给行业协会、社会团体等社会组织,政府通过这些组织实行间接管理。

4)推进中国共生网络形成的政府职能模式建议

在中国,目前市场机制整体上尚不成熟,协会、社会团体等社会组织在联系政府、企业与公众的作用方面也未得到很好的体现,大多数城市在推进废弃物循环利用的过程时,主要由地方政府制订循环经济发展规划与实施方案,在政府主导下推动废弃物循环利用的发展。正如上文所述,该模式存在明显的缺陷,建议政府随着废弃物资源化相关市场的完善与深入,逐渐减少干预,向社会组织促进型、市场主导型方向转变,充分发挥协会、社会团体等社会组织在共生网络发展中的促进作用。

7.2.2 共生网络形成的政府组织结构

在共生网络发展过程中,要使政府的职能尤其是政府政策发挥作用,需要完善相应的政府组织机构,形成政令一致、政令协调和政令畅通的政府组织结构体系。目前,在废弃物循环利用方面,发达国家已逐步建立起运行良好的政府组织结构体系,很多方面对完善、推进共生网络发展的政府组织结构体系具有借鉴意义。

1)国外废弃物管理的政府组织结构设置经验

(1)日本

为克服政府部门间权责不清、政令不一等问题,日本政府于1971年成立了国家环境厅,并于2001年升格为环境省。环境省拥有指导废弃物管理的一切权利,包括环境立法权、环保资金调配权、行政处罚权和税收减免权。2005年,环境省设立了地方环境事务所,加强与地方政府的联系。目前,在废弃物循环利用方面,日本形成了以环境省为主,经济产业省为辅,其他部门如文部科学省、财务省、劳动省等配合的政府组织结构体系。

环境省作为废弃物循环利用的牵头部门,具有如下职责:

①制定全国废弃物循环利用的基本政策、目标、方针、计划和各项标准,组织协调公害防治与废弃物管理工作;

②根据环境保护需要,向内阁提出环境保护建议,经内阁审议批准后由各省、地方执行;

③有权要求内阁各部门向其提供有关环保方面的信息;

④每年发表《环境白皮书》,指导国家环境保护工作的开展等。

其中,环境省的废弃物管理与循环利用司,是推进循环型社会建设的直接主管部门,包括政策计划处、一般废弃物管理处和产业废弃物管理处。

经济产业省也是政府推进废弃物循环利用的另一重要部门,具有如下职责:

①依靠废弃物资源化技术推进地区产业振兴和发展;

②按废弃物资源化的种类编制目录;

③与环境省协同审理地方政府提交的废弃物循环利用方案及示范项目;

④推广与产业化废弃物资源化项目等。

在废弃物资源化过程中,地方政府及环保部门也发挥着重要的作用,他们的工作大多走在中央政府的前面,如地方政府所制定的环境标准都严于中央政府,在环境管理制度的创新上,地方政府也走到了前面。

此外,政府通过举行内阁会议、相关部长级会议、相关部门联络会议等方式,加强各部门的协调与合作,确保废弃物资源化工作的顺利发展;中央和地方政府都设有环境审议会,由专家学者,来自企业、居民与社会组织的代表构成,作为咨询机构为政府和企业提供咨询意见。

（2）英国

1996 年以前,英国的环境管理由各自独立的环境管理专业机构负责,包括废物管制局（WRA）、英国污染监察局（HMIP）、环境事务部（DOE）等机构。1996 年 4 月,政府将环境相关的独立机构合并,成立了英国环境署,隶属于英国环境、食品和农村事务部。环境署总部设在英格兰、苏格兰等地,各郡成立分支机构,仅英格兰的环境保护机构就有约 9 000 名职员,3% 的职员在总部,97% 的职员分布在其他 8 个地区性机构之中。

英国政府设立环境署这样的一个机构,负责一个国家的环境保护工作,实现了环境保护与废弃物管理的整体规划、统一管理,将以往外部分离、相互掣肘的运作方式变为内部分工、协调一致的方式,受到联合国环境组织的关注。环境署的职责主要包括实施环境法规,防止和减少废弃物污染;加强环境教育和对国内政府各部门及欧洲各国政府施加有利影响;制订废弃物指南,帮助其他各部门履行职能;督促政府部门开展绿色采购;通过财政安排支持废弃物的循环利用等。环境署将多学科、高水平、具有不同经验的人员聚集在一起,协同解决环境技术问题,提高了应用开发和技术服务能力,技术开发也更有针对性。

此外,英国地方政府把环境保护作为自己的重要职责,都设有环境管理职能机构,与中央没有隶属关系。地方政府负责制订废弃物管理规划、回收方案和处理废弃物,并协助废弃物服务企业与居民建立合作关系,提升区域废弃物管理水平。

2)中国废弃物管理的政府组织结构问题分析

目前,中国废弃物管理涉及生态环境部、发展和改革委员会、科学技术部、商务部、财政部、工信部、供销合作社等诸多政府部门,各部门之间存在权责不清、政令不统一以及行政效率低下等问题和"碎片化"现象①。

横向方面,由于废弃物管理缺乏明确的牵头部门,各部门职责不清,政府部门"各唱各的调","该管的不管,不该管的抢着管"。目前,废弃物资源化缺乏完善的制度供给,主要依靠的是不同部门颁布的行政规章,部门利益的驱动使废弃资源化政策出现部门化现象,政策之间重叠、冲突现象严重,降低了政策的执行力。政府部门之间缺乏常态性沟通机制,各自依据自己制订的标准选择扶持、发展对象,导致扶持歧视、扶持重复等问题突出。此外,废弃物循环利用各方面的信息掌握在各职能部门手中,几乎每个职能部门都有自己的部门账册,一些本具有密切联系的信息被分割在不同部门,且各职能部门出于自身利益考虑,一般会努力维持信息不对称的局面,导致废弃物信息呈现出明显的"碎片化"现象。

纵向方面,由于各级政府目标的不一致,废弃物管理政策上下不协调、政令不通等问题严重。上级政府部门重视区域废弃物资源化项目的统筹规划、协调

---

① "碎片化"最先在传播学中使用,用来描述社会传播语境的形象性说法,学者李侃如等人用碎片化描述决策体制,指相关管理主体、政府内部各业务部门的分割状态,在管理过程中缺乏协同而无法沟通和协作。

发展与整体推进,下级政府部门往往考虑的是本地利益的最大化;上级政府部门关注更多的是产出与区域整体效应,下级政府部门关注更多的是投入和具体细节,此种差异导致层级间协调与执行障碍;中央政府希望地方政府加快推进废弃物循环利用的良性发展,而地方政府常为了获取中央资金与政策支持,在发展废弃物资源化项目上忙于建圈构链,盲目地建设所谓的生态工业园区或再生资源加工园区,目的是把"摊子"铺大、先"入围"国家扶持的圈子再说。此外,地方政府之间缺乏合作,导致一些区域公共物品的供给过剩或者不足,园区缺乏规划、占地面积大而共生项目少的现象突出。

3）推进中国共生网络形成的政府组织结构建议

推进共生网络形成,应首先解决废弃物管理过程中政府组织结构的"碎片化"问题,需采取系统的思维方式对废弃物相关管理部门进行变革。借鉴日本、英国等国家的经验,建议做好如下几方面工作:

①组建以生态环境部为主导的大部门管理模式。为避免政出多门、多头管理、管理空白、互相扯皮等问题,在环境保护、废弃物管理方面,应赋予生态环境部更大的权利,包括环境与资源方面的立法权、资金调配权、行政处罚权和税收减免权。在生态环境部下,设置废弃物循环利用司,专门推进共生网络的形成。在生态环境部的牵头下,其他部门配合该部门推行环境保护与资源循环利用方面的工作。为加强部门之间的沟通、协调与合作,应建立相关联席会议制度、相关部门联席会议制度,或设立由生态环境部及相关部门组成的可持续发展委员会或类似的长期联络机构。

②建立城际间政府废弃物协同管理合作机构或合作机制。目前,城市间在废弃物资源化方面缺乏有效的合作,导致一方面某些城市面临废弃物无法处理困境;另一方面,一些城市的企业因废弃物规模不足、处理成本偏高而无法正常运营。要发展共生网络,除努力利用当地企业与市政设施资源外,还需尽量利用周边城市具有优势的废弃物资源化设施,将废弃物放在更大的范围内,提高协同的可能性,提高废弃物处理的规模效应。通常,城市之间由于城市功能定

位及城市区位的不同,主导产业一般也存在互补性;对于某类废弃物资源化,如果当地缺乏相应的产业,可根据实际情况进行"补链",如果"补链"项目经济上相比利用周边城市对应设施成本更高,则可尽量利用周边城市的设施;通过城市之间的互补优势,可形成共生效应,避免各自为政造成废弃物资源化设施不能有效运营。因此,需建立城际间的合作机制,许可具有废弃物资源化优势的企业利用周边城市的废弃物,并允许某些废弃物跨区域运输;加强政府部门、企业间相关信息的共享,破除区域壁垒。对此,可运用政府间契约的方式处理废弃物资源化合作事务,避免政府间的恶性竞争与资源浪费,推动区域废弃物循环利用的发展。所谓政府间契约是指各地方政府之间以协议方式就公共事务处理达成一定具有约束力的契约,如某地建造一垃圾焚烧厂,另一地的环卫部门则完全可将本地的垃圾处理事项委托给前者一并处理,从而实现资源共享,避免重复建设。目前在瑞典,由于垃圾焚化炉的产能日益增高,垃圾转化为能源的效率很高,导致本国垃圾不够用,为此瑞典政府每年从邻国如挪威进口大量的垃圾。此外,常态化的政府间契约有助于形成一定的转移支付机制,实现废弃物的协同管理。因此,发挥政府间契约的功能,可实现废弃物资源的有效配置,提高管理效率。

③在地方城市层面,确立以环境保护局、发展和改革委员会联合管理的废弃物资源化模式。废弃物资源化问题不仅是一个环境问题,更是一个经济问题,废弃物资源化由地方政府具体负责落实推行,因此,需要两个部门的紧密合作,共同推进废弃物的循环利用。

④建立不同层级的联络中心。建议生态环境部在省、市级政府设置两级联络中心,联络中心沿横向、纵向两方面进行整合,起到信息沟通、事务协调的作用。

⑤加强环保执法,确保相关政策的有效执行。为加强环保执法,德国专门设立了环保警察,隶属联邦内政部。环保警察的任务是发现环境污染,立即采取补救行动;凡是已经立法的环保事项,警察在其辖区内一概严格执法;环境警

察偶尔会登门监督居民是否把垃圾放进指定垃圾桶,如果分类不当,会及时指出,严重的会予以罚款。环境警察的存在,可以有效地保障环境保护执法的力度,保证执法的严肃性和环境违法事件处置的及时性。中国可以借鉴德国的做法,成立相应的机构,加强对废弃物管理、环境保护的执法力度。

总之,在共生网络的形成过程中,政府起着非常关键的作用,政府部门应充分发挥相应的职能,同时避免政府部门间在废弃物管理上的"碎片化"问题。

7.3　共生网络形成的社会主体作用分析与建议

正如第 4 章指出,社会公众对城市环境质量需求的不断提升,成为城市废弃物管理系统向有序的共生网络进化的"导火索",社会主体是驱动企业实施共生行为重要的外部力量。发展共生网络,除应发挥市场机制与政府机制的作用外,还需发挥社会机制的作用,需要社会组织与公众的积极参与。《中华人民共和国循环经济促进法》第三条明确规定,发展循环经济应当遵循统筹规划、合理布局,因地制宜、注重实效,政府推动、市场引导,企业实施、公众参与的方针。社会组织是政府、企业与公众之间联系的桥梁,在市场引导方面起着重要作用;而社会公众作为城市一般废弃物的排放者、废弃物资源化环境效益的受益人,其行为也会对共生网络发展产生影响。本节借鉴国外社会主体在推动共生网络发展以及废弃物循环利用方面的经验,理清社会组织、公众在推进共生网络发展中的作用,为政府更好地发挥社会主体作用提供思路与建议。

7.3.1　共生网络形成的社会组织作用

社会组织是推动共生网络形成的社会力量代表,是社会机制正常运行并发挥作用的保证。正如 4.2.7 节指出,在众多已揭示的共生网络发展历程中,大多仅存在一个或多个社会组织对网络发展起着推动作用。社会组织既能及时集中组织内企业、公众等对政府的愿望、要求、批评和建议,并将其传递给政府,又能把政府政策倾向有效地传达给成员和公众,是连接政府、企业和公众之间的桥梁。

目前,日本已形成了一个以中央政府为主导、地方政府为基础、社会组织为补充的废弃物循环利用体系,存在众多推进废弃物循环利用的社会组织,如全国工业废弃物联合会、铝罐再利用协会、医疗废弃物协会、日本工业废弃物处理振兴中心、日本废弃物咨询协会、废弃物研究财团、废旧物品回收情报服务机构等。德国的包装物双元回收系统是一个发挥着巨大作用的非营利社会组织,目前加入的企业已超过 2 万家;德国还有上千个独立的民间环保组织,工作人员超过 200 万人。在英国,NISP 促进组织在共生网络发展过程中发挥着重要的推动作用。中央政府指定英国可持续发展商业委员会(BCSD-UK)在国家层面承担共生网络协调与促进作用,BCSD-UK 在英国每个区设置一个项目咨询团队,并在全国范围内分布了 60 多个有着产业背景和专门知识、技能的共生网络促进组织,具体负责各区域共生网络的促进工作,其工作流程如图 7.2 所示。

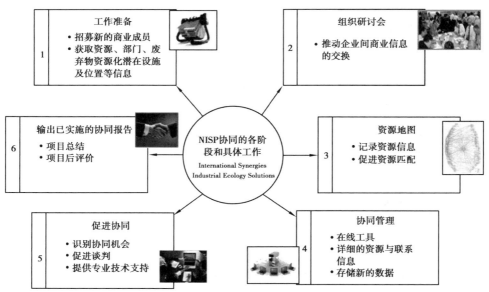

图 7.2　英国共生网络促进组织的工作流程

　　英国促进组织通过研讨会平台,很好地推进了共生网络发展。在研讨会上,促进组织介绍共生理念,演示共生效益;提供每个企业的联系信息、资源需求与供给信息;帮助参会者知道他们的企业可能涉及哪种类型的项目。根据所收集的信息,促进组织开展资源规划、资源匹配,识别潜在的共生机会,建立资源匹配地图或机会地图。研讨会后,促进组织和相关企业进一步追踪收集的信息,现场考察企业的废弃物状态、设施条件和废弃物管理状况等,通过分析与论证潜在的共生关系,提供相关建议。在共生项目实施阶段,促进组织帮助企业识别可能遇到的技术、资源和财务等方面的障碍,提供知识、技术支持,协调企业间的冲突;及时跟踪项目的实施情况,反馈给相关主体,以便调整政策及促进方案等。此外,共生网络促进组织还致力于有关咨询业务,如辅助政策制定、商业战略开发和研发支持等服务。

　　社会组织的类型很多,对共生网络的促进作用也各有其侧重点。大致而言,不同类型的社会组织对推进共生网络形成的作用,可概括为如表7.2 所示的内容。

表7.2　社会组织对共生网络的促进作用

社会组织类型	对共生网络形成主要的促进作用
行业协会、共生网络促进组织等社会组织	● 协助政府进行与废弃物管理相关的区域发展规划、实施方案; ● 推动企业间建立废弃物资源化共生项目; ● 建立成员间的沟通平台,保持共生网络发展的敏捷性与弹性; ● 为政府和企业提供调查研究与信息咨询,为企业提供技术培训; ● 建立企业与政府间的反馈机制; ● 建设和管理信息交换平台; ● 承担协调、跟踪和监管角色; ● 进行公众宣传与教育等

续表

社会组织类型	对共生网络形成主要的促进作用
大学等科研机构	• 废弃物管理与资源化技术研发; • 物质流分析/废弃物匹配等信息决策工具开发; • 区域经济与环境分析; • 跟踪政策、企业战略等,反馈给其他主体; • 揭示共生链接关系,辅助促进建立新的协同关系; • 进行公众宣传与教育等
民间环保组织	• 宣传绿色观念,倡导绿色行动,引导社会绿色潮流; • 监督约束其他主体损害环境利益行为,举报环境事件等

在中国,《中华人民共和国循环经济促进法》第十一条明确规定,国家鼓励和支持行业协会在循环经济发展中发挥技术指导和服务作用,鼓励和支持中介机构、学会和其他社会组织开展循环经济宣传、技术推广和咨询服务。然而,由于缺乏配套的政策与措施,有关废弃物循环利用方面的社会组织不仅数量少,而且大多由政府创办,因而往往成为政府部门的代言人,独立性差,没有充分的话语权,在政府、企业与公众间尚未有效地发挥桥梁作用。因此,建议政府尽快落实具体政策,以便发挥协会、高校、民间团体等社会组织在推进共生网络发展中的作用。

7.3.2 共生网络形成的社会公众作用

社会公众参与是实施可持续发展战略的一项重要措施,是共生网络形成的社会基础。尽管社会公众不是共生网络的直接构成主体,但公众参与行为可影响企业与政府的决策,进而对网络形成产生影响。具体而言,社会公众对共生网络形成的作用体现在以下几个方面:

①从事废弃物分类与回收活动。社会公众作为城市一般废弃物的主要产

生者,其收入水平、消费结构既决定了一般废弃物的数量与类型,也决定了社会处理的成本和技术方案。社会公众对一般废弃物尤其是生活垃圾进行科学的分拣,将废弃物中可循环利用部分分离出来,及时交予正规的回收组织,可节约回收成本,提高回收效率,进而减少了废弃物资源化成本,最终可影响共生网络形成的序参量,即提升废弃物资源化的共生价值。

②开展绿色消费。公众的消费取向能改变市场的需求方向,影响产品设计、原材料使用和生产等一系列活动。为保护环境,促进废弃物的循环利用,公众优先购买对环境负荷小或无负荷的产品、购买再制造产品的行为,无疑会推动企业废弃物资源化相关市场的发展,进而影响共生网络形成。

③自觉保护生态环境,参与政策制定,并积极监督政府和企业行为。公众环保意识的提高和环境行为的践行,是实现人与自然和谐共存的关键,对共生网络形成也会产生影响。公众从本地区或自身的利益参与政策制定,能够使决策者较为全面地了解情况,减少或避免政府相关政策的失误。公众对企业废弃物排放与处置的监督,能促使企业与政府采取有效的措施资源化与处置废弃物。

因此,推进共生网络发展不能脱离社会公众基础,建议政府应采取措施,引导与规范社会公众的行为,使其在共生网络发展中发挥相应的作用。

7.4　共生网络形成的政策分析与建议

按照《辞海》的定义,政策是指国家、政党在一定历史时期为实现一定任务而规定的行为依据和准则。狭义的政策是指国家机关发布的决定、决议、条例、通知等;广义的政策包括路线、方针、战略、策略、法律等。本书中的政策是一个综合的概念,包含与共生网络形成相关的法律、规划、激励与约束性政策等内涵。

政策是城市废弃物管理系统能否向有序的共生网络发展的关键的外在因

素,是系统负熵流重要的来源渠道,是政府推进共生网络发展最主要的手段。从微观方面来看,政策能影响企业、社会组织与公众参与共生网络的积极性;从宏观方面来看,政策能影响共生网络结构,直接决定共生网络发展进程。研究推进共生网络形成的政策,并不是另外创造一套政策体系,而是用足、用好现有政策,根据废弃物资源化发展目标,对现有相关的废弃物管理政策、循环经济政策、环境政策及相关产业政策等进行修订与完善,使其能更好地推动共生网络的发展。本书基于共生网络形成的机理与形成规律,借鉴发达国家促进废弃物循环利用的政策发展经验,以中国为背景,探讨推进共生网络形成的政策侧重点。

一般而言,政府对经济活动的干预、调节与引导,主要通过政府机制、市场机制和社会机制3种途径发挥作用,即政府强制性干预、政府通过市场进行调节和政府推动社会参与3个方面,由此形成3类政策形式:规制性政策、市场性政策和参与性政策。为推进共生网络发展,也需从这3类政策入手,修订与完善相关的政策,如表7.3所示。下面从这3个方面对推进共生网络形成的政策侧重点展开分析。

7.4.1 推进共生网络形成的规制性政策

规制性政策是政府对经济行为的管理或制约,是政府以矫正和完善市场机制内在问题为目的而干预经济主体活动的行为,包含政府为市场失灵所设置的法律制度,以法律为基础对经济活动进行某种干预、限制或约束的规划与计划。规制性政策建立了共生网络形成的制度环境,是促使企业参与共生网络的强制性力量,也是政府对共生网络实施他组织的重要途径。推动共生网络形成相关的政策类型如表7.3所示。

表 7.3　推动共生网络形成相关的政策类型

政策涉及领域	规制性政策	市场性政策	参与性政策
废弃物管理政策； 循环经济政策； 环境政策； 相关产业政策等	法律法规； 规划与计划； 禁令； 规范、标准与指南； 许可等	经济政策：税收、收费、价格、财政、信贷、保险等政策； 市场创建与组织政策："押金-返还"制度、废弃物外包政策、一体化政策等； 技术支持政策等	企业参与性政策：环境信息公开制度、生态设计制度、环保标志制度等； 社会组织参与性政策； 社会公众参与性政策

1）国外规制性政策的发展经验

共生网络实质上就是实现区域废弃物的循环利用，目前，发达国家在推进废弃物循环利用政策制定方面已取得一些成功经验，对发展城市废弃物资源化共生网络有着一定的借鉴意义。

（1）日本

1999 年，日本将构建循环型社会确立为基本国策，并建立了涵盖基本法、综合法和专项法 3 个层次的立法体系，如图 7.3 所示。为配合基本法，日本政府制定了《循环型社会形成推进基本计划》，约每 5 年修订一次；并以法律的形式规定政府每年必须向国会提交推进循环型社会的进展报告，介绍上一年度循环型社会发展状况和本年度拟采取的有关施政措施。通过法律，日本建立相应的制度体系，包括资源有效利用制度、垃圾分类制度、优良产废处理企业认定制度、公害防止管理者制度等。1996 年，日本政府开始实施生态城镇项目，由地方政府提出生态城镇规划方案，通过规划方案确立具有示范性的创新型废弃物资源化项目；该项目实质上就是构建城市废弃物资源化共生网络。

（2）德国

德国废弃物循环利用立法体系包括法律、条例和指南 3 个层次，其立法情况如图7.4所示。早在1972年德国就颁布了《废弃物管理法》,确立了废弃物处理的无害化、污染者付费等原则,这标志着德国的废弃物管理走向有序化轨道;1986年,政府将其修改为《废弃物限制及废弃物处理法》,从法律上确定了废弃物管理的优先顺序。1996年,德国颁布了《物质闭路循环与废弃物管理法》,该法的重要思想体现如下:

①废弃物循环利用的主要目的应是节约自然资源与保护环境。

②以闭合的方式管理废弃物,只有在技术、生态或经济原因无法进行重复利用的情况下物质才可以废弃。

③将废弃物管理的基础扩大到欧洲范围。

④促进私营企业参与废弃物管理,使生产者通过分类收集体系或现有公共体系承担回收责任,建立工业社会生态化的新模式。

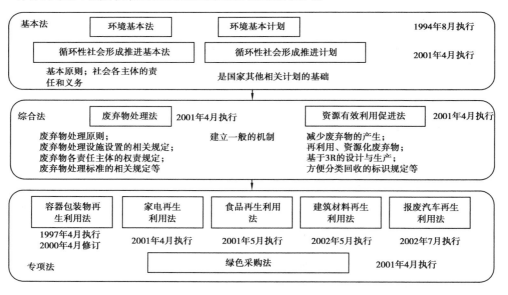

图7.3　日本推进循环型社会形成的法律体系

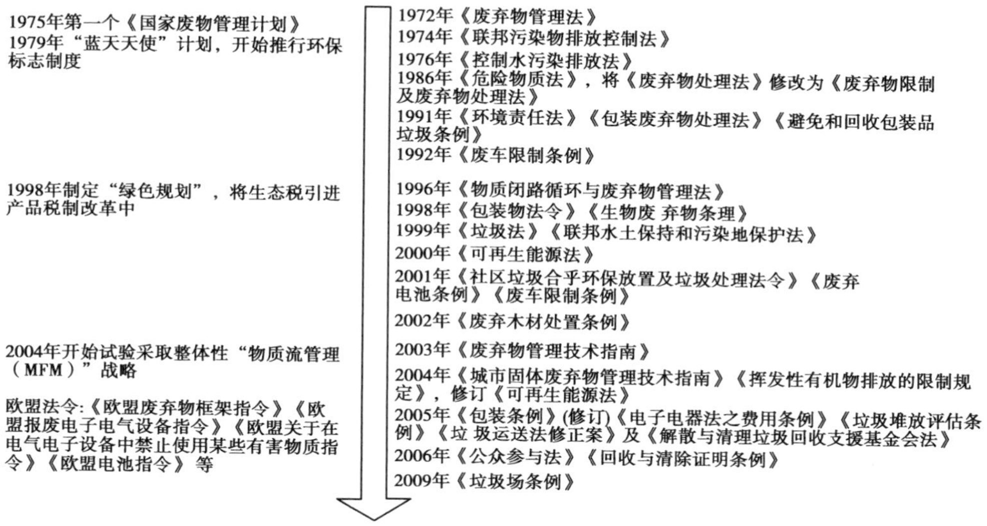

1975年第一个《国家废物管理计划》 1979年"蓝天天使"计划，开始推行环保标志制度	1972年《废弃物管理法》 1974年《联邦污染物排放控制法》 1976年《控制水污染排放法》 1986年《危险物质法》，将《废弃物处理法》修改为《废弃物限制及废弃物处理法》 1991年《环境责任法》《包装废弃物处理法》《避免和回收包装品垃圾条例》 1992年《废车限制条例》
1998年制定"绿色规划"，将生态税引进产品税制改革中	1996年《物质闭路循环与废弃物管理法》 1998年《包装物法令》《生物废弃物条理》 1999年《垃圾法》《联邦水土保持和污染地保护法》 2000年《可再生能源法》 2001年《社区垃圾合乎环保放置及垃圾处理法令》《废弃电池条例》《废车限制条例》 2002年《废弃木材处置条例》
2004年开始试验采取整体性"物质流管理（MFM）"战略 欧盟法令：《欧盟废弃物框架指令》《欧盟报废电子电气设备指令》《欧盟关于在电气电子设备中禁止使用某些有害物质指令》《欧盟电池指令》等	2003年《废弃物管理技术指南》 2004年《城市固体废弃物管理技术指南》《挥发性有机物排放的限制规定》，修订《可再生能源法》 2005年《包装条例》(修订)《电子电器法之费用条例》《垃圾堆放评估条例》《垃圾运送法修正案》及《解散与清理垃圾回收支援基金会法》 2006年《公众参与法》《回收与清除证明条例》 2009年《垃圾场条例》

图 7.4　德国废弃物管理立法情况

为推进废弃物循环利用,德国政府还制定了一系列的绿色规划,如《废弃物处理系统规划》《空气质量与废弃物管理规划》。2004 年以来,德国开始试验采取整体性"物质流管理(MFM)"战略,推进不同层次尤其是区域层次的物质循环流通与经济社会可持续发展,这是一种新型的可持续发展政策工具,目前已成功运用于食品生产领域。

(3)英国

与日本、德国采用"经济循环型"立法模式不同,英国政府将废弃物循环利用理念融入"污染预防型"立法框架中,形成了以《环境保护法》《污染防治法》和《废弃物减量法》为主体的废弃物管理立法体系,其立法情况如图 7.5 所示。英国 1990 年实施的《环境保护法》,不再注重废弃物的处置,强调对物质实施全生命周期管理,注重废弃物的减量化和循环利用;并确立了环境影响评价体系、综合污染控制与环境管理标准等内容。1998 年的《废弃物减量法》和 1999 年的《污染防治法》,强调通过从源头预防废弃物的产生,促进已有废弃物的循环利用。为适应时代发展,英国政府基于 2008 年的《欧盟废弃物框架指令》,制定了

《废弃物(英格兰和威尔士)条例2011》,将废弃物视为一种资源,相比于废弃物产生的预防,给了废弃物资源化更大的优先权。为推进废弃物循环利用,英国制定了一系列的国家废弃物管理战略,包括《共同的遗产》《废弃物重新利用》《废弃物处置途径》《废弃物战略(英格兰和威尔士)》等。通过法律与战略,英国建立了环境影响评价制度、填埋禁令制度、填埋税制度、废弃物管理许可制度、废弃物级次管理制度等制度体系。此外,为推进共生网络发展,2005年英国在全国12个区域全面启动NISP项目。

1990年《共同的遗产》,发起了"绿化政府"行动(GGI):英国的环境与发展综合决策机制	1974年《污染控制法》
	1989年修订《污染控制法》
1995年《废弃物重新利用》,要求各地区着手制订废弃物的国家发展战略	1990年《环境保护法》
	1991年《可控废弃物管理规定》《环境保护注意义务实施条例》
	1994年《废物管理条例》《废弃物许可证管理规定》
	1995年《环境法》
1999年《废弃物处置途径》,确定了同步发展经济、社会和环境的目标,并引入了量化指标	1996年《财政法和填埋税条例》《废弃物管理注意义务的行为守则》
	1997年《生产者责任义务(包装废弃物)规章》
2000年《废弃物战略(英格兰和威尔士)》	1998年《废弃物减量法》《包装(基本要求)条例》
2007年《英格兰废弃物战略》	1999《污染防治法》
2009年《苏格兰零废弃物规划》	
2013年《英格兰废弃物管理规划》	2003年《家庭生活垃圾再循环法》《废弃物和排污权交易法》《报废汽车条例》,修订《包装(基本要求)条例》
欧盟法令:《欧盟废弃物框架指令》《包装物指令》(修订)《欧盟报废电子电气设备指令》《欧盟关于在电气电子设备中禁止使用某些有害物质指令》《欧盟电池指令》等	2009年《协商修订废弃物管理注意义务行为守则立法指引》,修订《包装(基本要求)条例》
	2010年《关于废弃物环境许可条例》
	2011年《废弃物(英国和威尔士)条例2011》

图 7.5　英国废弃物管理立法情况

总体来看,发达国家的区域废弃物循环利用政策与行动,如日本实施的生态城镇项目、德国推行的整体性物质流管理战略以及英国的 NISP 项目,本质上就是发展城市或区域废弃物资源化共生网络所采取的行动。

2)中国规制性政策发展现状

近年来,中国政府逐步完善了废弃物循环利用相关的法规体系。目前,已初步形成以《循环经济促进法》(2018 修正)、《环境保护法》(2014 年修订)为基本法,以《固体废物污染环境防治法》(2020 年修正)、《环境影响评价法》(2018年修正)、《清洁生产促进法》(2012 年修正)、《再生资源回收管理办法》(2019年修正)、《城市生活垃圾管理办法》(2015 年修订)、《报废汽车回收管理办法》

（2019年）、《废弃电器电子产品回收处理管理条例》（2011年）等为专项法的废弃物管理基本框架，并在区域、园区、企业和产品4个层次不断完善相应的标准与规范。通过法律，明确了循环经济规划制度、循环经济评价和考核制度、排污收费制度、生产者责任延伸制度、强制回收制度、资格许可制度等制度体系。此外，政府将资源循环利用目标纳入进各级政府的国民经济发展规划中，并制定了《循环经济发展战略及近期行动计划》、《"十四五"循环经济发展规划》、《关于加快构建废弃物循环利用体系的意见》（国办发〔2024〕7号）和《关于加快经济社会发展全面绿色转型的意见》等政策；地方政府如深圳市、苏州市和上海市等也制定并实施了城市循环经济发展规划与实施方案。

然而，尽管中国在废弃物管理与资源化方面制定了一些法规与制度，但效果并不理想，依然存在问题。例如，强制性法规供给严重不足，且执行情况较差；很多法规多为原则性规定，具体规定明显不足，依然存在义务分担不合理、责任机制不健全等问题；法律配套实施细则与后续政策不到位，缺少具体执行标准，致使法规效果难以发挥，如实施生产者责任延伸制度，至今尚未出台产品强制回收目录；不同法规相关内容之间，基本缺乏协调与衔接等。

3）推进共生网络形成的规制性政策建议

基于共生网络形成机理与形成规律，借鉴相关国家的经验，笔者认为政府要加快共生网络发展，应重点做好如下几方面工作：

①制定并执行严厉的环境法规，形成共生网络自组织形成的压迫环境。

严厉的环境法规是实现城市"零废弃物"目标的前提，是驱使企业追求环境效益的关键动力，是使原有系统向共生网络进化的关键。城市居民日益提升的环境质量需求，主要通过环境法规作用于系统的相关主体。为降低废弃物处置成本，企业会努力寻求与其他企业建立共生关系，或将废弃物处理业务外包给专业的第三方，这也意味着严厉的环境法规能催生环保产业的兴起，从而完善城市废弃物管理系统结构。

目前，发达国家普遍采取了严厉的环境政策。在日本，《废弃物处理法》规定,随意丢弃废弃物的企业和社团法人,将被重罚3亿日元;政府要求存在潜在污染的生产企业,设置环境管理部门,并配置公害防治管理员,由通过专门资格考试的技术人员担任,其职责是监测企业废弃物排放情况,管理污染处理设施,将测定的数据上报有关行政部门。在德国,政府规定生产企业必须向监督机构证明其有足够的能力回收、利用废弃物,才能被允许进行生产和销售;产生废弃物的企业必须向监督部门报告废弃物的种类、规模和处理措施等信息;每年排放2 000 t以上具有较大危害性废弃物的企业,有义务提交废弃物处理方案。在英国,政府2006年开始实施废轮胎禁埋制度,并计划推广到其他废弃物。

2014年,中国实施了新的《环境保护法》,强化对违法行为的处罚力度,是实施严厉环境政策的良好开端。建议政府进一步完善特定废弃物填埋禁令制度、企业环保信用评价制度;同时强化地方政府法律责任,建立绿色政绩考核制度,促进地方政府对区域废弃物循环利用与环境保护承担责任。

②制定符合地方经济特点的城市废弃物循环利用基本规划,科学识别区域潜在的核心主体,发挥核心节点的先导、示范与组织作用。

基本规划是某一时期落实经济基本政策的实施载体,是推进废弃物资源化重要的行动指南。通过制定规划发展方案,确立废弃物资源化目标、任务、步骤、主要制度和措施。尽管本书认为共生行为主要为企业间自组织的行为,但由于废弃物的特殊属性,决定了废弃物资源化活动需要政府干预,并在局部采取他组织行为,为此需要制定长期的规划发展方案与推进计划。政府应针对城市经济与社会发展状况、城市废弃物物质流状况、本地及周边工业分布特征、废弃物资源化基础设施等现状与条件,通过采取政策引导、试点示范以及基础设施建设等措施,使废弃物资源化活动与本地及周边工业相关联。

废弃物规模问题是制约废弃物能否资源化的关键因素。要解决该问题,需要政府从更大范围内对废弃物资源化项目进行统筹规划与协调,尤其是市场机制难以自发协调的废弃物。因此,对于城市的再生资源加工园区,不应片面地追求大而全,而应根据当地的工业优势,识别核心节点,重点支持某些废弃物资源化项目或企业。建议政府应从国家、区域的视角对城际间某些类型的废弃物资源化示范项目,从严把好项目审批关。在项目立项上,根据项目服务范围、区域废弃物产生量等因素科学论证项目合理性,力求与周边城市的废弃物资源化项目形成互补、相互依存的态势。

③落实市场准入与许可制度,规范市场主体。

要推进共生网络发展,需规范废弃物回收与资源化主体,只有规范的主体才可能建立稳定的合作关系。在英国,只有获得合法的行政许可并履行相关义务的主体,才能从事废弃物管理业务活动;任何可控废弃物的转让方,在废弃物转移之前应确保受让方已获得许可证,并确认该废弃物在其许可证的经营范围内,以保障废弃物的安全及合法处置。在日本,为了让企业能放心地将废弃物委托给正确的处理企业,2011 年 4 月,政府出台了《优良产业废弃物处理企业认定制度》,新制度的评价基准包括企业的守法性、信息的透明性、环保行动、使用电子管理票和财务体系的健全程度。目前在中国,除危险废弃物外,其他废弃物很少设置明确的市场准入条件,各类主体纷纷进入,回收市场很大部分被个体户抢占,正规企业无法获得资源,使得虽然很多企业都认为城市矿产中蕴藏着巨大的商机,却不敢进行投资,这样的情形制约了废弃物资源化活动的规范、有序开展。因此,建议政府在废弃物的回收和资源化上,严格控制许可证的发放和管理,以保证真正具备资源化技术和管理的企业从事废弃物的回收和资源化活动。

④落实生产者责任延伸(EPR)制度。

EPR 制度是保障废弃物市场化回收、多渠道回收的重要政策,是使城市废弃物管理系统远离平衡态的有效措施。EPR 制度将生产者对其产品的责任延伸到产品的整个生命周期,尤其要承担报废阶段产品回收的组织与经济责任,其目的是政府将废旧产品的回收与处置责任全部或部分转移给生产者,并激励生产者在产品设计阶段开始考虑其回收问题。目前,越来越多的国家基于 EPR 制度构建起较为有效的废旧产品回收体系,涉及包装物、电子产品、汽车、轮胎、电池、打印纸、润滑油、农药及其容器、医药、家具、家用危险品等废弃物。1994年,加拿大不列颠哥伦比亚省发起了首个 EPR 项目,目前 EPR 项目已超过 80个。在日本,家用电器协会受中小企业和进口商委托,履行回收责任,大大降低了废旧家电回收处置成本。

目前,中国在《循环经济促进法》《清洁生产促进法》等法规中引入了 EPR制度,但由于配套政策尚不健全,EPR 制度未得到广泛、有效开展,大量废旧产品回收仍采用政府承担、生产者不管、公众分摊的方式,废弃物回收市场处于自发、零散、无序的发展状态,很多企业在市场前景好时抢夺资源,而在市场低迷时就少收甚至不收废弃物。为落实 EPR 制度,建议政府尽快完善产品强制回收循环名录制度、产品回收目标制度、产品循环程序和示范制度、市场运行制度、循环产品标志制度等制度体系。

此外,政府还需不断完善废弃物资源化相关的法规,逐步使废弃物资源化专项法规、标准与指南涵盖城市范围内的所有废弃物。

7.4.2 推进共生网络形成的市场性政策

在推进共生网络发展的过程中,在大多数情况下,市场性政策相比其他政策更能调动企业参与共生网络、实施废弃物资源化行为的积极性,是推进共生网络发展的重要措施。以诺斯为代表的新制度经济学家普遍认为,政策能够为经济增长提供一种激励机制,以帮助其完成前期的资本积累,推动技术进步。市场性政策是指利用市场机制进行激励与约束的政策,包括经济政策、技术创新政策和市场组织政策,其中经济政策包括税收、收费、价格、财政、信贷、保险等政策,是最主要的市场性政策手段,具有行为激励和资源配置等功能。

1)国外市场性政策发展经验

日本、德国等国家为推进废弃物资源化,均采取了一系列的市场性政策,引导、激励企业从事废弃物资源化活动。

①税费政策。对废弃物排放行为征收税费和对废弃物资源化行为减免税费，已是很多国家普遍采用的政策。在日本，对于使用废弃物为原料的企业，政府颁发"绿色证书"，企业凭"绿色证书"享受多项税收优惠政策；政府对废弃物资源化设备，按商品价格的 25% 或 14% 进行特别退税，并在 3 年内减少 1/3 的固定资产税；日本绝大部分城市都收取工业废弃物处理费和生活垃圾处理费。在德国，政府对生产企业征收产品费，对居民按户征收垃圾处理费；并于 1998 年在"绿色规划"中引入"生态税"，对使用环境有害材料、消耗不可再生资源的产品征收生态税。此外，丹麦实行了"绿色税"制度，对使用原生资源的企业征收材料税；美国、英国等国家也实施垃圾填埋与焚烧税、新鲜材料税等税费制度。

②财政补贴与优惠政策。政府财政补贴与优惠政策可以协调和影响资源的相对价格，改变资源配置结构和供求结构。在日本，政府对废弃物资源化示范项目给予项目投资额约 50% 的补贴，很多城市也实行了废弃物回收奖励制度；政府还设立政府环保援助金，如"地球环境基金"，对民间团体相关环境保护活动进行经济援助。此外，美国政府从 1978 年开始对设置资源回收系统的企业提供为 10%～90% 的财政补贴；德国政府对废弃物资源化设施按照投资额给予 25% 的补贴。

③信贷与融资政策。在日本，政府通过法律规定，日本开发银行、日本政策开发银行等银行对实施废弃物回收与资源化的企业，在设施建设、设备购置、技术工艺改进以及 3R 技术研究方面提供低息优惠贷款。在英国，为推进废弃物回收与资源化，政府采用私人融资计划（PFI），该方案的做法为，政府以固定的价格从合作商购入某类废弃物处理、处置服务，合作商则按政府的标准筹资建设相应设施，并按协议提供服务，服务期限一般为 25 年。通常政府还会为项目的启动提供资助。目前，该融资模式被广泛应用于食品废弃物资源化领域，主要用于扶持沼气发电项目、回收利用设施、垃圾中转站等项目。

④市场创建与组织类政策。在德国，政府在《避免和回收包装品垃圾条例》

中规定押金—返还制度;绿点系统和双轨制回收系统(DSD)也是德国在创新废弃物资源化市场方面最显著的组织措施,为满足《包装废弃物处理法》的规定,德国包装业协会成立了 DSD 系统,进行包装类废物的回收及利用工作,加入该系统的包装厂家按产量向 DSD 系统支付处理费用,并在需要回收的包装物上打上绿点标记。在日本,对于铝罐、钢罐、塑料瓶等包装废弃物也采取押金–返还制度。

⑤技术支持政策。在日本,中央环境审议会、环境省、经济产业省等都设有废弃物资源化机构,用以制定环境技术开发战略、发布技术创新方针和研究规划,例如,经济产业省下设技术研发课,专门负责废弃物资源化技术开发;政府对废弃物资源化相关技术进行了详细的规划引导,设计了以废弃物零排放为目标的技术系统,包括废弃物资源化技术、再生资源产业链管理技术、静脉物流效率化技术、产品生命周期评价技术等;政府还制订了一系列技术创新奖励制度,如资源循环技术表彰制度和 3R 推进贡献者表彰制度。在德国,政府制定了《固体废物分类名录》,将固体废物分为 20 大类 800 多个小类,理顺了固体废物的基本范围和属性,制定了相关的技术导则,对不同类型固体废物的处理技术、工艺、设施建设与维护等提出了指导性的原则和工艺技术要求。

此外,许多国家还推行了政府绿色采购政策、绿色消费政策,如德国早在 1979 年就规定政府机构应优先采购具有环保标志产品;日本在 1994 年也实行了绿色采购活动计划,目前日本有 80% 以上的公共和私人组织实施了绿色采购。

2)中国市场性政策现状

中国废弃物管理政策经过 40 多年的历史,政策结构由初期的以宏观指导政策为主,逐步转向以经济激励政策为主,管理机制由以政府主导过渡到以市场机制为基础。政府先后出台了一系列市场性政策,对推动废弃物资源化起到了积极作用:在税收与收费政策方面,出台了《资源税法》(2020 年)、《推动大规模设备更新和消费品以旧换新行动方案》(国发〔2024〕7 号)、《资源综合利用企业所得税优惠目录》(2021 年版)、《关于完善资源综合利用增值税政策的公告》(财政部、税务总局公告 2021 年第 40 号)、《资源综合利用产品和劳务增值税优惠目录》(2022 年版)等政策；在财政补贴政策方面,《循环经济促进法》规定国务院和各级政府设立发展循环经济的有关专项资金,支持循环经济的科技研究开发、循环经济技术和产品的示范与推广、重大循环经济项目的实施、发展循环经济的信息服务等,具体办法由国务院财政部门会同国务院循环经济发展综合管理等有关主管部门制定,例如近年来国务院出台《关于加快构建废弃物循环利用体系的意见》(国办发〔2024〕7 号)、《关于加快经济社会发展全面绿色转型的意见》和《推动大规模设备更新和消费品以旧换新行动方案》,商务部办公厅、财政部办公厅《关于完善再生资源回收体系,支持家电等耐用消费品以旧换新的通知》(商办流通函〔2024〕322 号)等政策；在信贷与融资方面,如早在 2007年出台《中国人民银行关于改进和加强节能环保领域金融服务工作的指导性意见》(银发〔2007〕215 号),在支持技术创新和改造、基础设施建设等节能环保领域的融资服务进行了相关规定；在创建市场方面,2014 年发布了《国务院办公厅关于推行环境污染第三方治理的意见》(国发办〔2014〕69 号),2019 年国家发展改革委办公厅、生态环境部办公厅《关于深入推进园区环境污染第三方治理的通知》(发改办环资〔2019〕785 号),鼓励环保服务业的发展。

然而,目前我国相关政策在执行过程中还存在一些问题:政府对废弃物资源化企业或项目的支持力度不够,缺少相应的优惠政策,如目前再生资源增值税政策,引发了再生资源企业进项抵扣难、税负高、退税审批程序复杂等问题；政府对企业排污收费标准偏低,致使许多企业宁愿缴纳排污费也不愿寻找共生途径来处理废弃物；此外,还存在废弃物回收与资源化市场不健全、市场创新模式欠缺、激励和引导产业发展的政策不完善等问题。

3)推进共生网络形成的市场性政策建议

为推进共生网络发展,建议政府重点落实如下几点市场性政策。

（1）执行严厉的废弃物排污收费制度

严厉的废弃物排污收费制度，能促使废弃物排放企业寻找更经济、有效的途径处理废弃物，有助于推动企业间共生关系的建立。例如，在英国，政府于1996 年开始对废弃物征收填埋税，政府将废弃物分为 3 类，包括一般废弃物、低税率废弃物、免税废弃物①；对惰性废弃物适用较低税率，即 2.5 英镑/t；对一般废弃物，最初税率为 8 英镑/t，而后逐年提高税率，到 2014 年达到 80 英镑/t；对于所征收的税费，英国政府主要用于推动废弃物资源化基础设施的建设。目前在中国，尽管实施了排污收费制度，然而排污费标准偏低。资料显示，企业所交的超标排污费只相当于废弃物治理费用的 10% ~ 15% ，这导致企业宁愿交纳排污费，也不愿积极治理废弃物，更不愿意为废弃物寻找资源化途径，这种行为严重阻碍了共生网络的发展。建议政府根据废弃物处置的难易程度、处置成本和技术发展水平，综合确定废弃物排污收费标准。

（2）建立持续、有效的资金与政策扶持机制，培育核心节点形成

政府对废弃物回收与资源化企业或项目给予资金与政策支持，能提升企业参与废弃物资源化项目的积极性，培育核心企业的形成。废弃物资源化活动具有显著的正外部性，然而大多数废弃物资源化项目直接经济效益很低，甚至是负效益，但其外部效益大于内部效益。按照市场公平的原则，外部效益由企业内部支付成本显然是不合理的，因此，政府应代表社会，对废弃物资源化企业给予资金与政策支持，将企业发展废弃物资源化行为的外部效益内部化。为此，建议政府或中间机构科学评价企业对社会所产生的正外部性，建立长效的资金或政策扶持机制，调动企业参与共生网络的积极性。

（3）创新废弃物回收与资源化市场运作模式

在废弃物回收与资源化方面，市场化运作方式相比政府运作方式往往更为

---

① 低税率废弃物也称惰性废弃物，是指虽然不能直接回收利用，但经处理后可化解、降低污染的废弃物；免税废弃物是指可直接回收利用的废弃物。

有效。运用市场化手段回收与资源化废弃物,是共生网络发展的必然趋势。然而废弃物不同于一般的产品或自然资源,要实现市场化运作,需创新废弃物资源化市场运作模式,主要有以下几种模式。

①对于消费领域的低价值废弃物如包装物,可以借鉴国外的押金—返还制度,赋予废弃物一定的附加价值,促进其回收与资源化。

②对于规模小、较为分散的工业废弃物,可采用废弃物第三方治理的方式实现资源化。对于工业废弃物,尽管可以通过企业间的物质交换直接实现资源化,然而很多企业存在废弃物类型多、规模小等问题,如果针对每类废弃物,都由自己寻找共生合作企业,显然不大现实。发展第三方治污企业,由专业第三方治污企业负责管理废弃物并实现废弃物资源化,无论是对废弃物排放方还是利用方,都是非常有效的方式。

③对于废弃物回收与资源化活动,鼓励打破以项目为单位的分散运营模式,采取打捆方式引入第三方,进行整体式设计、模块化建设、一体化运营方式。

(4)鼓励再生资源产业、环保产业及配套服务业的发展

对于城市一般废弃物如报废汽车、废旧家电,需要发展废弃物回收企业、初加工企业、再制造企业,使其承担分解者的作用,将具有潜在价值的废弃物转化为有价值的资源,并输送给相关主体进行深加工或再利用。同时,政府应大力发展环保产业,采用企业环境责任市场化运用的方式,将有利于实现废弃物的管理与资源化。此外,废弃物资源化还需要完善配套的服务产业,如各种专业的咨询公司、再制造评估机构等,这些企业对促进废弃物再利用起着重要作用。

(5)完善资源使用的价格机制

自然资源价格未反映其稀缺程度和真实成本,使废弃物作为替代资源相比原生自然资源一般不具有价格与质量优势,阻碍了共生网络的发展。目前,大多数自然资源价格中忽视了自然资源开发利用所产生的负外部性,自然资源所拥有的维持生态系统可持续发展特性的非市场价值以及自然资源自身可持续性价值,使得自然资源价格向下高度扭曲,也造成资源过度使用,引发环境污

染。例如,每开采 1 t 煤,平均要浪费 8 t 与煤共生、伴生的矿产资源;煤燃烧所产生的环境污染,是造成城市 PM2.5 严重偏高、雾霾严重的主要原因,由此引发的环境治理成本则由社会共同承担。政府需加快资源性产品价格和税费改革,尽快建立反映市场供求和资源稀缺程度、体现生态价值和代际补偿的资源有偿使用制度,使资源反映其综合价值。为促进现行的资源和产品价格体系向绿色价格体系过渡,需要建立以环境税、资源税为核心的绿色税收体系。

7.4.3　推进共生网络形成的参与性政策

参与性政策是利用社会机制进行管制的政策,要发挥相关主体尤其是社会主体在共生网络形成中的作用,需要政府完善相应的参与性政策。城市废弃物来自生产、流通与消费每一个环节,使共生网络的形成具有很强的社会性,需要社会主体的广泛参与。如何发挥相关企业、社会组织与公众在废弃物循环利用中的积极性和创造性,是促进共生网络形成的重要议题。由于推进废弃物资源化的参与性政策,本质上是国家对环境与资源保护志愿行动做出的倡导和建议,以增加环境与资源政策的可实施性,是与其他两类政策措施相配合的政策,这种类型的政策比较注重激发全社会环境与资源保护的自觉性和志愿行为,因此,主要以指导、教育为内容。下面从相关企业、社会组织与社会公众的角度探讨推进共生网络形成的参与性政策侧重点。

1)企业参与性政策

虽然并不是所有企业都需要参与进共生网络,然而企业不断向社会提供产品,在运行过程中也会产生废弃物,使企业不管是否参与共生网络,其行为都会对废弃物资源化活动产生一定的影响。因此,需要调动全社会企业直接或间接参与实施废弃物资源化活动。为督促企业的积极参与,政府应做好如下工作:

①落实企业环境信息公开制度。企业环境信息公开制度是指企业按照政府要求以一定形式定期向社会公开其废弃物排放、治理情况及其造成的环境影

响,接受社会监督的制度。日本企业的环境信息公开制度主要通过实行环境会计制度和发布环境影响报告书的方式开展。企业的环境会计制度是企业为保护环境采取的对策和行为而投入的资金及其效益进行定量计算、分析、评价与报告的工作。企业环境报告书是指企业将其环境管理的指导方针、环保目标和已取得的成果,以及企业活动对环境的负荷等方面的信息写成独立的文书,以年度报告的形式发表。2015 年 1 月,中国政府实施了《企业事业单位环境信息公开办法》,对推行环境信息公开制度有着积极的推动作用,地方政府需落实相应的实施办法,使该制度能在企业有效管理废弃物上发挥督促作用。

②实施企业生态设计制度。该制度要求企业在产品设计和生产中充分考虑环境因素,开展生态设计和采用可再生利用的材料,为社会提供高品质、低环境负荷、易循环利用的产品。

③落实环保标志制度。要求生产企业对其产品设立环保标志,凡是在生产、使用、消耗全过程中全面考虑环境保护的产品,都可以使用环保标志,有利于促进消费者的购买和消费。

2）社会组织参与性政策

正如 7.3 节所述,在共生网络形成过程中,社会组织发挥着重要作用。笔者认为,促进社会组织的政策应包括如下几点:

①确立国家、跨区域和城市层面的共生网络促进组织,通过政策明确其职责,使其能在企业间推动共生项目的开展;

②鼓励各行业协会承担有利于废弃物循环利用的行业发展规划、行业自律管理和市场准入等方面的监督与管理责任;

③鼓励各类社会组织推进区域废弃物相关信息交流,并提供专业服务;

④鼓励社会组织从事环境保护、资源节约方面的宣传与教育工作等。

3）社会公众参与性政策

要发挥社会公众在共生网络中的促进作用,需完善相关的公众参与性政策。2014 年 5 月,中国环境保护部颁布《关于推进环境保护公众参与的指导意见》(环办〔2014〕48 号),对推动公众参与环境保护、推进共生网络发展有着积极作用。建议城市政府进一步做好如下工作:

①实施公众对环境保护监督与参与的政策。环境保护监督与参与政策包括政府政策制定中的公众预案参与制度、公众环境监督奖励制度、鼓励公众开展垃圾分类的制度以及开展绿色消费的优惠政策。公众参与的权利来源于法律赋予公民的环境权和要求公民应承担的环境保护义务,环境权主要包括环境知情权、环境参与权、优良环境享有权和恶化环境拒绝权。同时,政府政策的制定要听取公众的意见,应设立公众环境监督奖励制度,对公众举报企业的不合法排污行为予以奖励,促使公众对环境保护逐渐成为一种本能的、自发的为保护自身利益的行为。

②加强公众环境与资源方面的教育与宣传工作的政策。环境与资源意识的教育与宣传政策能提高公众保护环境、节约资源的意识,促使公众将垃圾分类、绿色消费、环境保护作为一种自觉行为。自 20 世纪 90 年代以来,日本政府为提高公众自觉保护环境的积极性,通过立法、学校教育以及传播媒介宣传等多种途径,使公众的环保意识不断提高。目前,垃圾分类投放已成为日本公众的一种自觉行为,即使没人监督也会严格执行。在中国,城市公众环保意识、环境知识水平仍然薄弱,生活垃圾分类、使用环保标识产品等环保行为远未形成习惯,绝大多数居民甚至不清楚可回收与不可回收垃圾之间的区别,造成这种结果主要归因于政府宣传教育的欠缺。因此,政府应进一步加强对公众资源与环境宣传教育工作,尤其是地方政府、社会组织应承担起相应的宣传教育责任。

总之,共生网络并不是依靠实施一个或几个相关的政策,也不是另外建立一套政策体系就可促其形成,而是要利用规制性政策、市场性政策和参与性政策共同作用。其中,规制性政策对废弃物资源化市场起到保障性的基础作用,市场性政策对废弃物资源化市场起到重要的推进作用,参与性政策强化企业、个人等微观主体的自律行为是保障各项政策有效实施的重要环节。3 类政策相互补充、相互作用,共同推动共生网络的发展。

7.5　共生网络形成的相关支撑平台建议

有序的共生网络形成,不仅要有健全的政策与管理体制,还要有先进的技术、完善的基础设施等相关支撑平台,才能使城市废弃物管理系统远离平衡态,使系统具备向耗散结构特征的共生网络进化的条件。为此,建议政府优先做好如下几方面的基础性工作,包括完善城市废弃物回收体系、加快发展废弃物资源化技术创新体系、构建有效的城市废弃物资源化信息交互平台。

7.5.1　完善城市废弃物回收体系

完善城市废弃物回收体系,是实现废弃物资源化的首要环节,也是使城市废弃物管理远离平衡态的基本条件。对工业废弃物而言,由于有着明确的责任主体,企业之间可直接建立共生关系。而对于消费领域的一般废弃物,由于来源于城市分散的个体,需要政府或相关机构,通过城市废弃物回收体系,将废弃物有组织地回收起来并输送给恰当的主体,从而实现废弃物资源化。倘若缺乏规范与完善的回收体系,城市一般废弃物的排放与资源化将处于混乱状态。

完善城市废弃物回收体系,包括废弃物分类的规范性、废弃物回收渠道的规范性与畅通性两层含义。为此,建议政府加快做好如下工作:

①落实城市居民废弃物(垃圾)分类工作。废弃物的细致分类,可使混杂在废弃物中各类物质得到循环利用。目前,一些国家由于废弃物得到了有效的分类回收,使区域内的垃圾焚烧厂几乎没有垃圾需要焚烧。例如,2008 年东京的25 座垃圾焚烧厂中有 10 座因无垃圾可烧而关闭;目前德国很多城市的垃圾焚烧厂也基本没有垃圾需要焚烧。在中国,原建设部 2000 年就在北京、上海、广州等 8 个城市试点生活垃圾分类收集工作;2011 年国务院办公厅颁布《关于建

立完整的先进的废旧商品回收体系的意见》,商务部也会同相关部门制定中长期废旧商品回收体系建设全国性规划,然而,城市垃圾分类工作依旧进展缓慢,为此,国务院办公厅 2024 年发布的《关于加快构建废弃物循环利用体系的意见》(国办发〔2024〕7 号)再次提出,要以提高资源利用效率为目标,以废弃物精细管理、有效回收、高效利用为路径,覆盖生产生活各领域,发展资源循环利用产业,加快构建覆盖全面、运转高效、规范有序的废弃物循环利用体系。因此,政府要推进共生网络发展,需进一步全面深入地落实城市居民废弃物分类工作。

②建立规范与完善的多渠道废弃物回收体系。在日本,城市废弃物回收系统包括家庭垃圾分类回收系统、集团回收系统和生产商及流通领域回收再利用系统。目前,在中国,很多城市尚未建立规范、畅通的废弃物回收渠道。由于制度缺失,各级政府、生产商、零售商和消费者对废旧产品回收基本无须承担责任,废弃物回收市场,由企业或个体出于经济利益驱动任意发展。回收渠道以个体从业人员的走街串巷回收为主,辅以商家、厂家以旧换新回收、环保部门从生活垃圾中回收等渠道,没有规范的废弃物回收组织管理体系。个体收购者回收处理技术落后,造成资源回收率低,二次污染严重;一些投资大、资源化设施完善的废弃物处理企业,则由于无稳定的回收渠道,无法获取足够的废弃物来实现规模化生产,很难维持正常运营。建议城市政府应通过城市物质流分析、相关统计与预测手段,对城市废弃物产生情况进行科学的预测与规划,基于相关数据,建立多渠道的城市废弃物回收体系,使废弃物及时顺畅输送到正确的位置。

7.5.2 加快发展废弃物资源化技术创新体系

废弃物资源化技术水平,直接关乎废弃物能否转化为资源以及转化为资源的经济价值,进而影响共生网络形成的序参量与网络结构形态。一个区域的废弃物资源化技术水平,很大程度上反映了该区域废弃物管理系统的状态。德国、日本和美国成为全球废弃物管理领先的国家,源于其拥有领先的废弃物资源化技术及技术创新体系。

当前,中国政府废弃物资源化技术研发的资金投入远远不够,尚未建立起系统的研发体系;技术先进、价格适中的设备太少,即使有先进适用的技术、设备,很多也因为资金短缺而难以推广应用;此外,受传统观念的影响,高层次人才一般不愿直接从事一线工作,多从事于科学研究,导致技术与生产脱节。因此,要推进共生网络发展,政府应加快发展废弃物资源化技术创新体系,建立良好的创新机制与氛围,加大废弃物资源化技术创新的投入,吸引高层次人才进入该行业,带动新技术、新设备的开发与应用,研究出高效、经济且急需的废弃物资源化技术,以提升废弃物资源化产品的技术含量与价值。

7.5.3　构建有效的城市废弃物资源化信息交互平台

本书 4.3 节指出,城市废弃物管理系统向有序的共生网络进化,需提供更有效的信息;6.2 节也指出区域信息的有效性问题,直接影响了共生网络的结构形态。使正确的人在正确的时间有需要的信息,是共生关系建立的前提条件。废弃物能否循环利用,共生网络能否发展,很大程度上取决于信息的输入、流通与运用能力,例如,江西某塑料制品企业,塑料边角废料堆积了半个仓库,明知可以循环利用,却不知道送到何处。在共生网络形成过程中,潜在的共生主体由于不能准确地掌握废弃物来源、规模与质量等信息,使以废弃物为原料的企业,在获取废弃物相关信息的及时性、全面性上处于劣势,制约了共生项目的开展;由于消费者对再生利用产品信息缺乏足够的认识,使再生利用产品与普通商品相比往往缺乏竞争力;政府部门间、政府与企业间由于信息的不对称,导致政策过于原则,缺乏操作性,难以发挥作用。构建有效的城市废弃物资源化信息交互平台,有助于企业及时了解废弃物的需求与供给信息,降低企业的信息收集成本;也有助于加快新技术、新设备的投入使用。本书建议利用传统"面对面"交流方式和现代信息科学技术两种渠道,构建城市废弃物资源化信息交互平台。

1）基于"面对面"的传统信息交流平台

基于"面对面"的传统信息交流平台,以其直接、简化沟通程序以及降低交易成本等优势,在英国共生网络发展过程中被广泛采用,它包括研讨会和废弃物减量俱乐部(WMC)两种形式。

研讨会,也被称为闪电约会(speed dating)或速效方案(quick wins),是由共生网络促进组织在某个区域定期或不定期举办的以废弃物交换为主题的洽谈交流会。研讨会一般将 50～60 个企业聚在一个房间,在半天内就可产生超过 300 个潜在的共生关系,能有效地促进共生网络发展,具体表现如下:

①可以增强参会者的共生意识与兴趣,提高其废弃物协同利用的知识与技能;

②通过交流,使企业间增加信任与了解;

③共享每个企业详细的资源需求、资源供给以及企业联系方式等信息,有助于企业或共生网络促进组织进行资源匹配,从而使参会者能很快地了解到他们可能参与哪种类型的共生项目;

④将废弃物资源化涉及的主体聚集在一起,使其能针对具体问题,协商找到解决途径;

⑤通过沟通,可拓宽企业的战略视野,为发现商业机会提供平台。

废弃物减量化俱乐部是区域内围绕废弃物交换常设的交流场所,俱乐部给予成员相关知识的培训,鼓励参与俱乐部的成员自发地发起共生项目。在英国,为促进废弃物交换,早在 1900 年左右就出现了废弃物减量化俱乐部,截止到 2004 年在全国至少建立 150 个废弃物减量化俱乐部,这些俱乐部为超过 5 200 家企业提供了信息交流平台。

2）基于大数据技术的城市废弃物资源化公共信息交互平台

共生网络的形成涉及城市及周边城市区域内相关企业、政府部门、高校及科研院所、社会组织等大量利益相关方的信息,以及废弃物状况、设施状况、技术条件、经济因素、政策因素、社会因素等方面的信息,信息量巨大,对信息技术有着更高的要求。近年来,大数据作为一种理论与方法,引起了产业界、科技界和政府部门的高度关注,也为共生网络形成带来了发展契机与技术支撑。徐明指出,大数据技术在区域废弃物资源化的信息共享与交流、物质流分析、生命周期评价等方面有着广阔的应用前景。通过数据采集技术将城市内大量的废弃物排放与潜在利用设施原始数据汇集在一起,通过智能分析、数据挖掘、资源匹配等技术,分析数据中潜在的共生关系,将有助于提高废弃物的利用效率与效益,为利益相关方创造价值,也为企业、政府科学决策提供依据,其基本流程框架如图 7.6 所示。

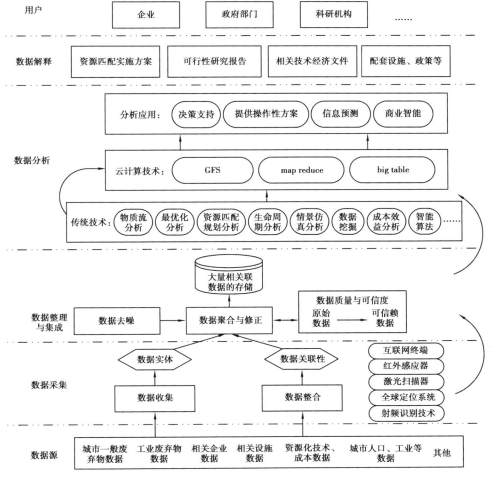

图 7.6　基于大数据技术的城市废弃物资源化信息交互平台流程框架

总之,政府应充分利用传统"面对面"和现代信息技术两种信息交流方式,尤其在现阶段应推行传统信息交流方式。对此,建议地方政府或当地社会组织定期和不定期举办关于废弃物资源化方面的研讨会,邀请区域范围内企业、科研机构、专家参加,不断提升研讨会的影响力,实现废弃物相关信息在各主体间的顺畅流通。

7.6　本章小结

本章基于前几章的研究结论,并结合发达国家相关的发展经验,探讨了共生网络形成的保障体系,主要观点与建议归纳如下。

①共生网络任由企业自由发展很难形成,需要完善共生网络形成的保障体系,以克服废弃物资源化市场失灵问题,促使原有系统远离平衡态,驱使企业追求更高的资源与环境目标,并使共生网络核心节点发挥作用。为此,本书建议从政府、社会组织和社会公众的视角,完善共生网络形成的保障体系。

②推进共生网络的形成,单靠政府管理很难奏效,需要政府、企业、社会组织以及社会公众共同作用,积极参与。目前,中国推动废弃物循环利用主要采取的是政府主导模式,建议政府逐渐向社会组织促进型、市场主导型转变。为解决废弃物管理过程中政府部门的"碎片化"问题,建议组建以生态环境部为主导的大部门管理模式;运用政府间契约的方式,建立城际间政府废弃物协同管理合作机制;建立部门间联席会议制度和不同层级的联络中心等。同时,还需充分发挥社会组织和公众在共生网络发展中的促进作用。

③推进共生网络的形成,并不是创造一套政策体系,而是对现有循环经济政策、环境政策及相关产业政策等政策的修订、补充与完善。为推动共生网络发展,本书从规制性政策、市场性政策与参与性政策提出了相关建议,包括制定城市废弃物循环利用基本规划,识别区域潜在的核心主体,做好项目示范工作;制定并执行严厉的环境保护法规,形成废弃物资源化的倒逼环境;规范市场主

体;创新城市废弃物回收与资源化市场运作模式;鼓励再生资源产业、环保产业及配套服务业的发展等建议。

④本书最后从城市废弃物回收系统、废弃物资源化技术创新、城市废弃物资源化信息交互平台等提出了若干建议。

第8章 结论与展望

8.1 主要结论

城市废弃物资源化共生网络,是遵循资源循环利用的自然规律,通过关联企业的协作使城市范围内废弃物能以资源的形式,重新进入生产领域,为人类循环利用。发展共生网络能提高资源的综合利用效率,减少自然资源的使用和污染物的排放,从而节约资源、保护生态环境,具有良好的经济、环境和社会效益,是推动城市可持续发展、构建循环型社会的创新途径。本书通过对共生网络的含义、形成机理、结构形态与结构建模以及共生网络形成的保障体系等内容的研究,得出如下几点结论。

①共生网络是城市废弃物管理系统发展的高级阶段。以堆放、填埋和焚烧为主导的城市废弃物管理系统,没有实质性地解决城市环境与资源问题,还易引发社会矛盾,亟须发展更高效、更有序的城市废弃物资源化管理系统;而废弃物类型的复杂性、交易的重复性、资源化资产的专属性、供给无弹性以及废弃物低价值甚至负价值等属性,决定了废弃物资源化需要当地及周边区域众多关联企业协同处理才能实现,需要废弃物供需双方建立紧密的、相对稳定的网络组织;随着城市环境质量需求与资源需求等压迫的日益强烈,城市废弃物管理系统必然向更高效、更有序的城市废弃物资源化共生网络方向发展。

②外界的负熵输入超过阈值以自组织为主导的方式形成共生网络。具有

耗散结构特征的共生网络的形成,需要原有城市废弃物管理系统远离平衡态,需要外界环境提供持续增加的负熵流,只有当外界的负熵超过一定阈值时,原有系统才会失去稳定,通过资源互补、要素整合、协同管理等自催化反应与非线性作用,向共生网络跃迁。因此,要推进共生网络发展,需要从政治、社会、技术与经济等方面,建立一个能产生足够大负熵流的外部环境,使相关主体感知到压力,为适应环境变化,这些主体才会通过主动变革,获取共生价值,进而促使共生网络自组织的形成。需要指出的是,在共生网络局部以及共生网络发展初期,需要他组织方式起辅助性作用。

③共生网络发展的动力源和关键是识别核心节点。共生网络存在少部分核心节点,在网络中处于中心地位,拥有较高的权力,控制着网络的绝大部分资源,是共生网络局部的资源调配中心或废弃物资源化中心,是创造共生价值的主要源泉,通常可以凭借其在区域内的影响力和话语权,带动上下游其他企业的加入,是共生网络发展的动力源和关键所在,共生网络也主要由这些节点将网络的其他节点组织起来。因此,识别共生网络的核心节点,使其在共生网络形成过程中发挥先导、示范与组织作用,将有助于促进共生网络自组织形成。

④建立共生网络形成机制可以实现城市"零废弃物"目标。共生网络通过关联企业的协作,为废弃物寻找到恰当位置,使废弃物变成资源,从而在系统层面消除了废弃物,实现城市经济与环境的和谐发展,是人类最为理想的生产和生活方式。日本通过发展共生网络,在 2008 年已使得 26 个开展生态城镇项目城市内的一般废弃物的循环利用率达到 61%,工业废弃物循环利用率达到 92%,减少 CO_2 排放量超过 48 万 t;在英国,截止到 2012 年 3 月,通过共生网络已累计避免废弃物填埋达 4 500 万 t,节省原材料 5 800 万 t,消除有害废弃物 200 万 t,节省废弃物管理成本 12.1 亿英镑,增加收益 17.1 亿英镑,也使相关主体间 75% 的废弃物得以循环利用;由于废弃物资源化的进展,这些国家或城市都提出远大的"零废弃物"目标。因此,建立共生网络形成机制,促进共生网络形成将有助于实现城市"零废弃物"目标,具有重大的研究意义。

总体来看,城市废弃物资源化共生网络的形成是一项极其复杂而艰巨的任务,也是一个非常漫长的过程,需要中央到地方各级有关政府部门、城市当地及周边区域的企业、众多社会组织及社会公众的共同参与、共同推进。这使本书不可能就一个具体的城市展开实证研究,以验证相关研究成果的科学性与有效性。然而,本书的研究成果主要是从理论与实践相结合后得出的,因此,对推动共生网络形成具有指导意义。

8.2　研究展望

本书探讨了城市废弃物资源化共生网络的形成机制问题,然而关于共生网络理论,尚有很多问题有待进一步研究,这里择其要者进行简要介绍。

①共生网络形成的社会影响因素问题。格拉诺维特认为,一切经济行为是嵌入在社会关系与结构中的,共生网络不仅是一个经济与技术网络,同时也是一个社会关系网络。从社会关系网络的视角,探讨网络嵌入性的各个维度(如结构、文化和认知等)如何对共生网络形成产生影响,各个维度与其他因素如政策的关联性等问题,有待进一步研究。

②共生网络的结构建模问题。尽管本书对 BA 模型的择优规则、增长规则进行了恰当的修正,建立了共生网络结构模型,较好地解释了共生网络的形成规律与本质,然而依然有很多地方如考虑节点类型、节点增长速度以及网络方向性等因素的建模问题有待进一步研究。

③共生网络的治理机制问题。研究共生网络治理机制,有助于维护节点之间的关系,促使共生网络高效、有序地运作,从而提高共生网络整体的运作绩效;关于共生网络治理机制,如利益分配、信任、协调、激励、学习、文化、声誉等机制尚待进一步研究。

④共生网络的运行机制问题。共生网络运行过程中必然受到各种不确定的内外部因素的干扰或攻击,这种干扰或攻击小则影响系统的运行和效率,大

则导致系统部分或全部功能丧失,研究共生网络的脆性与鲁棒性等运行机制问题,对提高共生网络的运作绩效和稳定性有重要意义。

由于城市废弃物资源化共生网络是一个理论与实践性较强的交叉性研究领域,作者受精力和学识所限,论文中难免有不妥甚至疏忽之处,敬请各位专家批评指正。

参考文献

［1］GRIMM N B, FAETH S H, GOLUBIEWSKI N E, et al. Global change and the ecology of cities［J］. Science, 2008, 319(5864)：756-760.

［2］HOORNWEG D, BHADA-TATA P, KENNEDY C. Environment：Waste production must peak this century［J］. Nature, 2013, 502(7473)：615-617.

［3］ODUM E P. The strategy of ecosystem development［J］. Science, 1969, 164 (3877)：262-270.

［4］COMMONER B. The closing circle；nature, man, and technology［M］. 1st ed. New York：Knopf, 1971.

［5］刘光富, 鲁圣鹏, 李雪芹. 产业共生研究综述：废弃物资源化协同处理视角［J］. 管理评论, 2014, 26(5)：149-160.

［6］FROSCH R A, GALLOPOULOS N E. Strategies for manufacturing［J］. Scientific American, 1989(9)：144-152.

［7］COHEN-ROSENTHAL E. Making sense out of industrial ecology：A framework for analysis and action［J］. Journal of Cleaner Production, 2004, 12(8/9/10)：1111-1123.

［8］刘光富, 鲁圣鹏, 李雪芹. 中国再生资源产业发展问题剖析与对策［J］. 经济问题探索, 2012(8)：64-69.

［9］鲁圣鹏, 李雪芹. 基于 Brusselator 模型的"零废城市"形成机理探讨［J］. 湖北经济学院学报, 2019, 17(2)：57-63, 128.

［10］VAN BERKEL R, FUJITA T, HASHIMOTO S, et al. Industrial and urban symbiosis in Japan: Analysis of theeco-town program 1997-2006[J]. Journal of Environmental Management, 2009, 90(3): 1544-1556.

[11] DE ABREU M C S, CEGLIA D. On the implementation of a circular economy: The role of institutional capacity-building through industrial symbiosis[J]. Resources, Conservation and Recycling, 2018, 138: 99-109.

[12] VAN FAN Y, VARBANOV P S, KLEMEŠ J J, et al. Urban and industrial symbiosis for circular economy: Total EcoSite integration[J]. Journal of Environmental Management, 2021, 279: 111829.

[13] CHERTOW M R. INDUSTRIAL SYMBIOSIS: Literature and taxonomy[J]. Annual Review of Energy and the Environment, 2000, 25: 313-337.

[14] CALDERÓN MÁRQUEZ A J, RUTKOWSKI E W. Waste management drivers towards a circular economy in the global south-The Colombian case[J]. Waste Management, 2020, 110: 53-65.

[15] CONTRERAS F, ISHII S, ARAMAKI T, et al. Drivers in current and future municipal solid waste management systems: Cases in Yokohama and Boston [J]. Waste Management & Research, 2010, 28(1): 76-93.

[16] MEMON M A. Integrated solid waste management based on the 3R approach [J]. Journal of Material Cycles and Waste Management, 2010, 12(1): 30-40.

[17] WILSON D C. Development drivers for waste management[J]. Waste Management & Research, 2007, 25(3): 198-207.

[18] SAKAI S I, YOSHIDA H, HIRAI Y, et al. International comparative study of 3R and waste management policy developments[J]. Journal of Material Cycles and Waste Management, 2011, 13(2): 86-102.

[19] MARSHALL R E, FARAHBAKHSH K. Systems approaches to integrated solid waste management in developing countries [J]. Waste Management,

2013, 33(4): 988-1003.

[20] SEADON J K. Sustainable waste management systems[J]. Journal of Cleaner Production, 2010, 18(16/17): 1639-1651.

[21] ASASE M, YANFUL E K, MENSAH M, et al. Comparison of municipal solid waste management systems in Canada and Ghana: A case study of the cities oflondon, Ontario, and Kumasi, Ghana[J]. Waste Management, 2009, 29 (10): 2779-2786.

[22] PAPACHRISTOU E, HADJIANGHELOU H, DARAKAS E, et al. Perspectives for integrated municipal solid waste management in Thessaloniki, Greece [J]. Waste Management, 2009, 29(3): 1158-1162.

[23] RIGAMONTI L, STERPI I, GROSSO M. Integrated municipal waste management systems: An indicator to assess their environmental and economic sustainability[J]. Ecological Indicators, 2016, 60: 1-7.

[24] PAUL K, CHATTOPADHYAY S, DUTTA A, et al. A comprehensive optimization model for integrated solid waste management system: A case study[J]. EnvironmentalEngineering Research, 2019, 24(2): 220-237.

[25] TSAI F M, BUI T D, TSENG M L, et al. A performance assessment approach for integrated solid waste management using a sustainable balanced scorecard approach[J]. Journal of Cleaner Production, 2020, 251: 119740.

[26] KUEHR R. Towards a sustainable society: United nations university's zero emissions approach[J]. Journal of Cleaner Production, 2007, 15 (13/14): 1198-1204.

[27] PAULI G, MSHIGENI K. First five years of action : The zero emissions research and initiatives, 1994-1999 [M]. Windhoek : University of Namibia, 1998.

[28] CURRAN T, WILLIAMS I D. A zero waste vision for industrial networks in

Europe[J]. Journal of Hazardous Materials, 2012, 207: 3-7.

[29] BAUMGARTNER R J, ZIELOWSKI C. Analyzing zero emission strategies regarding impact on organizational culture and contribution to sustainable development[J]. Journal of Cleaner Production, 2007, 15(13/14): 1321-1327.

[30] SNYMAN J, VORSTER K. Towards zero waste: A case study in the City of Tshwane[J]. Waste Management & Research, 2011, 29(5): 512-520.

[31] COLE C, OSMANI M, QUDDUS M, et al. Towards a zero waste strategy for an English local authority[J]. Resources, Conservation and Recycling, 2014, 89: 64-75.

[32] ZAMAN A U. Identification of key assessment indicators of the zero waste management systems[J]. Ecological Indicators, 2014, 36: 682-693.

[33] RENNER G T. Geography of industrial localization[J]. Economic Geography, 1947, 23(3): 167.

[34] CHEN X D, FUJITA T, OHNISHI S, et al. The impact of scale, recycling boundary, and type of waste on symbiosis and recycling[J]. Journal of Industrial Ecology, 2012, 16(1): 129-141.

[35] GENG Y, TSUYOSHI F, CHEN X D. Evaluation of innovative municipal solid waste management through urban symbiosis: A case study of Kawasaki [J]. Journal of Cleaner Production, 2010, 18(10/11): 993-1000.

[36] OHNISHI S, FUJITA T, CHEN X D, et al. Econometric analysis of the performance of recycling projects in Japanese Eco-Towns[J]. Journal of Cleaner Production, 2012, 33: 217-225.

[37] MIRATA M, EMTAIRAH T. Industrial symbiosis networks and the contribution to environmental innovation The case of the Landskrona industrial symbiosis programme[J]. Journal of Cleaner Production, 2005, 13(10/11): 993-1002.

[38] LOMBARDI D R, LAYBOURN P. Redefining industrial symbiosis [J]. Journal of Industrial Ecology, 2012, 16(1): 28-37.

[39] JACOBSEN N B. Industrial symbiosis in kalundborg, Denmark: A quantitative assessment of economic and environmental aspects[J]. Journal of Industrial Ecology, 2006, 10(1/2): 239-255.

[40] CHERTOW M, MIYATA Y. Assessing collective firm behavior: Comparing industrial symbiosis with possible alternatives for individual companies in Oahu, HI [J]. Business Strategy and the Environment, 2011, 20 (4): 266-280.

[41] JUNG S, DODBIBA G, CHAE S H, et al. A novel approach for evaluating the performance of eco-industrial park pilot projects[J]. Journal of Cleaner Production, 2013, 39: 50-59.

[42] LU C Y, WANG S S, WANG K, et al. Uncovering the benefits of integrating industrial symbiosis and urban symbiosis targeting a resource-dependent city: A case study of Yongcheng, China[J]. Journal of Cleaner Production, 2020, 255: 120210.

[43] VAN FAN Y, VARBANOV P S, KLEMEŠ J J, et al. Urban and industrial symbiosis for circular economy: Total EcoSite integration[J]. Journal of Environmental Management, 2021, 279: 111829.

[44] GRANT G B, SEAGER T P, MASSARD G, et al. Information and communication technology for industrial symbiosis[J]. Journal of Industrial Ecology, 2010, 14(5): 740-753.

[45] BEHERA S K, KIM J H, LEE S Y, et al. Evolution of 'designed' industrial symbiosis networks in the Ulsaneco-industrial park: 'research and development into business' as the enabling framework[J]. Journal of Cleaner Production, 2012, 29: 103-112.

［46］ CHERTOW M, EHRENFELD J. Organizing self-organizing systems［J］. Journal of Industrial Ecology, 2012, 16(1): 13-27.

［47］ ALBINO V, FRACCASCIA L, GIANNOCCARO I. Exploring the role of contracts to support the emergence of self-organized industrial symbiosis networks: An agent-based simulation study［J］. Journal of Cleaner Production, 2016, 112: 4353-4366.

［48］ GIBBS D, DEUTZ P. Reflections on implementing industrial ecology through eco-industrial park development［J］. Journal of Cleaner Production, 2007, 15 (17): 1683-1695.

［49］ LEHTORANTA S, NISSINEN A, MATTILA T, et al. Industrial symbiosis and the policy instruments of sustainable consumption and production［J］. Journal of Cleaner Production, 2011, 19(16): 1865-1875.

［50］ HEERES R R, VERMEULEN W J V, DE WALLE F B. Eco-industrial park initiatives in the USA and the Netherlands: First lessons［J］. Journal of Cleaner Production, 2004, 12(8/9/10): 985-995.

［51］ COSTA I, FERRÃO P. A case study of industrial symbiosis development using a middle-out approach［J］. Journal of Cleaner Production, 2010, 18 (10/11): 984-992.

［52］ JENSEN P D, BASSON L, HELLAWELL E E, et al. Quantifying 'geographic proximity': Experiences from the United Kingdom's national industrial symbiosis programme［J］. Resources, Conservation and Recycling, 2011, 55(7): 703-712.

［53］ PARK J, PARK J M, PARK H S. Scaling-up of industrial symbiosis in the Korean national eco-industrial park program: Examining its evolution over the 10 years between 2005-2014［J］. Journal of Industrial Ecology, 2019, 23 (1): 197-207.

[54] SISKOS I, VAN WASSENHOVE L N. Synergy management services companies: A new business model for industrial park operators[J]. Journal of Industrial Ecology, 2017, 21(4): 802-814.

[55] GOLEV A, CORDER G D, GIURCO D P. Barriers to industrial symbiosis: Insights from the use of a maturity grid[J]. Journal of Industrial Ecology, 2015, 19(1): 141-153.

[56] 王兆华. 生态工业园工业共生网络研究[D]. 大连: 大连理工大学, 2002.

[57] JI Y J, LIU Z K, WU J, et al. Which factors promote or inhibit enterprises' participation in industrial symbiosis? An analytical approach and a case study in China[J]. Journal of Cleaner Production, 2020, 244: 118600.

[58] JENSEN P D. The role of geospatial industrial diversity in the facilitation of regional industrial symbiosis[J]. Resources, Conservation and Recycling, 2016, 107: 92-103.

[59] DOMÉNECH T, DAVIES M. The role of embeddedness in industrial symbiosis networks: Phases in the evolution of industrial symbiosis networks[J]. Business Strategy and the Environment, 2011, 20(5): 281-296.

[60] BOONS F, CHERTOW M, PARK J, et al. Industrial symbiosis dynamics and the problem of equivalence: Proposal for a comparative framework [J]. Journal of Industrial Ecology, 2017, 21(4): 938-952.

[61] BOONS F, SPEKKINK W. Levels of institutional capacity and actor expectations about industrial symbiosis[J]. Journal of Industrial Ecology, 2012, 16(1): 61-69.

[62] PROSMAN E J, WÆHRENS B V. Managing waste quality in industrial symbiosis: Insights on how to organize supplier integration[J]. Journal of Cleaner Production, 2019, 234: 113-123.

［63］ MORTENSEN L, KØRNØV L. Critical factors for industrial symbiosis emergence process［J］. Journal of Cleaner Production, 2019, 212: 56-69.

［64］ FRACCASCIA L, GIANNOCCARO I, ALBINO V. Business models for industrial symbiosis: A taxonomy focused on the form of governance［J］. Resources, Conservation and Recycling, 2019, 146: 114-126.

［65］ BAAS L. Industrial symbiosis in the Rotterdamharbour and industry complex: Reflections on the interconnection of the techno-sphere with the social system［J］. Business Strategy and the Environment, 2008, 17(5): 330-340.

［66］ PATALA S, SALMI A, BOCKEN N. Intermediation dilemmas in facilitated industrial symbiosis［J］. Journal of Cleaner Production, 2020, 261: 121093.

［67］ ALI A K, WANG Y, ALVARADO J L. Facilitating industrial symbiosis to achieve circular economy using value-added by design: A case study in transforming the automobile industry sheet metal waste-flow intovoronoi facade systems［J］. Journal of Cleaner Production, 2019, 234: 1033-1044.

［68］ ASHTON W. Understanding the organization of industrial ecosystems［J］. Journal of Industrial Ecology, 2008, 12(1): 34-51.

［69］ ASHTON W. Understanding the organization of industrial ecosystems［J］. Journal of Industrial Ecology, 2008, 12(1): 34-51.

［70］ 王志宏, 张桂凤. 虚拟企业仿生化组建模式初探［J］. 辽宁工程技术大学学报(社会科学版), 2004, 6(1): 42-44.

［71］ 刁晓纯, 苏敬勤. 产业生态网络中结点企业参与模式识别及柔性比较［J］. 管理评论, 2008, 20(10): 57-62, 64.

［72］ DOMENECH T, DAVIES M. Structure and morphology of industrial symbiosis networks: The case ofkalundborg［J］. Procedia - Social and Behavioral Sciences, 2011, 10: 79-89.

［73］ 宋雨萌, 石磊. 工业共生网络的复杂性度量及案例分析［J］. 清华大学学

报(自然科学版),2008,48(9):1441-1444.

[74] 李春发,李勇,谭洪玲,等. 生态工业共生网络成长的网络复杂性测度 [J]. 武汉理工大学学报(信息与管理工程版),2012,34(3):322-326.

[75] WRIGHT R A, CÔTÉ R P, DUFFY J, et al. Diversity and connectance in an industrial context[J]. Journal of Industrial Ecology, 2009, 13(4):551-564.

[76] GRAEDEL T E, CAO J. Metal spectra as indicators of development[J]. Proceedings of the National Academy of Sciences of the United States of America, 2010, 107(49):20905-20910.

[77] KING S, LUSHER D, HOPKINS J, et al. Industrial symbiosis in Australia: The social relations of making contact in a matchmaking marketplace for SMEs [J]. Journal of Cleaner Production, 2020, 270:122146.

[78] PAQUIN R L, HOWARD-GRENVILLE J. The evolution of facilitated industrial symbiosis[J]. Journal of Industrial Ecology, 2012, 16(1):83-93.

[79] YAP N T, DEVLIN J F. Explaining industrial symbiosis emergence, development, and disruption: A multilevel analytical framework[J]. Journal of Industrial Ecology, 2017, 21(1):6-15.

[80] DIJKEMA G P J, XU M, DERRIBLE S, et al. Complexity in industrial ecology: Models, analysis, and actions[J]. Journal of Industrial Ecology, 2015, 19(2):189-194.

[81] CHANDRA-PUTRA H, CHEN J, ANDREWS C J. Eco-evolutionary pathways toward industrial cities[J]. Journal of Industrial Ecology, 2015, 19(2):274-284.

[82] GHALI M R, FRAYRET J M, AHABCHANE C. Agent-based model of self-organized industrial symbiosis[J]. Journal of Cleaner Production, 2017, 161:452-465.

[83] OHNISHI S, DONG H J, GENG Y, et al. A comprehensive evaluation on in-

dustrial & urban symbiosis by combining MFA，carbon footprint and emergy methods—Case of Kawasaki，Japan［J］. Ecological Indicators，2017，73：513-524.

［84］ LÜTJE A，WOHLGEMUTH V. Tracking sustainability targets with quantitative indicator systems for performance measurement of industrial symbiosis in industrial parks［J］. Administrative Sciences，2020，10（1）：3.

［85］ KAMIENIECKI S，KRAFT M E. The evolution of research on U. S. environmental policy［M］//The Oxford Handbook of U. S. Environmental Policy. Oxford：Oxford University Press，2013：3-20.

［86］ E. S. 萨瓦斯. 民营化与公私部门的伙伴关系［M］. 周志忍，等译. 修订版. 北京：中国人民大学出版社，2017.

［87］ SCOTT J. Environmental protection：European law and governance［M］. Oxford：Oxford University Press，2009.

［88］ 埃莉诺·奥斯特罗姆，杨立华，徐超，等. 诺贝尔之路和共用资源的自治之道：埃莉诺·奥斯特罗姆在北京航空航天大学的演讲与问答［J］. 北京航空航天大学学报（社会科学版），2011，24（6）：10-17.

［89］ ANSELL C，GASH A. Collaborative governance in theory and practice［J］. Journal of Public Administration Research and Theory，2008，18（4）：543-571.

［90］ 冯之浚. 循环经济导论［M］. 北京：人民出版社，2004.

［91］ 诸大建. 可持续发展呼唤循环经济［J］. 科技导报，1998，16（9）：39-42，26.

［92］ ZAMAN A U. A comprehensive review of the development of zero waste management：Lessons learned and guidelines［J］. Journal of Cleaner Production，2015，91：12-25.

［93］ COLE C，OSMANI M，QUDDUS M，et al. Towards a zero waste strategy for an English local authority[J]. Resources, Conservation and Recycling, 2014, 89: 64-75.

[94] 鲁圣鹏, 李雪芹, 汤蒂莲. 耗散结构视阈下城市零废弃物管理系统演化机制研究[J]. 生态经济, 2019, 35(9): 102-107.

[95] LARSSON R. The handshake between invisible and visible hands[J]. International Studies of Management & Organization, 1993, 23(1): 87-106.

[96] ACHROL R S. Changes in the theory of interorganizational relations in marketing: Toward a network paradigm[J]. Journal of the Academy of Marketing Science, 1997, 25(1): 56-71.

[97] MILES R E, SNOW C C. Causes of failure in network organizations[J]. California Management Review, 1992, 34(4): 53-72.

[98] 李维安. 信息与组织革命的产儿: 网络组织[J]. 南开管理评论, 2000, 3(3): 1.

[99] POWELL W. Neither market nor hierarchy: Network forms of organization[J]. Research in Organizational Behavior, 1990 (12): 295-336.

[100] GRANOVETTER M. Economic action and social structure: The problem of embeddedness[J]. American Journal of Sociology, 1985, 91(3): 481-510.

[101] 亚当·斯密. 国民财富的性质和原因的研究: 上卷[M]. 郭大力, 王亚南, 译. 北京: 商务印书馆, 1972.

[102] 杰弗里·菲佛, 杰勒尔德·R.萨兰基克. 组织的外部控制: 对组织资源依赖的分析[M]. 闫蕊, 译. 北京: 东方出版社, 2006.

[103] 吴彤. 自组织方法论研究: 清华科技与社会丛书[M]. 北京: 清华大学出版社, 2001.

[104] 湛垦华, 沈小峰, 等. 普利高津与耗散结构理论[M]. 2版. 西安: 陕西科学技术出版社, 1998.

[105] 汪小帆, 李翔, 陈关荣. 复杂网络理论及其应用[M]. 北京: 清华大学出

版社, 2006.

[106] WATTS D J, STROGATZ S H. Collective dynamics of 'small-world' networks[J]. Nature, 1998, 393(6684): 440-442.

[107] BARABASI A L, ALBERT R. Emergence of scaling in random networks [J]. Science, 1999, 286(5439): 509-512.

[108] BORGATTI S P, EVERETT M G. Models of core/periphery structures[J]. Social Networks, 2000, 21(4): 375-395.

[109] BARABÁSI A L, ALBERT R, JEONG H. Mean-field theory for scale-free random networks[J]. Physica A: Statistical Mechanics and Its Applications, 1999, 272(1/2): 173-187.

[110] 王娜. 虚拟产业集群演化的复杂网络研究[D]. 北京: 北京邮电大学, 2010.

[111] 张纪会, 徐军芹. 适应性供应链的复杂网络模型研究[J]. 中国管理科学, 2009, 17(2): 76-79.

[112] 徐滨士, 刘世参, 李仁涵, 等. 废旧机电产品资源化的基本途径及发展前景研究[J]. 中国表面工程, 2004, 17(2): 1-6.

[113] AHMADJIAN V, PARACER S. Symbiosis: an introduction to biological associations[M]. Hanover [N. H.]: Oxford University Press, 2000.

[114] 袁纯清. 共生理论: 兼论小型经济[M]. 北京: 经济科学出版社, 1998.

[115] GOLEV A, CORDER G D. Developing a classification system for regional resource synergies[J]. Minerals Engineering, 2012, 29: 58-64.

[116] LOW M. Eco-cities in Japan: Past and future[J]. Journal of Urban Technology, 2013, 20(1): 7-22.

[117] DONG H J, OHNISHI S, FUJITA T, et al. Achieving carbon emission reduction through industrial & urban symbiosis: A case of Kawasaki[J]. Energy, 2014, 64: 277-286.

[118] 诸大建, 臧漫丹, 朱远. C 模式: 中国发展循环经济的战略选择[J]. 中国人口·资源与环境, 2005, 15(6): 8-12.

[119] CHEN X D, FUJITA T, HAYASHI Y, et al. Determining optimal resource recycling boundary at regional level: A case study on Tokyo metropolitan area in Japan[J]. European Journal of Operational Research, 2014, 233(2): 337-348.

[120] SHI H, CHERTOW M, SONG Y Y. Developing country experience with eco-industrial parks: A case study of the Tianjin economic-technological development area in China[J]. Journal of Cleaner Production, 2010, 18(3): 191-199.

[121] 刘光富, 鲁圣鹏, 李雪芹. 中国再生资源产业发展顶层设计框架体系研究[J]. 华东经济管理, 2012, 26(10): 80-84.

[122] VAN BEERS D, CORDER G D, BOSSILKOV A, et al. Regional synergies in the Australian minerals industry: Case-studies and enabling tools[J]. Minerals Engineering, 2007, 20(9): 830-841.

[123] SALMI O, HUKKINEN J, HEINO J, et al. Governing the interplay between industrial ecosystems and environmental regulation[J]. Journal of Industrial Ecology, 2012, 16(1): 119-128.

[124] 张铁男, 程宝元, 张亚娟. 基于耗散结构的企业管理熵 Brusselator 模型研究[J]. 管理工程学报, 2010, 24(3): 103-108.

[125] 潘开灵, 白列湖. 管理协同机制研究[J]. 系统科学学报, 2006, 14(1): 45-48.

[126] 郭莉, 苏敬勤, 徐大伟. 基于哈肯模型的产业生态系统演化机制研究[J]. 中国软科学, 2005(11): 156-160.

[127] 刘岩. 城市再生资源协同管理研究[D]. 大连: 大连理工大学, 2009.

[128] 许国志. 系统科学[M]. 上海: 上海科技教育出版社, 2000.

［129］楼园，韩福荣. 从自组织方法论角度看企业仿生研究［J］. 北京工业大学学报（社会科学版），2004，4（2）：30-33.

［130］NEWMAN M E J. The structure and function of complex networks［J］. SIAM Review，2003，45（2）：167-256.

［131］EHRENFELD J，GERTLER N. Industrial ecology in practice：The evolution of interdependence at kalundborg［J］. Journal of Industrial Ecology，1997，1（1）：67-79.

［132］CHERTOW M R. "Uncovering" industrial symbiosis［J］. Journal of Industrial Ecology，2007，11（1）：11-30.

［133］杨丽花，佟连军. 基于社会网络分析法的生态工业园典型案例研究［J］. 生态学报，2012，32（13）：4236-4245.

［134］吴汉洪，苏睿. 制糖业循环经济发展研究：以广西贵糖集团循环经济为例［J］. 广西社会科学，2013（4）：30-34.

［135］POSCH A. Industrial recycling networks as starting points for broader sustainability-oriented cooperation？［J］. Journal of Industrial Ecology，2010，14（2）：242-257.

［136］ALBERT R，BARABÁSI A L. Statistical mechanics of complex networks［J］. Reviews of Modern Physics，2002，74（1）：47-97.

［137］KRUGMAN P. Increasing returns and economic geography［J］. Journal of Political Economy，1991，99（3）：483-499.

［138］吴军，李健，汪寿阳. 供应链风险管理中的几个重要问题［J］. 管理科学学报，2006，9（6）：1-12.

［139］DIXON N，LANGER U，GOTTELAND P. Classification and mechanical behavior relationships for municipal solid waste：Study using synthetic wastes［J］. Journal of Geotechnical and Geoenvironmental Engineering，2008，134（1）：79-90.

［140］中国环境保护产业协会城市生活垃圾处理委员会. 我国城市生活垃圾处理行业 2009 年发展综述［J］. 中国环保产业，2010(7)：4-8.

［141］李鹏，叶宏武，陈永当，等. 国内外废旧纺织品回收利用现状［J］. 合成纤维，2014，43(4)：41-45.

［142］黄本生. 危险废物系统管理模式研究及应用［D］. 重庆：重庆大学，2004.

［143］SAYAMA H, PESTOV I, SCHMIDT J, et al. Modeling complex systems with adaptive networks［J］. Computers & Mathematics with Applications, 2013, 65(10)：1645-1664.

［144］BIANCONI G, BARABÁSI A L. Bose-Einstein condensation in complex networks［J］. Physical Review Letters, 2001, 86(24)：5632-5635.

［145］SAYAMA H, PESTOV I, SCHMIDT J, et al. Modeling complex systems with adaptive networks［J］. Computers & Mathematics with Applications, 2013, 65(10)：1645-1664.

［146］DOROGOVTSEV S N, MENDES J F, SAMUKHIN A N. Structure of growing networks with preferential linking［J］. Physical Review Letters, 2000, 85(21)：4633-4636.

［147］KRAPIVSKY P L, REDNER S, LEYVRAZ F. Connectivity of growing random networks［J］. Physical Review Letters, 2000, 85(21)：4629-4632.

［148］SHI D H, CHEN Q H, LIU L M. Markov chain-based numerical method for degree distributions of growing networks［J］. Physical Review E, Statistical, Nonlinear, and Soft Matter Physics, 2005, 71(3 Pt 2A)：036140.

［149］王红征. 中国循环经济的运行机理与发展模式研究［D］. 开封：河南大学，2012.

［150］PIGOU A C. The economics of welfare［M］. 4th ed. London：Macmillan and co., limited, 1932.

［151］诸大建. 循环经济：21 世纪的新经济［J］. 探索与争鸣，2003（9）：27-29.

［152］齐建国. 关于循环经济理论与政策的思考［J］. 经济纵横，2004（2）：35-39.

［153］张康之，郑家昊. 论政府职能模式［J］. 阅江学刊，2010，2（3）：5-12.

［154］范连颖. 日本循环经济的发展与理论思考［M］. 北京：中国社会科学出版社，2008.

［155］李岩. 日本循环经济研究［M］. 北京：经济科学出版社，2013.

［156］俞金香. 我国区域循环经济发展问题研究［D］. 兰州：兰州大学，2014.

［157］黄海峰，刘京辉，等. 德国循环经济研究［M］. 北京：科学出版社，2007.

［158］赵洗尘. 循环经济文献综述［M］. 哈尔滨：哈尔滨工业大学出版社，2010.

［159］乔刚，王婷婷. 论英国废弃物管理中的注意义务规则及其对中国的启示［J］. 中国人口·资源与环境，2013，23（1）：33-40.

［160］MAYERS K, BUTLER S. Producer responsibility organizations development and operations［J］. Journal of Industrial Ecology，2013，17（2）：277-289.

［161］BURY D. Canadian extended producer responsibility programs［J］. Journal of Industrial Ecology，2013，17（2）：167-169.

［162］PHILLIPS P S, BARNES R, BATES M P, et al. A critical appraisal of an UK county waste minimisation programme：The requirement for regional facilitated development of industrial symbiosis/ecology［J］. Resources, Conservation and Recycling，2006，46（3）：242-264.

［163］XU M, CAI H, LIANG S. Big data and industrial ecology［J］. Journal of Industrial Ecology，2015，19（2）：205-210.